JN411514

과학기술과 윤리

자연공학계열 글 읽기

과학기술과 윤리: 자연공학계열 글 읽기

1판 1쇄 인쇄 ‖ 2010년 09월 10일
1판 1쇄 발행 ‖ 2010년 09월 20일

엮은이 ‖ 중앙대학교 교양학부 글쓰기교육위원회
펴낸이 ‖ 양 정 섭
기획·마케팅 ‖ 노경민 김현아 주재명
디자인 ‖ 김 미 미
경영지원 ‖ 조 기 호

펴낸곳 ‖ 도서출판 경진
등 록 ‖ 제2010-000004호
주 소 ‖ 경기도 광명시 소하동 1272번지 우림필유 101-212
블로그 ‖ http://kyungjinmunhwa.tistory.com
이메일 ‖ wekorea@paran.com

공급처 ‖ (주)글로벌콘텐츠출판그룹
대 표 ‖ 홍 정 표
주 소 ‖ 서울특별시 강동구 길동 349-6 정일빌딩 401호
전 화 ‖ 02-488-3280
팩 스 ‖ 02-488-3281
홈페이지 ‖ http://www.gcbook.co.kr

값 8,000원
ISBN 978-89-5996-092-7 03810

글읽기

과학기술과 윤리

중앙대학교 교양학부 글쓰기교육위원회 엮음

❷ 자연공학계열

도서출판 경진

목차

일러두기

1. 『과학기술과 윤리』는 자연과학계열 대학생들의 학술적인 글쓰기와 창의적인 사고력 증진을 돕기 위해 만들어진 책이다.
2. 자연과학계열 대학생들은 심화된 글쓰기 훈련을 위해 이 읽기 자료를 효과적으로 활용할 수 있다.
3. 이 책에는 시대를 아우르는 기념비적 고전과 동시대의 현실에 대한 비판적 인식이 돋보이는 글들이 수록되어 있다.
4. 이 책은 중앙대학교 자연과학계열 '글쓰기 2' 강좌를 위해 제작하였지만, 교양교육의 일반적 목적에 부합하는 용도로도 활용할 수 있다.
5. 수록된 글들은 원문을 그대로 적는 것을 원칙으로 했으며, 글의 끝에는 원전의 출처를 정확히 밝혔다.

—중앙대학교 교양학부 글쓰기교육위원회

자연공학계열 글 읽기

제1장

비판정신과 과학기술

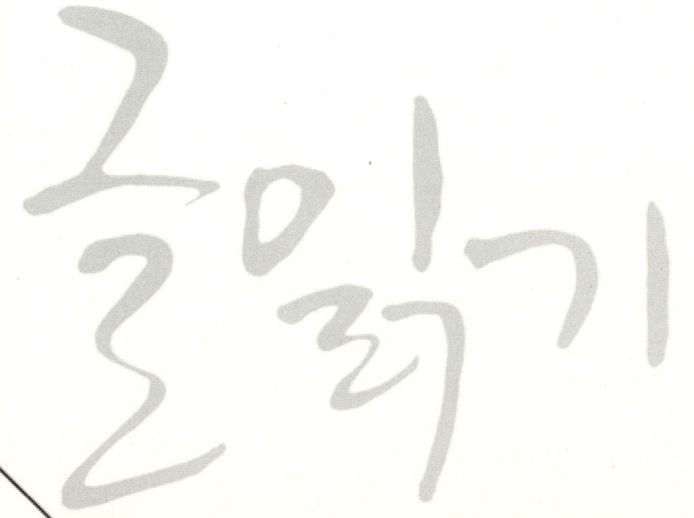

윤리의 어머니

-교양과 도덕의 관계에 대하여-

에른스트 페터 피셔

나는 어떤 교양이 도덕을 담보하는가라는 질문에 대한 답이 개념을 통한 앎과 직관을 통한 앎 사이의 구분에 들어 있다고 생각한다.

자국의 학생들이 PISA 연구에서 낮은 등수를 차지한 이후, 시인과 사상가의 나라인(뒤렌마트의 작품에 나오는, 판사와 교수형 집행인의 나라가 아닌) 독일에서 교양에 관한 논쟁이 벌어지고 있다. 그런데 대부분의 사람들은 오직 하나의 교양에 대해서만 이야기할 뿐, 내가 『또 다른 교양』이라는 제목의 책에서 기술한 또 하나의 교양에 대해서는 이야기하지 않는다. 요컨대 예술과 문학에 대한 이야기는 많은데 자연과학에 대한 이야기는 거의 없다. 어느 끝없는 토론에서 나는 사람에게 어떤 교양이 필요하냐는 질문을 받고 거의 자동적으로 이렇게 대답한 적이 있다. "사람이 교양이 있느냐 없느냐는 중요하지 않은 것 같아요. 더 중요한 것은 교양 있는 놈이 사람이냐 아니냐죠." 그때 이후로 나는 다음의 질문에 매달린다. 어떤 교양이 인간성(humanity)을 동반할까? 어떤 교양이 도덕을 담보할까?

나는 자연 과학을 매우 사랑하고 매력적이라고 여기지만, 자연 과학을 한다고 해서 자동적으로 도덕적이게 되는 것은 아니다. "자연과학자는 오로지 진리에만 매여 있으므로 행위에 있어서도 고귀하고 선할 수밖에 없다"는 단순한 추론은 상당한 왜곡이다. 신문에서도 흔히 읽을 수 있듯이, 사기를 치는 유명 연구자들은 오늘날뿐 아니라 과거에도 있었다. 그중 한

자연 연구자로서 세계를 경험하고 다양한 사람을 만났던 알렉산더 훔볼트(왼쪽)는 더 우월하거나 열등한 인종은 없으며 모든 민족들은 동등하다는 것을 명백한 진리로 여겼다. 반면에 책 속에서 정신의 세계를 탐험한 그의 형제 빌헬름 훔볼트(가운데)는 그런 진리를 자명하게 받아들이지 못했다. 도덕을 담보하는 교양을 쌓기 위해서는 오로지 세계를 감각 기관으로 받아들이고 지각해야만 한다. 오른쪽은 에른스트 페터 피셔의 『또 다른 교양』

예로 루이 파스퇴르를 들 수 있다. 그의 후손들은 돈이 궁하여 그가 남긴 연구 노트를 파는 실수를 저질렀다. 공개된 그의 노트들은 수많은 데이터들이 조작되었음을 보여준다. 페니실린의 발견을 역사적으로 올바르게 서술한다면, 알렉산더 플레밍이라는 이름은 기껏해야 각주에(그것도 낮은 가치 평가와 함께) 등장해야 마땅하다.

그렇다면 어떤 교양이 도덕을 담보할까? 나의 대답은 알렉산더 폰 훔볼트(Alexander von Humboldt)와 빌헬름 폰 훔볼트(Wilhelm von Humboldt)의 경우를 통해서 발견할 수 있다. 그 형제 중 한 명(알렉산더)은 자연 연구자로서 세계를 경험하며 많은 세계인들을 보았고, 다른 한 명(빌헬름)은 책들과 더불어 정신의 세계를 더 많이 탐험했다. 그리하여 알렉산더는 “더 우월하거나 열등한 인종”은 없다는 것과 모든 민족들은 “동등하게 자유롭도록 정해져 있다”는 것을 자명한 진리로 여기게 되었다. 반면에 빌헬름에게는(또한 당대의 수많은 교양인들에게는) 이 진리가 그다지 자명하게 다가오지 않았다. 오늘날의 많은 남성 우월주의자들과 마찬가지로 당대의 교양인들에게는 단지 복종하기 위하여 태어났으며 너무 많은 자유를 감당하지 못하는 호모사피엔스의 일원들이 있다고 생각하지 못할 이유가 없었다.

나는 어떤 교양이 도덕을 담보하는가라는 질문에 대한 답이 개념을 통한 앎과 직관을 통한 앎 사이의 구분에 들어 있다고 생각한다. 오로지 세계를 감각 기관들로 지각한 사람만이 도덕적일 수 있다. 감각은 그리스어로 '아이스테시스(aisthesis)'이다. 요컨대 감각적인 앎은 미적으로(aesthetically) 발생한다. 감각이라는 단어에는 아름다움의 관념이 드리워져 있다. 그러므로 맨 처음에 던진 질문에 대한 나의 짧은 대답은 이러하다. 교양이 아름다움에 대한 경험과 결합될 때, 교양은 사람을 도덕적으로 만든다. 학교 수업은 도덕을 담보하지 못한다.

[출처] Ernst Peter Fischer, Die mutter der Ethik, *Irren ist bequem*, Franckh-Kosmos Verlags-GmbH & Co. KG, 2007; 에른스트 페터 피셔, 전대호 옮김, 「윤리의 어머니 - 교양과 도덕의 관계에 대하여」, 『과학을 배반하는 과학』, 해나무, 2009, 354~357쪽.

사람은 왜 존재하는가

리처드 도킨스

진화와 다위니즘

어떤 행성에서 지적 생물이 성숙했다고 말할 수 있는 것은 그 생물이 자기의 존재 이유를 처음으로 알아냈을 때이다. 만약 우주의 다른 곳에서 지적으로 뛰어난 생물이 지구를 방문했을 때, 그들이 우리의 문명 수준을 파악하기 위해 맨 처음 던지는 질문은 "당신들은 진화를 발견했는가?"라는 물음일 것이다. 지구의 생물체는 자신들 중의 하나가 진실을 밝혀내기 전까지 30억 년 동안 자기가 왜 존재하는가를 모르고 살았다. 진실을 밝힌 그의 이름은 찰스 다윈이었다. 정확히 말하면 몇몇 사람들도 어느 정도 진실을 느끼고는 있었지만 우리가 왜 존재하는지에 대하여 일관성 있고 조리 있는 설명을 종합한 사람은 다윈이었다. 다윈은 이 장의 표제와 같은 질문을 던지는 호기심 많은 어린아이에게 우리가 이치에 맞는 답을 가르쳐 줄 수 있도록 한 것이다. 생명에는 의미가 있는가? 우리는 무엇 때문에 존재하는가? 인간이란 무엇인가? 등과 같은 심오한 물음에 부딪칠지라도 우리는 이제 미신에 의지할 필요가 없다. 저명한 동물학자 심프슨G. G. Simpson은 이 세 가지 중에서 마지막 의문을 제시하면서 이렇게 말했다. "내가 강조하고 싶은 것은, 이 문제에 답하고자 하는 1859년 이전의 시도들은 모두 가치 없는 것이며, 오히려 그것들을 완전히 무시하는 편이 나을 것이라는 점이다."

오늘날 진화론은 지구가 태양의 둘레를 돌고 있다는 사실과 같이 의심의 여지가 없지만 다윈 혁명이 뜻하는 모든 것은 아직 충분히 이해되지 않고 있다. 대학에서 동물학은 아직도 작은 연구 분야이며 동물학을 선택하는 사람들조차도 그 깊은 철학적 의미를 인식하지 않고 결정하는 경우가 종종 있다. 철학과 인문학 분야에서는 아직도 다윈이 존재조차 한 적이 없었던 것처럼 가르치고 있다. 이런 일이 언젠가는 고쳐질 것이라는 믿음에는 변함이 없다. 어쨌든 이 책의 의도는 다위니즘의 일반적 옹호에 있는 것이 아니라 특정 논점에 대하여 진화론의 중요성을 추구함에 있다. 나의 목적은 이기주의와 이타주의의 생물학을 탐구하는 것이다.

동물은 유전자에 의해 창조된 기계

학문상의 흥미는 별문제라 하더라도 이 주제가 인간에게 중요함은 더할 나위가 없다. 그것은 우리 사회 생활의 모든 면, 즉 사랑과 미움, 싸움과 협력, 주거나 훔치는 것, 탐욕과 관대함에 모두 관계된다. 로렌츠Konrad Lorenz의 『공격에 대하여On Aggression』, 아드리Robert Ardrey의 『사회 계약The Social Contract』, 그리고 아이블-아이베스펠트Eibl-Eibesfeldt의 『사랑과 미움Love and Hate』도 이와 같은 문제를 논의했다고 할 수 있으나 이 책들의 문제점은 그 저자들이 전체적으로, 그리고 완전하게 틀렸다는 점이다. 그들은 진화의 과정을 오해했던 것이다.

그들은 진화에 있어서 중요한 것은 개체(또는 유전자)의 이익이 아닌 종(또는 집단)의 이익이라는 잘못된 가정을 하고 있다. 몬터규Ashley Montagu가 로렌츠를 "19세기의 '이빨도 발톱도 피범벅이 된 자연파' 사상가의 직계 자손이다"라고 비판한 것은 역설적이다. 내가 이해한 바로는, 진화에 관한 로렌츠의 견해는 테니슨Tennyson의 이 유명한 어구가 의미하는 것을 배척한다는 점에서 몬터규와 같다. 그 두 사람과 달리 나는 '이빨도 발톱도 피범벅이 된 자연파'라는 표현이 자연 선택의 현대적 이해를 아주 잘 요약하고 있다고 본다.

논의에 들어가기 앞서 우선 이 논의가 어떠한 성격을 지녔는가를 간단히 설명하겠다. 만약 어떤 남자가 시카고의 갱단에서 오랫동안 별 탈 없이 살아왔다고 했을 때, 그 사람이 어떤 종류의 사람인지 어느 정도 짐작이 가능하다. 우리는 그가 굉장히 빠른 총잡이이고 의리 있는 친구를 여러 명 거느린 능력 좋은 사나이라고 예상할 수 있다. 물론 이것은 절대적인 추론은 아닐지라도 그가 생존해 온 조건, 성공해 온 조건에 관해서 무엇인가를 알게 되면 그 사람의 성격에 관해서 어느 정도 추론이 가능하다는 것이다.

이 책이 주장하는 바는 사람을 비롯한 모든 동물이 유전자에 의해 창조된 기계에 불과하다는 것이다. 성공한 시카고의 갱단과 마찬가지로 우리의 유전자는 치열한 경쟁 세계에서 때로는 몇 백만 년이나 생을 계속해 왔다. 이 사실은 우리의 유전자에 특별한 성질이 있다는 것을 기대하게 한다. 이제부터 논의하려는 것은, 성공한 유전자의 기대되는 특질 중에 가장 중요한 것은 '비정한 이기주의'라는 것이다. 이러한 유전자의 이기주의는 보통 이기적인 개체 행동의 원인이 된다.

그러나 앞으로 살펴 볼 어떤 유전자는 한 개체에서 한정된 이타주의를 육성함으로써 자신의 이기적 목표를 가장 잘 수행하는 특별한 경우들이 있다. 이 말에서 '한정된limited'과 '특별한special'이라는 용어는 아주 중요하다. 우리가 아무리 그렇지 않을 것이라고 믿고 싶어도 보편적 사랑이든 종 전체의 번영이든 이러한 것은 진화적으로는 있을 수 없는 일에 불과하다.

천성이냐 교육이냐

여기서 우선 이 책의 성격이 아닌 첫 번째 사항을 말하고자 한다. 나는 진화에 따른 도덕성을 주장하려고 하는 것이 아니다. 단지 사물이 어떻게 진화되어 왔는가를 말할 따름이다. 또한 우리 인간이 도덕적으로 어떻게 행동해야 하는가를 말하려고 하는 것도 아니다. 내가 이 점을 강조하는 이유는 "어떠해야 한다는 주장"과 "어떠하다고 하는 진술"을 구별 못하는 많은 사람들에게서 오해를 받을 소지가 있기 때문이다. 단순히 비정한 이기주의라는 유전자의 보편적 법칙에 기초한 인간 사회는 살아가는 데 있어서 매우 험악한 사회가 될 것이다. 그러나 불행하게도 우리가 그러한 것에 대해 아무리 개탄한다 해도 그것이 사실임에는 변함이 없다.

이 책은 흥미롭게 읽도록 의도했다. 그럼에도 불구하고 이 책에서 도덕을 이끌어 내려는 사람이 있다면 하나의 경고로 다음 글을 읽어 주기 바란다. 만약 당신이 나처럼 개개인이 공통의 이익을 향하여 관대하게 비이기적으로 협력할 수 있는 사회를 이룩하기를 원한다면 생물학적 본성으로부터 기대할 것은 거의 없다.

우리는 이기적으로 태어났다. 그러므로 관대함과 이타주의를 가르치도록 시도해 보자. 우리 자신의 이기적 유전자가 무엇을 하려는 녀석인지 이해해 보자. 그러면 적어도 우리는 유전자의 의도를 뒤집을 기회를, 즉 다른 종이 결코 생각해 보지도 못했던 기회를 잡을지도 모른다.

관대함과 이타주의를 가르치는 것과 관련하여 논리적으로 말하면, 유전적으로 계승되는 특성을 고정되고 변경 불가능하다고 가정하는 것은 오류다(이 오류는 아주 흔히 볼 수 있다). 우리의 유전자는 우리에게 이기적 행동을 하도록 지시할지 모르나 우리의 전 생애가 반드시 그 유전자를 따라야만 한다고 볼 수는 없다. 이러한 점을 고려할 때 확실히 이타주의를 배우는 것은 유전적으로 이타적 행동을 하도록 프로그램이 만들어져 있는 경우보다 훨씬 어려울 것이다.

인간만이 학습되고 전승되어 온 문화에 영향을 받고 지배를 받는다. 어떤 사람은 문화처럼 중요한 것이 없기 때문에 유전자가 이기적이든 아니든 간에 인간의 본성을 이해하는 데 유전자는 실제로 아무런 관계가 없다고 할지도 모른다. 한편으로는 그렇지 않다고 하는 사람도 있다. 이것은 모두 인간의 속성을 결정하는 요인이 "천성이냐 교육이냐"라고 하는 논의에서 어느 쪽의 입장을 취하느냐에 따라 달려 있다.

여기서 나는 이 책의 성격이 아닌 두 번째 사항을 말하지 않을 수 없다.

이 책은 "천성이냐 교육이냐"라는 논쟁에 있어서 어떤 입장을 주장하는 것이 아니다. 물론 이에 대한 나름의 의견이 있으나 그것을 표명하지는 않을 것이다. 다만 이 책의 11장에서 제시할 문화에 대한 견해에서 그것이 드러날지도 모른다. 만약 유전자가 현대인의 행동 결정에 아무런 관계가 없다는 것을 알았다고 할지라도, 그리고 우리가 실제로 동물계에서 특이한 존재임을 알았다고 할지라도 최근에 인간이 예외로 됐다는 그 규칙에 대해 아는 것은 여전히 흥미 있는 일이다. 또한 우리 종이 우리가 생각하고 싶은 만큼 그렇게 예외적이 아니라면 그 규칙을 배워야 한다는 것은 더욱 중요하다.

이기주의와 이타주의

이 책의 성격이 아닌 세 번째 사항은 인간 또는 기타 동물의 상세한 행동에 관한 서술적 설명이 아니라는 것이다. 이에 대해서는 상세한 설명이 필요할 때 예로서만 사용할 것이다. 나는 "원숭이의 행동을 보면 그 행동이 이기적이라는 것을 알 수 있기 때문에 인간의 행동도 이기적일 가능성이 크다"고 말하지는 않는다. 앞서 이야기했던 '시카고 갱단'의 논리와는 전혀 다르다. 인간도 비비(원숭이의 일종)도 자연 선택에 의해 진화되어 왔다. 자연 선택의 과정을 보면 자연 선택에 의해 진화되어 온 것은 무엇이든 이기적일 수밖에 없다는 것을 알게 된다. 그러므로 우리는 비비, 인간, 그리고 기타 모든 생물의 행동을 보면 행동이 무엇이든 이기적일 것이라고 예상한다. 만약 이 예상이 잘못된 것이라는 사실을 알게 되면, 즉 인간의 행동이 진정으로 이타적이라고 관찰될 경우, 우리는 난처한 설명을 필요로 하는 사태에 직면할 것이다.

논의를 진전시키기에 앞서 용어의 정의가 필요하다. 어떤 생물체(예를 들어 한 마리의 비비)가 자기를 희생하여 또 다른 상태의 실재의 행복을 증진시키기 위해 행동했다면 그 생물체의 행동은 이타적이라고 할 수 있다. 이기적 행동에는 이것과는 정반대의 효과가 있다. '행복'은 '생존의 기회'로 정의된다. 비록 생사 가능성의 효과가 극히 적고 무시해도 될 것처럼 보여도 다윈 이론의 현대적 설명의 놀라운 결과 가운데 하나는 생존 가능성에 대한 사소한 작용이 진화에 커다란 영향을 미칠 수 있다는 것이다. 이러한 작용은 영향력을 인식시키는 데 필요한 시간이 충분히 있기 때문이다.

이처럼 이타주의와 이기주의의 정의가 주관적인 것이 아닌 행동적이라는 사실을 이해하는 것이 중요하다. 여기서 행동의 동기에 대한 심리학에 관여할 생각은 없다. 이타적으로 행동하는 사람이 '정말로' 숨겨진 혹은 무의식적인 이기적 동기에 따라 그러한 행동을 하는지 안 하는지를 논의하려는 것이 아니다. 그들이 그렇든 아니든 우리가 그것을 알 수는 없기에 이 책에서 논의할 사항은 아니라고 생각한다. 다만 이 행위의 결과가 가상적 이타 행위자의 생존 가능성을 낮추고 동시에 가상적 수익자의 생존 가능성을 높여 주는 것을 이타 행위로 정의한다.

오랜 기간에 걸쳐 생존 가능성에 대한 행동의 효과를 증명하는 것은 대단히 어려운 일이다. 실제 문제로서 실재하는 행동에 정의를 적용할 때는 '겉보기에'라는 말에 한정해야 한다. 겉보기에 이타적 행위는 이타주의자의 죽을 가능성을(가능성이 비록 적을지라도) 높이고, 동시에 수익자의 오래 살아남을 가능성을 높이는 것처럼 생각하게 하는 행위이다. 자세히 조사해보면 이타적으로 보이는 행위는 실제로는 모양을 바꾼 이기주의인 경우가 많다. 다시 말해서 근원적 동기가 숨어 있는 이기적 동기라는 뜻이 아니라 생존 가능성에 대한 행위의 실제 효과가 우리가 처음 생각한 것과는 반대라는 뜻이다.

검은머리갈매기와 사마귀

겉보기에 이기적 행동과 이타적 행동의 예를 몇 가지 들어 보자. 우리가 우리 자신의 종을 취급할 때에는 주관적으로 생각하는 경향이 있으므로 다른 종의 동물을 예로 들겠다. 우선 개체에 의한 이기적 행동의 여러 가지 예를 살펴보자.

검은머리갈매기는 커다란 집단을 이루어 집을 짓는데 둥지와 둥지 사이는 불과 수 미터밖에 안 된다. 갓 태어난 어린 새끼는 무방비 상태이기 때문에 포식자에게 먹히기가 쉽다. 어떤 갈매기는 이웃 갈매기가 먹이를 찾으러 집을 떠날 때까지 기다렸다가 그 둥지를 습격하여 어린 새끼를 삼켜 버리는 경우가 흔히 있다. 그리하여 그 갈매기는 먹이를 잡으러 나가는 수고를 할 필요도 없이 자기 둥지를 지키는 동시에 풍부한 영향을 섭취할 수 있다.

더 잘 알려진 예로 암 사마귀는 동족을 잡아먹는 무서운 성질이 있다. 사마귀는 커다란 육식성 곤충으로 보통 파리와 같은 작은 곤충을 먹는데, 움직이는 것은 무엇이든 공격한다. 교미 시 수놈은 조심스럽게 암놈에게 접근하여 암놈을 올라타고 교미한다. 암놈은 기회를 포착하면 수놈을 잡아먹으려고 한다. 수놈이 접근할 때나 자신의 몸에 올라탄 직후, 혹은 떨어진 후에 우선 머리를 잘라먹기 시작한다. 암놈은 교미가 끝난 후에 수컷을 잡아먹는 것이 자신에게 가장 유리한 것일지도 모른다. 그러나 머리가 없다는 것이 수놈의 남은 몸통 부분의 성적 행위의 진행을 멈추게 하는 것 같지는 않다. 실제로 곤충의 머리는 억제 중추 신경의 자리이기 때문에 암컷은 수컷의 머리를 먹는 것으로 수컷의 성행위를 활발하게 할 수가 있다. 만약 그렇다면 이것은 암놈에게 추가적인 이득이 되는 셈이다. 물론 가장 주요한 이득은 암컷이 좋은 먹이를 얻는 것이다.

황제펭귄과 바다표범

'이기적'이라는 말은 동족끼리 잡아먹는 것과 같은 극단적인 경우에는 자제해야 할 표현일지 모르겠으나 다음의 예는 이기적이라는 정의에 잘 부합된다. 남극의 황제펭귄에 관해 보고된 비겁한 행동을 살펴보면 아마도 누구나 쉽게 동의할 수 있을 것이다.

이 펭귄은 바다표범에게 잡아먹힐 위험이 있기 때문에 물가에 서서 물에 뛰어들기를 주저하는 것을 흔히 볼 수 있다. 그중 한 마리가 뛰어들기만 하면 나머지 펭귄은 바다표범이 있는지 없는지를 알 수 있다. 당연히 어떤 펭

권도 자기가 희생물이 되려고 하지 않기 때문에 황제펭귄 모두가 그저 누군가가 뛰어들기만을 기다릴 뿐이다. 그리고 때때로 서로 밀치다가 무리 중의 하나를 떠밀어 버리려고까지 한다.

더 일반적으로는 이기적 행동이란 다만 먹이나 영역, 또는 교미의 상대와 같은 가치 있는 자원을 서로 나누기를 거부하는 행위이다. 겉보기에 이타적 행동으로 보이는 몇 가지 예를 들어보면 다음과 같다.

일벌의 이타적 행동

일벌이 침을 쏘는 행위는 꿀 도둑에 대한 아주 효과적인 방어 수단이다. 그러나 침을 쏘는 벌은 육탄 특공대이다. 쏘는 행위로 생명 유지를 위해 필요한 내장이 보통 침과 함께 빠져 버리기 때문에 그 벌은 얼마 지나지 않아 죽게 된다. 벌의 자살적 행위가 집단의 생존에 필요한 먹이 저장을 수호했을지는 몰라도 일벌 자신은 그 이익을 누리지 못한다. 정의에 따르면 이것은 이타적 행동이다. 우리는 여기서 의식적인 동기에 관계하는 그 무엇도 말하고 있지 않다는 것을 기억해야 한다. 이 경우에도 또 다른 이기주의의 경우에도 의식적인 동기는 있을 수도 있고, 없을 수도 있다. 그러나 그 동기는 우리의 정의와는 무관한 것이다.

경계음

친구를 위해서 생명을 버리거나 위험을 감수하는 것은 이타적 행동임에 틀림없다. 대부분의 작은 새는 매와 같은 포식자가 날아가는 것을 보면 독특한 '경계음'을 내는데, 이 소리를 듣고 무리 전체가 위험을 피하게 된다. 경계음을 내는 새는 포식자의 주의를 자신에게 끌게 하므로 특히 위험에 처할 수 있다는 간접적인 증거가 된다. 그것은 다른 새들보다 위험이 좀 더 많은 것에 지나지 않으나 이 또한 언뜻 보면 우리의 정의에 따른 이타적 행위에 포함되는 것으로 보인다.

동물의 이타적인 행동 중에서 가장 흔하면서도 뚜렷하게 볼 수 있는 것이 새끼에 대한 어미의 행동이다. 그들은 둥지에서나 체내에서 알을 부화한 뒤 위험을 무릅쓰고 새끼에게 먹이를 주며 큰 위험에 몸을 던져 포식자로부터 새끼를 지킨다. 일례로 지상에 둥지를 짓는 대부분의 새는 여우와 같은 포식자가 접근할 때 이른바 '혼란 과시'를 행한다. 어미새는 한쪽 날개가 꺾인 양 몸짓을 하며 여우를 둥지로부터 먼 곳까지 유인한다. 포식자는 쉽게 잡을 수 있을 것처럼 보이는 목적물에 유인되어 새끼가 있는 둥지에서 멀어진다. 마침내 어미새는 이 몸짓을 멈추고 공중으로 날아올라 여우의 습격을 피한다. 이 어미새는 자기 새끼의 생명은 구했으나 이러한 행동으로 자기 자신을 위험한 상태로 노출시키는 것이다.

여러 가지 이야기로 논지를 충분히 입증하려는 것은 아니다. 선택된 예를 아무리 늘어놓아도 그것은 결코 훌륭한 일반론의 정당한 증거로 삼기는 어렵다. 위에서 언급한 이야기들은 단지 개체 수준의 이타적 행동과 이기적 행동이 어떤 의미인지를 알아보기 위해 예를 들었을 뿐이다. 이 책에서 나는 '유전자의 이기성'이라는 기본 법칙으로 개체의 이기주의와 이타주의가 어떻게 설명될 수 있는가를 나타내고자 한다. 그러나 이에 앞서 이타주의에 관한 잘못된 설명을 지적하지 않을 수 없다. 왜냐하면 이와 같은 설명은 이미 일반인에게 알려져 있고, 학교에서도 널리 가르쳐 왔기 때문이다.

이 설명은 이미 말한 바와 같이 오해에 근거하고 있다. 즉, "생물은 '종의 이익을 위하여' 또는 '집단의 이익을 위하여' 행위하도록 진화한다"는 오해이다. 생물학에서 이 사고방식이 어떻게 자리잡게 됐는지는 쉽게 알 수 있다. 동물의 생활은 대부분 번식에 이바지하고 있고 자연계에서 볼 수 있는 대부분의 이타적 자기 희생적 행위는 어미가 새끼에게 하는 것이다.

'종의 존속'이란 흔히 번식이라는 표현 대신에 사용되는 완곡한 표현이다. 그리고 확실히 그것이 번식의 결과라는 사실은 의심의 여지가 없다. 논리를 조금 비약시켜 번식의 '기능'이 종을 존속시키는 '일'이라고 추론하는 것도 가능하다. 그러나 이 사실로부터 동물이 일반적으로 종의 존속에 유리한 방향으로 행동한다고 결론짓기에는 어느 정도 무리가 있다. 이제 같은 동족에 대한 이타주의에 대해 생각해보자.

그룹 선택설

이 추론 방식은 다윈의 용어를 이용하여 표현할 수 있다. 진화는 자연 선택에 의해 진행되고 자연 선택은 '최적자'의 차별적 생존이다. 그런데 여기서 말하는 '최적자'의 단위란 개체일까, 품종일까, 종일까? 아니면 다른 무엇일까? 최적의 단위가 무엇인가는 목적에 따라서 그다지 중요한 문제가 아닐 수도 있지만 이타주의에 대해서 말할 때에는 이것은 확실히 중대한 문제이다.

다윈이 이른바 생존 경쟁이라고 말한 데 있어서 경쟁하고 있는 단위가 종이라고 한다면 개체는 장기판에서 졸(卒)로 볼 수 있다. 졸은 종 전체의 더 큰 이익을 위해 필요하다면 희생될 수 있는 것이다. 다시 말해서 각 개체가 자기 집단의 이익을 위하여 희생할 수 있는 종 내지는 종내 개체군과 같은 집단은, 각 개체가 자기 자신의 이기적 이익을 우선으로 추구하는 다른 경쟁자 집단보다 아마도 절멸의 위험이 적을 것이다.

따라서 세계는 자기 희생을 치르는 개체로 이루어진 집단이 대부분 점령하게 된다. 이것이 '그룹 선택설Theory of group selection'이다. 이 학설은 윈-에드워즈V. C. Wynne-Edwards의 유명한 저서를 통해 소개되었고, 아드리의 『사회 계약』이란 책에 의해 널리 알려졌다. 이는 진화론의 상세한 내용을 모르는 생물학자에게 오랫동안 진실이라고 생각되어 온 학설이다. 이와 다른 전통적 학설에는 '개체 선택individual selection'이 있으나 나는 개인적으로 '유전자 선택설Theory of gene selection'을 더 선호한다.

반역자

그룹 선택설에 대한 '개체 선택론자'의 답은 간단히 말해서 다음과 같다.

이타주의자의 집단 중에는 어떤 희생도 감수하기를 거부하는 소수파가 반드시 있게 마련이다. 다른 이타주의자를 이용하려고 하는 이런 이기적인 반역자가 한 개체라도 있으면 — 정의에 의하면 — 그 개체는 아마도 다른 개체보다 생존의 기회와 새끼를 낳는 기회가 많을 것이다. 그리고 그 새끼는 각각 이기적인 특성을 이어받는 경향이 있을 것이다. 또한 여러 세대의 자연 선택을 거치고 나면, 이 '이타적 집단'에는 이기적인 개체가 만연해 이기적 집단과 구별이 어렵게 될 것이다.

있을 수 없는 일이지만 처음부터 반역자가 전혀 없는 순수한 이타적 집단이 있다고 가정하자. 이 경우 이웃의 이기적 집단에서 이기적인 개체가 이주해 와서 이기적인 개체와의 교배로 이타적 집단의 순혈통을 오염시키는 것을 막는 방법이 무엇인지를 알기는 어렵다.

개체 선택론자는 집단도 사멸한다는 것을 인정하여 집단이 실제로 멸망하는지 멸망하지 않는지는 그 집단의 개체의 행동 여하에 달려 있다는 것을 인정할 것이다. 또한 그러한 논지는 어떤 집단의 개체들이 선견지명이 있다면, 그 개체들은 결국 이기적 욕망을 억제하고 집단 전체의 붕괴를 막는 것이 자기들의 최대 이익이 된다는 것을 알게 될 것이며, 이를 인정할 것이다. 집단의 멸종은 개체간 경쟁의 민첩한 치고 찌르기의 한 과정에 비유된다. 집단이 느리게 그리고 확실히 쇠퇴해 가는 사이에도 이기적인 개체는 이타주의자의 희생을 딛고 짧은 시간 안에 성공한다.

'그룹 선택설'은 이제 진화를 이해하고 있는 전문적인 생물학자들 사이에서는 별로 지지를 받지 못하지만 이 학설은 직관적으로 호소하는 면이 있다. 이에 대해 동물학을 전공하는 학생은 이것이 정통적인 견해가 아님을 알고 놀란다. 그렇다고 해서 그들을 책망할 수는 없다. 왜냐하면 영국의 고등학교 생물학 교사를 위한 지도서인 『너필드Nuffield』에는 다음과 같이 적혀 있기 때문이다.

"고등 동물에서는 종의 생존 확보를 위해 개체의 자살이라는 행동 형태를 취하기도 한다."

이 지도서의 익명의 저자는 자기가 논쟁거리가 될 만한 소재를 논술하고 있다는 사실조차 모르는 듯하다. 그런 점에서 그는 노벨상 수상자 감이다. 로렌츠는 『공격에 대하여』라는 책에서 공격 행동의 '종 보존' 기능들에 관해 말하면서, 그 기능 중 하나는 최적 개체만이 번식이 허용되도록 보증하는 것이라고 말하고 있다. 여기서 내가 말하고 싶은 것은 『너필드』의 저자와 같이 분명히 로렌츠도 자기가 말하고 있는 것이 정통 다위니즘에 반하고 있다는 사실을 깨닫지 못할 만큼 그룹 선택설은 뿌리 깊다는 것이다.

최근에 나는 오스트레일리아산 거미에 관한 BBC TV 프로에서 이와 비슷한 예를 시청했다. 그 프로그램에 출연한 '전문가'는 대부분의 거미 새끼가 다른 종의 먹이가 되는 것을 관찰하고 다음과 같이 말했다.

"아마도 이것이 그것들의 존재 이유일 것이다. 종의 유지를 위해서 극소수가 살아남으면 그것으로 족하기 때문이다."

『사회 계약』에서 아드리는 일반적인 사회 질서 전반을 설명하는데 그룹 선택설을 이용했다. 명백히 그는 인간을 동물의 정도에서 벗어난 종이라고 보고 있다. 아드리는 적어도 과거에 그의 숙제를 한 사람이다. 정통적 개체 선택설에 이의를 제기하려는 그의 결의는 분명히 의식적인 것이었다. 그는 이러한 점에서 평가받을 만하다.

아마도 그룹 선택설이 큰 매력을 갖는 이유는 그것이 대부분 우리가 갖고 있는 도덕적 이상이나 정치적 이상과 조화되어 있기 때문일 것이다. 개인으로서 우리는 종종 이기적으로 행동하지만 이상적인 면에서는 타인의 이익을 우선하는 사람을 존경하고 칭찬한다. 그러나 우리가 '타인'이란 말을 어느 범위까지 설정해야 하는가에 관해서는 다소 혼란이 있다. 흔히 집단 내의 이타주의는 집단 간의 이기주의를 동반할 때가 많다. 이것이 노동조합주의의 기본 원리이다. 또 다른 면에서 국가는 이타적 자기희생의 주요한 수익자이며, 젊은이들로 하여금 자국의 영광을 위하여 목숨을 바치게 한다. 또한 그들은 타국인이라는 것 외에는 잘 알지 못하는 타인을 살상하도록 훈련받는다(이상하게도 개개인에 대하여 자기들의 생활수준을 향상시키는 속도를 좀 희생해 달라는 평화 시의 호소는 개인에게 자신의 생명을 바치라는 전시의 호소만큼 효과적이지 않은 것 같다).

종의 이익론

최근 인종 차별주의나 애국심에 반대하여 동지 의식의 대상을 인류의 종 전체로 대치하려는 경향이 나타났다. 이처럼 이타주의의 대상을 확장하는 인도주의자들의 면면을 살펴보면 흥미로운 결과를 알 수 있다. 즉 진화에 있어 '종의 이익론'을 지지하고 있는 것처럼 보인다는 사실이다. 보통 종의 윤리를 가장 확신하고 있는 이 정치적 자유주의자들은 자신들의 이타주의를 확장하여 다른 종까지 포함시키려고 하는 사람을 매우 경멸하는 것을 자주 본다. 만약 내가 사람들의 주택 사정을 개선하는 일보다 대형 고래류의 살육 방지에 더 관심을 갖고 있다고 말한다면 몇몇 친구들은 충격을 받을 것이다.

이기적인 종

동종의 일원이 다른 종의 일원과 비교하여 윤리상 특별한 배려를 받는 것이 당연하다는 생각은 아주 오래 전부터 이어져 온 것이다. 전쟁 이외의 상황에서 살인하는 것은 통상 범죄 중에서 가장 큰 죄로 생각되어 왔다. 우리의 문화에서 살인보다 더 강하게 금지되고 있는 유일한 것은 식인 행위이다(비록 이미 죽은 자일지라도).

그러나 우리들은 다른 종의 일원을 기꺼이 먹는다. 대부분의 사람들은 잔인무도한 범인에 대해서조차 사형 집행을 꺼려하는 데 반해 별로 해로운 야수도 아닌 동물을 재판도 하지 않고 쏴 죽이는 데 기꺼이 동의한다. 그뿐인가! 우리는 수많은 무해한 동물을 오락이나 놀이를 위해 죽이고 있다. 아메바보다도 인간적 감정이 없는 태아는 성숙한 침팬지보다 경의와 법적 보호를 받고 있다. 그러나 최근의 실험에 의하면 침팬지는 풍부한 감정을 갖고 있을 뿐만 아니라 생각도 하고 인간의 언어를 배울 수도 있다. 태아는 우리의 종에 속하므로 특혜와 특권이 부여되는 것이다. 라이더Richard Ryder가 말하는 '종 차별주의' 윤리가 '인종 차별주의' 윤리보다 확실한 논리적 기초를 가질 수 있는지 나로서는 알 수 없다. 단지 내가 확실히 아는 것은 그러한 논리를 전개하기에는 진화 생물학적으로는 적절한 근거가 없다는 것이다.

어떤 수준의 이타주의가 바람직한가? 가족인가, 국가인가, 인종인가, 종인가, 아니면 전체 생물인가라는 문제에 대한 윤리의 혼란은 진화론적인 면에서 볼 때 어느 수준에서의 이타주의를 기대할 수 있는가라는 생물학에서의 문제와 혼란을 그대로 반영하고 있다. 그룹 선택주의자까지도 적대 집단의 구성원을 서로 미워하고 옥신각신하는 것을 본다 해도 그리 놀라지 않을 것이다. 즉 적대 집단의 구성원은 노동조합주의자나 병사와 마찬가지로 한정된 자원을 둘러싼 싸움에서는 자기네 집단에 동조하게 되는 것이다.

그러나 이 경우 그룹 선택주의자가 어느 수준이 중요한가를 어떤 방법으로 정했는가 하는 것은 물어 볼만한 가치가 있다. 만약 선택이 같은 종 내의 집단 간이나 이종 간에서 일어난다면, 왜 더 큰 집단 간에서는 일어나지 않는 것일까? 종은 속(屬)으로 집단을 이루고 속은 목(目)으로 묶이고 목은 강(綱)에 속한다. 사자와 영양은 둘 다 사람과 마찬가지로 포유강의 일원이다. 그렇다면 "사자는 포유강의 이익을 위해" 영양을 죽이지 않으리라는 법이 없지 않은가? 분명히 포유강의 멸종을 방지하기 위해서 사자는 영양 대신에 새나 파충류를 사냥해야 할 것이다. 그렇다면 척추동물 문(門) 전체를 존속시키기 위해서는 어떻게 해야 하는가?

경계 도약

간접 증명법으로 그룹 선택설의 난점을 지적하는 것이 옳다고 여겨지지만 개체의 이타주의가 겉보기에 존재한다는 사실을 설명해야 하는 일이 아직 남아 있다.

아드리는 "톰슨가젤(영양의 일종)에서 '경계 도약stotting'과 같은 행동을 설명할 수 있는 것은 그룹 선택뿐이다"라고 했다. 포식자의 앞에서 행해지는 이(사람의 눈길을 끄는) 박력있는 도약 행동은 새의 경계음과 비슷한 것이다. 위험에 처해 있는 동료들에게 경고를 하면서 한편으로는 경계 도약을 하고 있는 자신에게 포식자의 주의를 끄는 점에서 그러하다. 우리는 톰슨가젤의 경계 도약이나 기타 이와 유사한 현상 모두를 설명할 책임이 있다. 그리고 그것은 다음 장에서 다루려는 문제이기도 하다.

그에 앞서서 진화를 바라보는 가장 좋은 방법은 "가장 낮은 수준에서 일어나는 선택의 관점에서부터 보는 것"이라고 하는 나의 신념을 주장하지 않을 수 없다. 이 신념은 윌리엄스G. C. Williams의 명저 『적응과 자연선택Adaptation and Natural Selection』에서 큰 영향을 받았다. 이 책에서 활용할 중심적인 아이디어는 금세기 초, 유전자 이전 시대에 바이스만A. Weismann에 의해 예시되었다. 그의 '생식질의 연속성continuity of the germ-plasm'이라는 학설이 바로 그것이다.

나는 선택의 기본 단위, 즉 이기성의 기본 단위가 종도 그룹도 개체도 아님을 논하고자 한다. 그것은 유전의 단위인 유전자이다. 일부 생물학자에게 있어 이 말은 극단적인 견해처럼 들릴지도 모른다. 하지만 내가 어떤 의미로 그와 같은 논의를 하려는지 알게 된다면, 그들은 비록 그것이 낯선 방법으로 표현되어 있을지라도, 본질적으로 그것이 정통 이론이라는 것에 동의해 줄 것으로 기대한다. 이러한 논의 전개에는 많은 시간을 필요로 하므로 우선 생명 그 자체의 기원에서부터 시작하지 않으면 안 된다.

출처: 리처드 도킨스, 홍영남 옮김, 「제1장 사람은 왜 존재하는가」, 『이기적 유전자』, 을유문화사, 2001, 40~55쪽.

살아있는 DNA

리처드 도킨스(Richard Dawkins)

태양이 지구 주위를 도는 것이 아니라 지구가 태양 주위를 돈다는 사실만큼이나, 오늘날의 진화론은 당연한 사실로 받아들여지고 있다. 그럼에도 불구하고 다윈의 진화론이 의미하는 바에 대해서는 아직도 더 많은 이해가 필요하다. 동물학은 대학에서 여전히 작은 학문 분야에 불과하며, 철학과 인문학 분야 대부분의 과목은 다윈의 발견이 있기 전과 비교하여, 그 내용이 크게 변하지 않았다. 그렇다고 내가 이 책에서 다윈의 진화론을 널리 전파하려는 것은 아니다. 나는 한 가지 문제에 집중하여 진화론이 의미하는 바를 깊이 살펴보려고 한다. 구체적으로 내가 다루고자 하는 문제는 생물학에 있어서의 이기주의와 이타주의에 대한 것이다.

이 문제는 학문적으로 흥미로울 뿐 아니라, 인간사 일반에서도 중요한 의미를 갖는다. 예를 들어 사랑과 증오, 다툼과 도움, 주는 것과 훔치는 것, 그리고 욕심과 자비심 등이 모두 이 문제와 밀접히 연관되어 있다. 만약 인간사회를 지배하는 유일한 원리가 인간 유전자의 철저한 이기주의라면, 이 세상은 매우 삭막한 곳이 될 것이다. 그러나 우리가 원한다고 해서 인간 유전자의 철저한 이기성이 사라지는 것도 아니다. 인간이나 원숭이나 모두 자연의 선택과정을 거쳐 진화해왔다. 자연이 제공하는 선택과정의 살벌함을 이해한다면, 그 과정을 통해서 살아남은 모든 개체는 이기적일 수 밖에 없음을 알게 될 것이다. 우리가 인간, 원숭이, 혹은 어떤 살아 있는 개체를 자세히 관찰한다면, 그들의 행동양식이 매우 이기적일 것이라고 예상할 수 있다. 우리의 이런 예상과 달리, 인간의 행동양식이 진정한 이타주의를 보여준다면, 이는 상당히 놀라운 일이며, 뭔가 새로운 설명을 필요로 한다.

이 문제에 대해서는 이미 많은 연구와 저서가 있었다. 그러나 이 연구들은 대부분 진화의 원리를 정확히 이해하지 못해서 잘못된 결론에 도달했다. 즉 기존의 이기주의-이타주의 연구에서는 진화에 있어서 가장 중요한 것이 '개체'의 살아남음이 아니라 '종' 전체, 혹은 어떤 종에 속하는 한 그룹의 '살아남는 것'이라고 가정했다. 나는 성공적인 유전자가 갖는 가장 중요한 특성은 이기주의이며, 이러한 유전자의 이기성은 개체의 행동 양식에 철저한 이기주의를 심어주었다고 주장한다. 물론 어떤 특별한 경우에 유전자는 그 이기적 목적을 달성하기 위해서 개체로 하여금 제한된 형태의 이타적 행위를 보이도록 하기도 한다. 하지만 조건 없는 사랑이나 종 전체의 이익이라는 개념은, 우리에게 그런 개념들이 아무리 좋아 보이더라도, 진화론과는 상충되는 생각들이다. 진화론의 관점에서 이기주의와 이타주의의 문제를 들여다보는 가장 타당한 견해는 자연의 선택이 유전의 가장 기본적인 단위에서 일어난다고 생각하는 것이다. 즉 생물의 이기주의가 작동하는 기본 단위는 종이나 종에 속하는 한 그룹이나, 개체가 아니며 바로 유전자라고 주장한다.

생물의 이기적인, 혹은 이타적인 행동의 예를 살펴보자. 여기서는 주관적인 판단을 피하기 위해 인간이 아닌 동물의 예를 먼저 들여다보고자 한다.

검은머리 갈매기는 커다란 군집을 이루며 살아가고, 서로 가까운 곳에 둥지를 튼다. 갈매기가 처음 알에서 깨어났을 때에는 이들은 한 입에 삼켜버릴 수 있을 정도로 작으며, 무방비 상태이다. 갈매기들은 흔히 이웃 둥지의 어미 갈매기가 사냥을 나가서 둥지를 비운 사이, 그 둥지의 어린 새끼를 먹어치우곤 한다. 이렇게 함으로써 갈매기는 사냥의 수고나 자기 둥지를 비워야 하는 위험 없이 좋은 영양을 취할 수 있다.

한편 이타주의의 예로는 일벌의 침을 들 수 있다. 일벌은 벌집의 꿀을 훔치려는 침입자에 대항해서 침을 쏜다. 그러나 침을 쏜 일벌의 행동은 가미카제의 자폭 비행과 유사하다. 벌이 침을 쏘는 과정에서 벌의 내장이 함께 튀어나오고, 그 결과 벌은 곧 죽는다. 침을 쏜 벌의 희생으로 벌떼의 식량이 보존되었으나, 남아 있는 식량은 죽은 벌에게는 아무런 의미도 없다. 일벌이 이 과정에서 개체로서 어떤 목적 의식을 가지고 있었는지는 알 수 없으나, 그 행동이 이타적이었음에는 틀림없다.

출처: Richard Dawkins, *The selfish gene*, Oxford University Press, 1976; 고려대학교 편찬위, 「살아있는 DNA」, 『자연과학과 글쓰기』, 고려대 출판부, 2004, 17~18쪽.

과학기술과 인간

박 이 문

전 세계가 과학 기술의 습득과 발전의 기선을 잡기 위해 무한 경쟁 체제에 접어든 오늘날, '과학기술과 인간'이라는 문제가 새삼스럽게 제기되는 이유는 무엇이며, 그 문제는 어떻게 풀어가야 하는가? 이 물음에 답하기 위해서는 원론적이지만 분명한 '기술'과 '과학'의 개념 규정, 그리고 자연과 인간의 관계에 대한 이해가 선행되어야 한다.

기술은 폭넓게 '한 생명체가 주어진 환경에서 어떤 특정한 목적을 가장 효과적으로 달성하기 위해 고안한 장치 혹은 도구나 그러한 것들을 구사하는 능력'으로 규정해볼 수 있다. 그렇다면 오목눈이의 둥지에 알을 낳고 거기서 깨어난 제 새끼들이 오목눈이의 알을 밀어내게 한 다음 어미 오목눈이가 잡아온 먹이로 제 새끼를 키우는 뻐꾸기는 말할 것도 없고, 나뭇가지를 땅 구멍에 집어넣었다가 거기 붙어 나오는 그 안의 벌레를 잡아먹는 침팬지, 바다에서 돌로 조개껍질을 깨뜨리고 그 알맹이를 꺼내먹는 물개와 거미줄을 쳐놓고 거기에 걸려드는 나비나 파리 등을 잡아먹는 거미 등 이기적 DNA를 포함한 모든 생물체가 나름대로의 기술을 갖고 있다고 할 수 있다.

그러나 이런 동물들의 생존 전략은 본능의 표출일 뿐이다. 즉 이것은 자연의 현상들로 호모사피엔스로서 인류라는 종에서 관찰되는 생존 전략의 기술이나 능력과는 질적으로 매우 다르다. 원시인들이 돌을 깨서 만든 칼이나 도끼, 끝에 독을 묻혀 짐승을 잡은 막대기조차 단순한 본능의 표출이나 자연 현상을 뛰어넘은 것이며, 오랜 경험과 나름대로의 논리적 사유를 통해 고안되고 전수된 것이기 때문이다. 인간의 기술은 자연의 일부에서 그치지 않고 언제나 인간의 생존 전략이자 인간이 제작한 생존 도구로서 문화의 범주에 속하며, 호모사피엔스와 더불어 생겨난 원시의 기술은 곧 문명사의 초석이 되었다.

인류라는 종의 역사를 그 밖의 다른 종들의 역사와 구별하는 개념을 '문명'이라는 낱말로 규정할 수 있다면, 문명사는 곧 '기술사'이며, 기술사는 자연사가 아니라 '문화사'이다. 우주론적이고 물리학적인 관점에서 볼 때 적어도 미립자의 차원에서 자연과 인간은 다 같이 시간의 흐름 안에서 부단한 변화의 과정에 있다. 그러나 모든 변화가 곧 역사는 아니다. 일정한 방향을 따라 발전하는 변화만이 역사의 일부가 될 수 있기 때문이다. 그러므로 자연에는 역사가 없고 오로지 인류에게만 가능한 것이다. 인류 이외의 물리적 · 생물학적 현상들에서는 그 존재 양식에서 발전으로 볼 수 있는 변화가 존재하지 않기 때문이다. 인간적 삶의 양식 변화를 역사라고 한다면, 자연의 존재 양식의 변화에서는 어떤 지향성도 찾아볼 수 없다. 거의 맹목적이고 반복적인 사건들의 연속에 지나지 않는다. 기술의 차원에서 봐도 다르지 않다. 결론적으로 인류의 역사를 말할 수 있는 것은 인류의 삶의 양식이 발전했기 때문이며, 인류가 발전할 수 있었던 것은 기술이 있기에 가능한 일이었다.

인류의 역사는 곧 기술 발전의 역사로 볼 수 있다. 장구한 역사 자체가 곧 기술의 역사였다. 인류의 기술은 때로는 점차적으로, 때로는 비약적으로 발전되어왔다. 석기 · 수렵 시대부터 디지털 · 후기 산업 시대에 걸친 인류 발전의 오랜 과정에서 기술 발달은 단 한 번의 절대적 단절도 없이 지속적으로 이어져 축적되어왔다. 인류의 기술 발달사는 편의상 근대 과학 정립 이전과 그 이후의 두 단계로 구분해서 검토할 수 있다. 역사적 검증을 거친

후에 그 결과에 대해서 주목해야 하는 것이다.

첫 번째 단계는 다시 문자 발명 이전과 그 이후의 두 시기로 나눌 수 있다. 그 첫 시기에는 한 개인 혹은 한 세대가 발명한 기술이 잘해야 한 세대에서 다음 세대로 직접적 경험이나 구전에 의해 극히 제한적이고 느리게 전수되었을 것이다. 그 다음 시기에는 문자적 기록 및 문자 인쇄 기술의 발명에 의해 더 많은 정보가 보다 자세하게, 그리고 더 넓게 빠른 속도로 보급되어 축적되었을 것이다. 고대 수메르, 이집트, 인도, 중국, 그리스와 남아메리카의 잉카 및 아스텍 문명의 유물들은 오늘날 우리가 보아도 놀라운 기술을 입증하고 있다. 그럼에도 그 단계의 인류는 전기, 기차, 비행기, 원자력 발전소, 컴퓨터, 휴대전화, 인공위성, 달 탐사, 장기 이식 등은 꿈에도 상상할 수 없던 기술적 한계를 갖고 있었다.

두 번째 단계인 17세기 근대 과학의 태동 이후에는 기술의 개발과 전수가 단순히 감각적이고 경험적인 지식에만 의존한 것이 아니라 이론적 지식으로서의 과학에 근거했다. 이러한 점에서 그 이전의 기술 개발과는 발전과 전수의 양상이 근본적으로 달랐다. 즉 이전과는 비교할 수도 없이 비약적인 발전을 했고, 기술의 보급 또한 기하급수적인 속도로 널리 확대되었다. 도대체 과학은 무엇이며, 어떻게 과학은 경이로운 기술 발전의 토대가 되었는가?

인간을 비롯한 모든 동물의 삶은 행동의 연속이며, 모든 효율적인 행동은 올바른 자연관을 전제한다. 그런데 모든 인간이 다 같이 보는 자연에 대해서는 서로 상충되는 수많은 자연관이 존재한다. 그 수많은 자연관들은 두 가지 대립되는 큰 범주, 즉 한편으로는 전통적·물활론적·의인적·종교적인 것, 그리고 다른 한편으로는 근대적·유물론적·과학적인 것으로 나누어 묶을 수 있다. 전자의 자연관이 삼라만상의 자연 현상 원리를 영적 존재의 임의적 조정에서 찾는 데 반해서, 후자의 자연관은 똑같은 현상의 원리를 수학적으로 기술할 수 있는 자연의 기계적인 인과 법칙에서 찾는다.

그러나 어떤 존재가 독사인 동시에 썩은 새끼줄이 될 수 없는 것처럼 상충되는 두 가지 자연관이 동시에 참일 수는 없다. 적어도 둘 중 하나는 틀린 것이다. 누군가 독사를 새끼줄인 줄 알고 손을 댄다면 그는 독사에 물려 죽게 될 수 있다. 그렇다면 한 자연관의 진위를 결정하는 잣대는 무엇인가? 그것은 그 자연관에서 논리적으로 유추되는 구체적 결과의 진위에 있다. 지난 세기에 걸쳐 근대적·유물론적·과학적 자연관은 전통적·물활론적·의인적·종교적 자연관을 점차적으로 압도해왔다. 이것은 전자의 자연관이 창출해낸 현대 문명의 수많은 물질적·관념적 제품들과 그것들이 동반한 기적 이상으로 경이로운 실용적이고 구체적인 성과 때문이었다. 이러한 성과는 과학 기술로만 가능했고, 과학 기술은 과학적 자연관이라는 새로운 인식 양식을 전제하고 있기 때문이다.

과학이 인류에 기여한 바는 아무리 과장해도 충분치 않다. 과학은 인간이 지적으로는 무지에서 광명의 세계로 나아가도록 만들었으며, 기술적으로는 자연에 의해 억압을 받는 입장에서 자연의 정복자로 변화시켰고, 물질적으로는 빈곤을 극복하게 했으며, 자연의 주인으로 군림하며 번영을 누리면서 당당하게 살 수 있는 길을 터놓았다. 우주는 물론 지구의 역사에 비해서도 상대적으로 짧은 몇 만 년 동안 자연에 대한 공포에 떨며 연명해왔던 적은 숫자의 인류가, 지난 몇 백 년 동안 폭발적으로 증가한 것만 보아도 과학 기술의 힘을 잘 알 수 있다. 과학적 자연관은 문명의 등불이자 꽃이며, 과학 기술 문명은 인간의 승리이며 축복이다. 이성을 가진 자라면 그 누구도 과학적 자연관을 부정할 수 없고, 축복으로서의 과학 기술을 부정할 수 없다.

하지만 모든 것이 그러하듯이 과학적 자연관과 그 산물인 과학 기술 또한 상반되는 양면을 갖고 있다. 오늘날 과학적 자연관과 과학 기술은 자신의 극한적 한계를 넘어 다시 돌이킬 수 없는 절망 상태에 이른 것은 아닌가 하는 의문이 제기된다. 그렇다면 이 같은 문명의 위기는 어떻게 극복할 수 있는가? 우리가 지금 해야 할 가장 중요한 과제는, 우리가 직면한 문제를 회피하는 것이 아니라 냉정하게 분석하고 모든 지혜를 동원해서 합리적인 대답을 강구하는 작업이다. 과학 기술 문명의 어둠과 재앙의 징조는 두 가지로 분류하여 분석될 수 있다.

첫 번째는 관념적·정신적인 성격을 띤다. 과학적 자연관은 물질만이 아니라 인간을 포함한 모든 생명체를 기계적으로 작동하는 물질적 분자들로 환원시켰다. 그 결과 인간을 포함한 모든 것으로부터 초월적 세계, 자아, 영혼, 생명, 감동, 모든 가치, 그리고 존재의 '의미'를 추방하고, 오로지 물질로서의 기계적 작동 원리만을 서술하는 데 그침으로써, 인간의 삶은 물론 모든 것을 무의미한 사막으로 만들었다. 오늘날 인류는 물질적으로는 풍요하지만 정서적으로 빈곤하고, 편안하지만 행복하지는 않으며, 살아 있지만 죽어가고, 부족함이 없지만 공허하다.

여기서 우리는 과학적 기술, 한 걸음 더 나아가 근본적으로 과학적 자연관을 거부해야 한다고 주장할 수도 있다. 실제로 많은 이들이 차디찬 과학적 자연관을 저주하고, 따뜻하고 낭만적인 전통적·물활론적·종교적 자연관으로 되돌아가 안주하고자 한다. 그러나 이런 태도는 문제의 해결이 아니라 연장이거나 회피에 불과하다. 과학적 자연관은 나름대로 다른 자연관보다 옳다. 앞서 말했듯이 과학적 자연관에 기초한 관점과 기술에 의해서 우리는 자연을 나름대로 더 정확히 인식하게 되었고, 보다 편안하고 풍요로운 삶을 살고 있다. 실제로 과학의 폐해를 지적하고 저주하는 사람이라 해도 과학문명의 혜택을 전혀 즐길 수 없던 과거의 삶으로 돌아가고자 하는 이가 있겠는가?

과학적 자연관이 참이라는 주장은, 가령 '$E=mc^2$'이라는 수학적 언어로 아인슈타인의 「일반상대성원리」가 표상하는 물리 현상의 에너지, 질량 및 광속도 간의 관계가 물리 현상을 있는 그대로 표상한다는 뜻이 아니라, 그와 같은 물리적 현상들이 위와 같은 수학적 공식으로도 기술될 수 있는 측면을 보여주는 것이다. 자연의 똑같은 물리 현상에는 허다한 측면이 있으며, 필요에 따라 수많은 다른 방식으로 표상된다. 과학적 인식 양식이 중요한 것은, 그것이 다른 인식 양식에 비교해서 인간이 자연을 다루는 데 가장 유익한 방법이기 때문이다. 또한 여기서 자세히 논증할 수는 없지만 과학적 자연관 안에서도 실존철학적 입장에서 마음, 영혼, 감동, 가치, 인생 및 존재 일반의 의미를 나름대로 찾을 수 있다고 확신한다.

두 번째 어둠과 재앙의 징조는, 보다 구체적이고 절박한 현실적 양상을 띤다. 과학 기술은 인간에게 거의 무제한적인 힘을 부여했다. 끝없는 욕망을 추구해온 인간은 자연을 무자비하게 약탈해왔고, 마침내는 핵무기나 생물학적 혹은 화학적 무기에 의한 끔찍한 대량 살상과 파괴의 가능성을 열어놓았다. 그 결과 자연적 자원의 고갈, 환경오염, 지구 온난화, 기후 변동, 생태계 파괴로 인한 지구의 죽음, 그에 따른 인간 자신의 물리적 조건까지도 근본적인 차원에서 위협하기에 이르렀다.

그러나 이러한 위기의 원천적인 책임은 과학적 자연관이나 과학 기술에 있는 것이 아니다. 이러한 위기는 인간 자신, 더 정확히 말해서 인간의 무지와 비합리적 욕망에서 비롯되었다. 놀라운 과학 기술의 발전으로 자연에 군림하게 된 인간이, 인간 자신도 자연의 일부에 지나지 않는다는 사실을 망각하게 된 것이다. 이솝 우화에서 자신이 소보다 더 크고 위대함을 입증하려고 자기의 능력의 한계를 망각한 채 배를 크게 부풀리고 있는 개구리의 형국이다. 언제 배가 터져 죽게 될지 모르는 그 개구리 말이다. 우리가 당면한 현대 과학 문명의 생태학적 위기를 극복하는 첫걸음은, 우리가 바로 이솝 우화의 그 개구리라는 실상을 깨닫는 것이다.

과학과 과학 기술을 무조건 거부하는 것도 어리석은 일이지만, 무조건 과학을 맹신하고 찬양하는 것도 똑같이 어리석은 태도이다. 자연에 대한 우리의 태도와 구체적인 행동의 선택은 감상적 신비주의가 아니라 과학의 합리적 자연관에 근거해야 한다. 하지만 그것은 근시적이 아니라 원시적인 관점에서, 파편적이 아니라 통합적인 큰 틀에서 결정되어야 한다. 바로 이런 맥락에서 과학과 인문학의 의미 있는 만남이 있어야 한다.

출처: 박이문, 「과학 기술과 인간」, 『과학, 축복인가, 재앙인가』, 이화여대 출판부, 2009, 96~106쪽.

인터넷 시대의 소통과 책임성

서 동 욱

1. 트리스테로의 유산

16, 17세기 신성로마제국의 소통망을 석권한 '투른과 타시스' 우편서비스에 대항하고 있던 일종의 지하 우편조직인 '트리스테로'는 30년 전쟁이 끝나갈 무렵의 어느 날 술집 뒷방에서 비밀리에 회합을 갖고 있었다. 시골 여자들이 날라다 준 맥주를 마시며 분위기가 무르익었을 무렵, 갑자기 그들 가운데 한 사람인 콘라드가 탁자 위로 뛰어올라갔다. 그러고선 그는 오랜 시간이 흐른 후에도, 그러니까 날들과 밤들이 수없이 서로를 추월하며 세월을 쌓아올려, 급기야 21세기를 이룬 지금에도 다시 숙고되어야만 하는 말을 남겼다.

> 유럽의 구원(salvation)은 커뮤니케이션에 달렸다. …… 유럽의 군주들 사이의 커뮤니케이션을 조종할 수 있는 사람이 그 군주들 모두를 조종하게 될 것이다.[1)]

---

1) T. Pynchon, *The Crying of Lot 49*, New York :Penguin Books, 1974(초판: Jonathan Cape, 1967), 125-25쪽.(약호 CL)

물론 지금 우리가 읽고 있는 이 문장은 역사책으로부터 온 것이 아니고 위대한 허구임으로 해서 역사보다 더욱 진실한 토마스 핀천의 기록으로부터 온 것이다. 「엔트로피」 같은 초기 단편에서부터 잘 나타나는 바이지만 핀천만큼 소통의 문제에 관심을 기울인 작가도 없을 것이다.(파티에서 사람들을 소통시켜 증가하는 카오스를 막아보려는 멀리건의 노력을 떠올리라.) 소통에 관해 우리가 생각하고 있는 바에 대해 『49호 품목의 경매』가 이미 많은 것을 알고 있기에, 우리는 이 글을 통해 수시로 핀천의 문장을 읽어나갈 작정이다. 트리스테로가 숨겨진 역사인 만큼 핀천의 말처럼 트리스테로를 발견하기 위해서는 공식적인 지배자들의 역사인 타시스 편에 서서 접근해야 한다. 우리가 공식적인 시간과 공간 속에서 만날 수 있는 것은 지배체제의 역사 외에는 없으므로. 숨은 자들의 역사란 그것의 그림자로서만 존재하므로. 가령, 핀천을 이미 읽은 사람이라면 마치 소설 속의 허구가 실제로 육신을 입고 지상에 강림한 듯한 무시무시한 체험을 벨기에의 어느 길목에서 할 수 있다. 관광 안내를 하자는 것은 아니지만, 브뤼셀 중심부의 벨기에 왕립미술관이 면해 있는 길을 따라 내려가다 보면 한 블록 지나서 제장스(gégence)로(路)와 만나게 되는데, 그 길 한구석에 결코 역사적 현장이라고는 받아들일 수 없는 평범하고도 낡은 건물이 한 채 서 있다. 그 건물 한 편 벽에는 무엇인가를 기념하기 위한 청동판이, 주의를 기울이지 않는다면 모르고 지나칠 것이 틀림없을 만큼 초라한 크기로 박혀 있는데, 거기에는 핀천의 소설 속으로 들어온 듯한 착각을 일으키는 글귀가 역사의 이름으로 씌어져 있다.

'1516년 여기서 프랑수와 드 타시(Fançois de Tassis)가 최초의 국제우편서비스를 시작했다. 1872년까지 이 자리에 투르와 타시(Tour et Tassis)가(家) 제후의 우편국이 세워져 있었다.'

지금은 더럽고 음산한 건물이 들어서 있는 이 터에서 최초—왕들뿐 아니라 일반인에게까지 서비스를 제공했다는 의미에서 최초—의 국제 소통망 '투르와 타시' 우편(핀천의 표기를 따르면 투른과 타시스[Thurn and Taxis]우편)이 시작되었던 것이다. 어둡고 우울하며, 겉으로는 평범하고 소박하지만 그 내면에 유럽의 온갖 광기와 음모를 숨기고 있는 이 도시의 한 모퉁이에서부터, 바로 16세기인들의 '인터넷'이 구축된 셈이다. 타시스 우편의 본거지답게, 오늘날 집집마다 달려 있는 전통적인 우체통에는, 마치 오래전에 전설 속으로 사라진 고대 종교의 계승자들이 아직까지도 생존해 있음을 증거하듯 여전히 타시스의 상징인 한 번 매듭이 묶인 우편 나팔–트리스테로의 약음기 달린 나팔과 구별되는–이 그려져 있다. 벨기에 체신부의 상징도 타시스 우편 나팔을 응용한 디자인이라는 것은 말할 것도 없다.

그렇다면 신성로마제국으로부터 부여받은 독점과 세습의 특권을 행사하던 타시스 우편의 경쟁자인 트리스테로의 위상이란 어떤 것인가? 이미 말했듯 지하조직인 트리스테로는 타시스 우편의 그림자로서만 모습을 드러내왔다. 한적한 길목에 숨어 있다가 타시스 우편배달부들을 잔혹하게 살해하는 검은 복장의 인물들, 다시 말해 지배적인 소통 체계를 마비시키는 해커들로서만 출현해왔다. 그러므로 해킹의 빛나는 역사 속에서, 매트릭스를 해킹하는 모르피우스의 컴퓨터시스템이 그 종국을 장식하고 있다면, 타시스의 소통 체계를 불통으로 만들던 트리스테로의 우편배달부들은 그 기원을 장식하는 최초의 해커들로 기록되어야 마땅하리라.[2)]

그러나 그들은 왜 해킹을 했는가? 누군가의 웹페이지를 재미로 박살내는 불량배들처럼, 그저 이유 없이 그랬는가? 도대체 그들이 추구하는 가치가 무엇이었기에? 해답은 위에서 이미 우리가 읽은 구절 속에 있을 것이다. 그것은 유럽의 구원, 아니 오늘날의 확장된 지구를 고려해서 이 말을 다시 옳게 표현하자면, '세계의 구원'은 커뮤니케이션에 달려 있기 때문이다. 엉뚱

2) 흥미를 끄는 비교에 지나지 않을지라도, 핀천이 이미 '매트릭스'에 대해 잘 알고 있었다는 점을 밝혀두는 것은, 그가 1960년대에 벌써 디지털 시대의 위험을 감지하고 있었다는 점을 평가한다는 면에서 가치 있는 일일 것이다. 『49호 품목의 경매』는 가상현실을 주제로 삼지 않음에도, 가령 다음과 같은 구절은 디지털 시대로 진입하고 있는 인류의 불안과 우려를 오늘날에도 절실한 어조로 표현하고 있다. "다양성을 위한 좋은 기회들이 얼마나 배제되어 왔는가? 왜냐하면 지금은 [우리가] 마치 거대한 디지털 컴퓨터의 매트릭스[모체, Matrix]들 사이를 걸어가고 있는 것과 같기 때문이다. 거기엔 0과 1이 쌍을 이루며, 균형을 이룬 움직이는 부품처럼 좌우로 빽빽하게, 아마도 끝없이 매달려 있었다."(CL, 138) 이 묘사는 「매트릭스」1편의 구체적인 한 장면을 떠올리게 만드는데, 영화 마지막 부분의 숫자들로 빽빽한 호텔 복도 장면과 얼마나 놀랍게 일치하는가! 또한 굳이 핀천이 여기서 '매트릭스'라는 단어에 영화에서와 다를 것이 없는 함의를 부여하고 있다는 점을 지적하지 않더라도, 이 구절은 인간을 지배하는 공포스러운 힘들로 가득 찬 디지털 시대를 핀천이 자기 주제들 속에서 이미 생생하게 살아가고 있었다는 점을 보여주기에 모자람이 없다.

하게도 토마스 핀천은 도무지 서로 관련될 수 없을 것만 같은 두 가지, '소통'과 '구원'을 당연한 듯 연결시켜 놓고 있다. 어떤 의미에서 구원과 소통은 서로 관련을 맺을 수 있는가? 세계 최초의 해커집단이 세계의 구원은 소통에 달려 있다고 이야기할 때 이 말은 진정 디지털 시대를 사는 우리들에게도 유효한가? 도대체 어떻게 소통이 구원의 길을 열어줄 수 있는가? 이 질문이 우리에게 던져진 트리스테로의 유산이다. 현명한 아버지는 언제나 문제 속에서 상속을 감행한다. 현명한 아들은 늘 문제 속에 남겨진 수수께끼에 대한 숙고를 통해 자기 재산을 찾으며, 우둔한 자들의 품속에선 상속받은 보물은 속절없이 녹아 없어진다. 매듭 묶인 우편 나팔을 아직까지도 달고 있는 유럽의 고집스런 우체통이 말해주듯 세상은 여전히 타시스의 것이며, 오늘날의 타시스, 오늘날 우리의 소통을 암암리에 지배하는 것들이 무엇인지조차 우리는 모른다. 이 글은 제 운명도 모르는 우둔한 아들이 트리스테로의 유산을 상속해보려는 부끄러운 숙고, 한 번의 서투른 시도에 지나지 않는다.

2 도처에 있으면서 아무 데도 없음

그런데 우리는 구원을 필요로 하는가? 무엇으로부터의 구원인가? 도대체 우리가 빠져 있는 상황이 어떻기에 소통과 관련된 수많은 가능한 문제를 제쳐두고 하필이면 구원의 문제가 제기되어야 하는가? 이러한 질문은 당연하게도 우리가 처해 있는 상황에 대한 앞선 이해, 그러므로 우리가 살아가고 있는 디지털 시대의 소통 일반에 대한 이해를 요구한다. 우리가 사유하고자 하는 바는 어떤 특정한 소통 양식이 아니라 '소통 일반'이다. 그런데 '일반'에 대한 이해로 들어가기 위한 출입구를 열기 위해서는 구체적인 어떤 소통 양식 하나를 출발점으로 선택해서 분석해볼 수밖에 없을 터인데, 아마도 '출판'의 경우가 적합할 것 같다. '출판(publication)'이란 이 말에 대한 어원적 분석을 통해 알게 되듯 공공화하기(public-cation), 사람들

(public)에게 말하기, 곧 '공중(公衆)과 소통하기'의 의미를 지니고 있다. 소통으로서의 출판이라는 이러한 뜻은 또한 매스커뮤니케이션(공공[mass]과의 소통[communication])이라는 용어가 그 어의 안에 잘 간직하고 있는 바이기도 하다.

인터넷이 '도구'인가 또는 그 이상의 무엇인가를 분명히 하는 것은 오늘날의 소통의 특성을 이해하기 위해 매우 중요할 것이다. 소통 양식으로서 출판이 우리 성찰을 시작하기에 적합한 주제인 까닭은, 그에 대한 분석이 분명 인터넷의 도구적 또는 비도구적 성격에 대한 이해의 실마리를 제공해 줄 것이기 때문이다. 출판이란 무엇인가? 혹은 보다 초점을 분명히 맞추자면, 출판인이란 어떤 존재인가? 문명의 탄생과 거의 동시에 인류는 책 또는 그림책이라 불릴 만한 것을 통해서 소통을 시도해왔지만, 분명 이와 별도로 '출판'은 전형적인 근대적 소통 양식 가운데 하나일 것이다. 책이 있었던 시대라고 해서 출판이라는 '사업'이 있었던 것은 아니며, 책이 비로소 출판인과 관련을 맺게 된 것은 오로지 근대라는 지평 위에서이다. 그런데 근대만이 출판인이라는 존재를 가질 수 있었던 까닭은 활자의 보편화라는 기술의 발전 덕택이기보다는 더 근본적으로 '표상 활동'이라는 근대만의 독자적인 특성 덕분이다. 표상으로서 출판의 의미를 이해하기 위해서는 그에 앞서 근대인들이 출판인을 어떻게 규정했는지 먼저 살펴보아야 할 것이다. 아마도 출판인에 대한 근대의 의미심장한 언급 가운데 하나를 우리는 칸트에게서 찾을 수 있을 것인데, 그는 『도덕 형이상학』(1796) 1부에서 책, 저자, 출판인을 다음과 같이 정의하고 있다. "책이란 하나의 글—그것이 펜으로 씌어졌건 활자로 인쇄되었건 길건 짧건 그것은 문제가 안 된다.—로써, 누군가가 가시적인 언어적 기호를 수단으로 공중에게 보내는 담론을 말한다. 자기의 이름을 내걸고 공중을 향해 말하는 자를 '저자'라고 부른다. 다른 이의 이름을 내걸고서 글을 통해 공중에게 이야기하는(reden) 자가 '출판인(Verleger)'이다."(학술원판 전집, VI, 289)[3] 이 정의에서 보듯 책이란 공공에게

3) 이 글의 논의 대상은 아니지만 밝혀두자면, 책의 문제를 다룰 때 칸트의 주요 관심은 해적 출판업에 대항하여 출판인과 저자의 법적 권리를 정초하는 일이었다.

의도적으로 공개된 글이다.(앞으로 이 글에서 '책'과 '글'에 대해 언급할 때 우리는 항상 칸트의 이 정의에 입각한다.) 그런데 칸트의 이 진술에서 주목할 만한 점은 저자뿐 아니라, 출판인도 공중에게 '이야기하는 자'라는 점이다. 도대체 어떻게 자기가 쓴 글도 없이 남(저자)의 글과 남의 이름을 내걸고서 이야기할 수 있는가? 여기에 바로 표상 활동으로서 출판의 비밀이 숨겨져 있다. 표상(Vorstellen)이란 하이데거가 그 어원적 의미를 분석하듯 '앞에(vor-) 세우는(stellen) 활동'이다. 세우는 주체는 인간이며, 그의 활동은 존재자를 '대상'으로서 자기 앞에 세운다. 인간이 이 세우는 활동을 주관하는 자가 되었다는 것, 그리고 이 활동을 통해 존재자가 인간 앞에 대상으로 서게 되었다는 것은, 근대 세계에 와서 인간이 존재자와 관계 맺는 방식을 스스로 설정한다는 것, 다시 말해 존재자는 이제 인간의 계산 아래, 인간의 측정 아래서만 현상할 수 있게 되었다는 것을 뜻한다. 가령 중세에는 존재자들의 척도와 근거는 신이었으나, 이제 세계는 오로지 인간의 측정을 통하여 인간 앞에 세워진 그림으로서만, 즉 '세계상(Weltbild)'으로서만 존재할 수 있게 되었다. 세계상이란 말은 세계에 대한 그림이라는 뜻이 아니라, 인간 앞에 세워진 그림으로서의 세계만이 존재한다는 뜻을 담고 있다.[4] 다시 말해 존재자는 오로지 인간에게 정복된 그림으로서 외에는 그 어디에도 존립할 수 있는 자리를 가지지 못하게 되었다는 뜻이다.[5] 그런데 이러한 표상 활동은 근대 학문의 핵심뿐 아니라 출판 활동의 핵심을 구성하면서, 출판을 대표적인 근대적 사업으로 특징짓는다. 하이데거는 표상 활동으로서의 출판에 대해 다음과 같이 말한다. "출판업의 의미가 증대해가고 있는 까닭은 단순히 출판인들이 (아마도 그들의 책을 판매하는 과정을 통해서) 공공의 욕구에 대해 더 민감한 귀를 가지게 되었다거나, 출판인들이 저자들보다 더 나은 장사꾼이라는데 있지 않다. 오히려 그들 고유의 작업은 정리되고 빈틈없는, 책과 정기간행물의 출판을 통해 **세계가 어떻게 공공의 그림[상, Bild]으로**

---

4) M. Heidegger, "Die Zeit des Weltbildes," *Hozwege*(Gesamtausgabe, Band. 5), Fankfurt a. M.: V. Klistermann, 1977, 89쪽.(약호 ZW)

5) 서양 철학에서 표상 개념이 가지는 여러 가지 의미에 대해선 필자의 책, 『차이와 타자—현대 철학과 비표상적 사유의 모험』(문학과지성사, 2000)의 서문 「표상적 사유와 비표상적 사유」 참조.

이끌어지고 그 속에 고정되는가를 고려하면서, 계획하고 설정하는 **사전적**(事前的) **결정**의 형태를 띤다. 편집물, 총서, 문고판의 우세는 이미 이런 작업의 결과이다."(ZW, 98) 여기서 '사전적 결정'이란 '이미 인식된 것'으로서, 하나의 현상이 현상으로서 보이게 만드는 것이다. 무슨 뜻인가? 보다 쉽게 예를 들어 설명해보면, 식탁 위에 있는 사과 세 개가 사과 세 개로서 현상할 수 있는 것은 셋이라는 수 개념이 우리에게 미리 인식되어 있기 때문이다. 수 개념이 우리에게 미리 인식되어 있기에 자연은 우리에게 수적(數的)인 것으로 현상할 수 있다. 이와 유사하게 근대 학문 일반은, 앞서 인식된 것에 기반해, 무엇이 그 학문이 대상으로 삼는 자연으로 간주되어야만 하는가를 미리 규정한다. 가령 근대 수리물리학은, '운동은 장소의 이동을 의미한다는 것', '모든 장소는 서로 동질적이라는 것', '모든 힘은 운동량에 따라 규정된다는 것' 등등을 '미리 인식된 것'으로서 가지고 있었고, 이러한 미리 인식된 것이, 자연을 수리물리학의 탐구 대상으로 현상하게끔 했다.(ZW, 78-79 참조) 즉 자연은 수리물리학의 '연구 구역'이 되었다. 그러므로 사전적 결정이란 세계가 주체의 '측정'을 통해 세워진 그림으로서 주체 앞에 현상하게끔 해주는 표상 활동의 본질을 형성한다.

그런데 하이데거가 말하듯 근대적 사업으로서의 출판 또한 이러한 사전적 결정의 형식을 갖는다. 출판의 영역에선 출판인이나 편집위원의 기획이 아마도 이 사전적 결정에 해당한다고 해야 할 것이다. 출판이란 단지 저자로부터 원고를 받아서 공공화 할 수 있는 수단인 책으로 제작하는 수동적인 절차가 아니다. 이 절차는 출판의 이념에 부합한다기보다는 차라리 기술적인 작업으로서의 인쇄 과정에 속할 것이다. 보다 적극적으로, 출판인은 공공에게 나타나야 할 상, 즉 그림을 가지고 있으며, 출판되어야 할 책의 기획이라는 사전적 결정을 통해, 공공에게 현상으로 나타나야 할 바가 무엇인지를 미리 규정한다. 우리 주위의 출판사들의 도서 목록 속에서 쉽게 확인할 수 있듯 이러한 사전적 결정은 총서, 전집류, 그리고 무엇보다도 '잡지'의 형태로 결실을 맺는다. 잡지는 전형적인 근대적 산물로서, 널리 알려진 대로 17세기 중엽(1665년) 파리에서 처음 출현하였다. 이때가 바로 출판업이 인쇄업으로부터 실제적으로나 개념적으로 완전히 독립하는 시기인 것은 결코 우연이 아니다. 왜냐하면 잡지의 가장 큰 특성이란 고유의 '편집 방침'을 가진다는 것이기 때문이다. 즉 잡지는 공공에게 현상으로 나타나야 할 바 사전적 결정이 없이는 도무지 출현할 수 없는 형태의 책인 것이다. 단순한 인쇄 절차와는 본질적으로 다른 주체의 능력, 곧 근대인들만이 수행했던 표상 활동을 그 성립 근거로서 삼고 있는 것이 잡지이다. 이런 까닭에 하이데거적인 관점에서 좀 극단적으로 표현하자면, 인쇄업은 갑골문자, 점토판, 파피루스, 중세의 필사 수도승 등등의 원시적 조상을 가지지만, 인간의 표상 활동으로서의 출판업은 조상을 가지지 않는다.

결국 공공에게 나타나는 바 현상을 가능케 하는 자, 세계가 표상되게끔 하는 자는 저자이기 이전에 이미 출판인이며, 이런 뜻에서 칸트가 정의한 대로 출판인은 남의 글과 남의 이름을 내걸고서 공공에게 '말하는 자'이다. 무엇이 씌어져야 하는지 알고 있고 또 결정할 수 있는 자는 저자이기보다 출판인이다. 어떤 총서가 필요한가, 어떤 책들이 하나의 시리즈로 묶여야만 하며 그 시리즈의 이념은 무엇인가, 이번 호 잡지의 특집은 무엇이 되어야 하는가 등등은, 세계를 공공 앞에 세계 그림으로 현상하게 하는 출판인의 사전적 결정에 전적으로 달려 있다. 사전적 결정이 책이 공공과 만나기 위한 하나의 지평을 앞서 열어놓으며, 저자는 이러한 출판인의 사전적 결정에 종속됨으로써만 그 지평 속에서 공공에게 말을 건넬 수 있다.[6] "연구자는 출판인의 주문에 스스로를 구속한다. 출판인은 이제 어떤 책들이 씌어져야 되는지를 함께 결정한다."(ZW, 85)

그렇다면 이제 대답해보자. '공공과의 소통'이라는 영역에 한정해 볼 때 인터넷이라는 미증유의 소통 장치는 표상 활동이라는 근대적 주체의 본성을 실현시키는 '도구'인가, 아니면 도구로서의 본성을 넘어서는 전혀 다른

6) 출판의 의미에 대한 보드리야르의 다음과 같은 견해도 동일한 맥락에서 이해될 수 있다. "작가로서, 사상가나 연구자로서 **나는 점점 더…… 어떤 편집 체계의 영향 아래 있게 됩니다.**"(장 보드리야르/장 누벨, 배영달 옮김, 『건축과 철학』, 동문선, 2003, 102쪽) 작가와 사상가들의 작업은 완전한 무전제에서 이루어지는 것이 아니라, 보드리야르가 '편집 체계의 영향'이라 부르는 출판인의 사전적 결정 아래에서 수행된다.

어떤 것인가? 다음과 같은 현장 출판인의 말은 인터넷을 근대적 기획을 보다 손쉽게 실현시키는 도구로서 우선 규정할 수 있음을 시사해준다. "우리가 출판을 종이와 인쇄와 제본의 산업이라고 생각한다면 우리의 미래는 어둡다. 비용은 날로 증가하고 책값은 덩달아 올라가고 소비자는 책을 외면하기 때문이다. 그러나 반대로 생각한다면 문제는 달라진다. 책을 필자와 독자의 머리와 가슴을 연결하는 매개물이라고 생각한다면 우리는 종이로 만든 책뿐만 아니라 정보와 지식 그 자체로만 구성되어 있는 책, 다시 말하면 전자 책을 생각할 수 있다. 전자 책은 필자와 소비자를 훨씬 가깝고 빠르고 값싸게 연결시킨다."[7] 이 말은 전적으로 인터넷을 유통 구조의 개선이라는 측면에서, 그러니까 보다 효율성이 있고, 보다 일을 많이 할 수 있는 도구로서 바라보고 있다. 위의 칸트의 정의에서 보았듯 책의 본질은 매체와는 상관없다는 점, 즉 그것이 펜으로 씌어졌건 활자로 인쇄되었건 컴퓨터 스크린에 나타난 광선이건 길건 짧건 문제가 안 된다는 점에서, 전자 책은 근대적 책의 정의의 범위를 초과하는 점이 전혀 없다. 또한 표상 활동을 하는 자로서의 출판인의 위상도 약화된 것이 없다. 출판인은 사전적 결정을 통해, 공공에게 현상으로 나타나야 할 바 세계의 그림을 만들기 위해 저자에게 주문을 하고 또 원고를 선별해내기 위해 고심한다. 사라진 것, 변화한 것은 오로지 유통 구조와 책의 형태뿐이다. 이런 측면에서 보자면 인터넷은 하나의 도구임에 틀림없다. 도구란 오로지 그것을 사용하는 '주체'와 그 주체가 추구하는 '목적'을 통해 규정된다. 물론 여기서 주체는 인간이며 목적은 인간의 편리이다. 전자 책의 혁명적 힘은, 인간의 도구로서 더 많은 일을 할 수 있다는 측면에서 평가된 혁명이지 도구의 개념을 뛰어넘는다는 점에서의 혁명은 아니다. 즉 엄밀히 말하자면 전자 책은 인쇄술의 혁명이지 표상 활동으로서 출판업의 본질을 바꾸는 혁명은 아닐 것이다. 이제 종이와 활자 없이도 인쇄가 가능하고—어의만을 따지자면 이는 모순된 표현이지만—그것을 유통시킬 수 있는 시대가 온 것일 뿐이다.

7) 박영률, 「출판의 미래」, 《한겨레21》, 284호, 1999, 112쪽.

그러나 인터넷이 과연 그저 이렇게 도구에 그치고 마는가? 그것은 놀랄 만큼 새롭지만 역시 인간의 역사가 새벽을 맞을 때부터 사용해오던 도구의 일종에 불과한가? 이 새로운 불에는 뭔가 괴물 같은 것이 숨겨져 있으니, 불행하게도 그것은 더 이상 도구로 머무르기를 원치 않는다. 도구의 함의는 그것의 사용 주체와 목적이 있다는 것이므로 도구에 머무르지 않는다는 말은 '주체'와 그가 도구를 통해 추구하는 '목적'이 사라진 '비인격적 익명성의 사태'가 창출된다는 것을 함축한다. 계속 출판이라는 예를 붙들고 디지털 문명의 또 다른 면모를 조명해보자. 출판이란 개념이 인터넷상의 소통을 논의하기에 효과적인 까닭은, 이미 칸트의 정의에서 보았듯 책이란 그것이 어떤 매물(每物)을 통해 실현되느냐와는 상관없이, 공공에게 전달할 목적하에 가시적인 언어적 기호를 수단으로 삼는 모든 것을 가리키기 때문이다. 따라서 홈페이지, 게시판에 올려지는 글 등등은 모두 넓은 의미에서 책으로 간주될 수 있다. 그런데 이런 방식으로 책이 발표되기 위해서도 우리는 여전히 출판인의 존재를 필요로 하는가? 물론 이 질문은 곧장 '출판인의 죽음'이라는 대답을 기다리고 있다. 책의 출판, 그러니까 공중과 언어적 기호를 매개로 소통하기 위해서라면 이제 누구도 절실하게 출판인을 기다리지 않아도 될 것이다. 공공과 소통하고 싶은 이는 누구든 스스로 인터넷을 통해 글을 발표할 수 있게 되었다. 칸트는 출판사업의 요건 가운데 하나로 "책을 만드는 작업에 관계하는 노하우를 지닌 자들에게 급료를 지불할 수 있는 출판인"(「출판인 프리드리히 니콜라이에게 보낸 편지」[1798]), 즉 제작상 동원할 수 있는 자본력을 꼽고 있는데, 오늘날 인터넷을 통한 출판은 이런 자본에 대한 부담으로부터도 자유로워졌다. 만약 인터넷에 탈근대적인 면모가 있다면 이처럼, 근대 특유의 표상 활동으로서의 출판사업 너머에서, 공공을 향해 글을 생산해내는 일이 모든 이에게 가능하게 되었다는 점일 것이다. 그러므로 디지털 시대 출판의 새로움이라면 전자 책의 출현보다는 '출판인의 죽음' 또는 '출판인 없는 출판'의 출현일 터이다. 왜냐하면 전자책은 출판의 내적 요소(책, 작가, 그리고 무엇보다도 출판인)의 층위에 도래한 혁명이 아니라 출판의 외적 층위(유통구조, 보다 편리하게 이용할 수 있는 책의 형태)

에 불어닥친 혁명일 뿐이라는 점에서, 오히려 근대에 정립된 출판의 개념을 한 걸음 더 그 근대적 이상에 근접시키고 있을 뿐이기 때문이다. 독자들 속에서 스스로 서는 데 성공한 수많은 카페, 블로그, 홈페이지가 증언하듯, 오늘날 책(글)을 발표하기 위해서라면 출판사는 필연적이지 않다. 누구나 스스로 자기 책을 위한 출판인이 될 수 있으며, 출판사의 힘을 빌리지 않고도 글의 권위와 신뢰성을 확보할 수 있다. 이제 세계의 그림, 곧 세계상이 공공 앞에 현상하도록 저자가 무엇을 말해야 할 것인지 사전적 결정을 하는 출판인은 존재하지 않는다. 사이버 스페이스 안에는, 무엇이 씌어져야 되는지, 무엇이 공공 앞에 상으로 현상해야 하는지, 요컨대 어떤 말들이 소통되어야 하는지 말해줄 수 있는 자는 아무도 없다. 글을 올리는 순수하게 형식적이고 가치 배제적인 작업을 해주는 디지털 장치가 출판인의 자리를 대신하고 있을 뿐이다.

그런데 출판인의 죽음이 도대체 무슨 깊은 뜻을 지니고 있기에 우리는 소통의 문제를 생각해보는 자리에서 그것을 이토록 장황하게 다루어왔는가? 출판인의 죽음이라는 표면의 흙먼지가 가리켜 보이는 심층의 지각변동은 어떤 것인가? 우리가 보아온 것처럼 근대 세계에서 공공 사이에 소통되는 말들은 세계상에 붙박여 있었다. 이미 예로 들었듯 근대 수리물리학은 '미리 인식된 것들'의 사전적 결정을 통해 세계를 수리물리학적상으로 현상하게 했다. 근대 모든 물리적 운동은 이런 수리물리학이 정립한 세계상에 붙박여 있었다. 이런 방식으로 한 시대의 세계상에 인간의 공적 담론 전체는 붙박여 있었다. 이런 붙박여 있음을 공공 사이에 말이 오가는 가장 구체적인 현장에서 보호하던 이, 가장 구체적인 현실화의 단계에서 공공에게 그림으로 나타나야 할 세계를 결정하던 이가 바로 출판인이었다. 그러므로 사이버 세계 속에서 현실화하고 있는 출판인의 죽음은, 한 시대의 세계상에 붙박여 있던 인간의 말이 그것으로부터 떨어져 나오게 되었다는 것, 뿌리도 없고, 집단의 기억도 배경으로 삼지 않게 되었다는 사실을 가리켜 보이는 하나의 징후이다. 세계 그림이 없는 시대에 공공 사이에 소통되는 말들은 아무런 응집력도 역사도 없는 것이 되어버렸다. 이제 말들을 지배하는 것은 무엇인가? 자세히 보게 되겠지만 '빈말(잡담, Gerede)'과 '호기심'이다. 인터넷만큼 하이데거의 잡담과 호기심에 대한 분석이 잘 들어맞는 공간도 없을 것이다. 하이데거가 일상성에 대해서 했던 분석을 우리는 오늘날 사이버 스페이스를 위해 다시 읽을 수 있다.[8)]

이제 사이버 스페이스에서 사람들은 자신의 목소리를 하나의 지표로서 세계상을 통해 가늠해보기보다는 '익명적 대중', 하이데거가 '세인(das Man)'이라고 부른 것을 통해 가늠해본다. 인터넷상에서 세계상과 상관없이 오로지 익명적 세인만이 지표가 되는 방식을 여러 가지 이야기할 수 있겠는데, 가령 세인은 '방문자수'와 '조횟수'를 통해서도 우리에게 다가올 수 있다. 오늘날 많은 웹페이지는 주유소의 미터기처럼 생긴 방문자수 표시 장치를 달고 있으며, 글들은 제목 꼬리에 어김없이 조회수를 달고 있다. 불특정 다수가 어느 만큼 클릭을 했느냐 하는 숫자 자체가 이토록 중요시된 적은 없을 것이다. 숫자 자체는 이미 '해석'이다. 인터넷 정보는 방문횟수와 조횟수라는 숫자 형태로 익명적 대중에 의해 해석되어 있다. 그것은 단지 얼마나 방문했나 얼마나 조회했나를 알려주는 표시일 뿐이나 이미 그 자체 하나의 평가로서 작용한다. 이제 그 숫자들이 통신이나 웹페이지에 올라와 있는 글들을 평가하고 또 글쓴이들을 고무시켜 다음 글쓰기로 이끌며, 글 또는 특정 웹페이지에 권위를 부여하기도 한다. 성 아우구스티누스는 디지털 시대를 이미 잘 알고 있었으니, 이런 세인들의 해석에 대해 다음과 같은

---

8) 우리는 하이데거로부터 많은 것을 배우지만 결코 하이데거의 생각을 전적으로 따르고 있는 것은 아니다. 하이데거 그 자신의 맥락에 충실하자면 세계상, 빈말, 호기심 등은 서로 대립적일 수 없다. 모더니티 속에서 이 모든 것은 서로 결합되어 있다. 가령 잡담, 호기심 등은 현존재를 휴식을 모르는 "억제할 수 없는 '사업(Betriebs)' 속으로 몰아넣는데"(SZ, 177), 이 '사업'이란 용어는 후기에 '닦달(Gestell)'이라는 개념과 함께 표상 활동의 본질을 이루는 개념으로 발전해 나간다.(ZW, 97-98 참조) 그런데 우리가 보았듯 '공공과 소통하기' 라는 영역에 한정해보았을 때 출판은 표상 활동으로서 근대적 사업이다. 반면 인터넷은 그러한 표상 활동으로서의 출판 사업이 지평을 열어주지 않음에도 공적 소통을 가능케 한다는 면에서 탈근대적이라 일컬을 수 있을 것이다. 오히려 인터넷이라는 공간 자체는 근대적 주체의 표상 활동과는 양립할 수 없는 익명성, 무중심성을 속성으로 가진다. 그럼에도 불구하고 다른 한편, 하이데거가 모더니티의 비본래적 일상성의 특질로 분석한 빈말, 호기심 등은 더할 나위 없이 정확하게 오늘 날 인터넷의 특질이기도 하다는 것이 우리의 생각이다. 따라서 철학의 가르침이 특정 시대에 닫혀 있는 것이 아니라면, 우리는 모더니티 속에서 '세계와 더불어 바쁜' 현존재의 자기망각적인 비본래성에 대한 하이데거의 비판을 오늘날 인터넷의 특징적인 면모를 이해하기 위해 다시 음미해볼 수 있을 것이다.

말을 남겼다. "나는 당신을 사랑하지 않았습니다. 나는 죄 속에서 당신에게 멀리 떨어져 있었습니다. 내 주위 도처에서 '**잘했다! 잘했다!**(euge, euge)'라는 말이 울려 퍼졌습니다."(『고백록』, 1권, XIII, 21) 오늘날 익명의 대중, 아우구스티누스의 용어대로 하자면 "이 세계의 친구들"(같은 곳)은 가령 조회수를 통하여 네티즌의 귀에 감미로운 목소리로 '잘했다! 잘했다!'라고 속삭인다. 하이데거 또한 이러한 아우구스티누스의 진술과 매우 동일하게 다음과 같이 말한다. "현존재……비본래적(uneigentliche) 일상성의 무지반성과 공허 속으로 추락한다. 그러나 **대중에 의해 해석되어 있음**을 통해서 이 추락이 현존재에게는 은폐된 채로 있어서, 도리어 추락은 '상승'……으로 해석된다."[9] 추락을 오히려 상승으로 이해하게 만드는 '대중에 의해 해석되어 있음'이 바로 아우구스티누스가 '잘했다! 잘했다!'라는 이 세계 친구들의 말을 통해 뜻하고자 했던 바이다. 이 세계 친구들의 칭찬을 좇아 아우구스티누스가 절대자로부터 멀어져 있듯 하이데거의 현존재는 대중에 의해 해석되어 있음을 좇아 자신의 '본래성(Eigentlichkeit)'으로부터 멀어져 있다. 우리는 대중의 그러한 해석을, 즉 '잘했다! 잘했다!'라는 세인의 빈말을 따라 방황한다. 이와 같은 식으로, 현존재 자신의 본래성에 대한 이해와는 상관없는, 세인에게서 들려오는 말소리가 빈말이며, 현존재가 이 빈말로부터 자신에 대한 이해를 구할 때 빈말은 타인과 더불어 있는 현존재의 '비본래적 존재양식 자체'가 된다. 요컨대 "빈말은 뿌리 뽑힌 현존재 이해의 존재양식이다."(SZ, 170)

또한 소통은 호기심에 사로잡혀 있다. 하이데거의 '빠져버림(verfallen)'은 현존재의 이해 방식 가운데 하나이다. 그러나 그것은 현존재 자신의 존재가능(Seinkönnen)에 대한 잘못된 이해이며, 이 경우 현존재는 비본래적인 방식으로 존재한다. 구체적으로 무엇 속에, 무엇과 더불어 빠져버렸는가? 이미 보았듯 익명적 대중인 '세인'과 더불어 세계 속에 빠져버렸으며, 현존재는 세계 속에서 세인으로부터 자기 자신에 대한 이해를 구한다. 호기심은 이

9) M. Heidegger, *Sein und Zeit*, Tübingen: Max Niemeyer, 1993, 17판(초판: 1927), 178쪽.(약호 SZ)

빠져버림의 존재 양식 가운데 하나이다. 호기심에 대해 하이데거는 이렇게 말한다. "호기심은 모든 것과 저마다의 것을 개시(erschließen)하지만, 이때 내-존재(In-Sein)는 **도처에 있으면서 아무데도 없다**."(SZ, 177) 인터넷만큼 '세계 도처에 있음'을 가능하게 해줄 수 있는 장치도 없을 것이다. 우리는 호기심에 끌려 다니며 웹서핑을 하는 가운데 "모든 것을 보았고 모든 것을 이해했다."(같은 곳)고 느낀다. 이런 느낌은 "자기 존재의 모든 가능성의 확실성, 진정함과 풍부함을 보장해주리라는 억측을 현존재가 가지게끔 한다."(같은 곳) 그것이 왜 '억측'인가? 왜냐하면 "다방면의 걸친 호기심과 모든 것을 쉴새없이 알려고 하는 것이 마치 보편적인 현존재 이해인 듯 속고 있지만, 근본적으로 **무엇이 도대체 본래적으로 이해되어야 하는가**가 규정되지도 물어지지도 않은 채 남아 있"(SZ, 178)기 때문이다. 분명 이 구절은 오프라인의 세계보다 인터넷에 더 알맞은 기술이다. 갈 곳도 없으면서 늘 어딘가 접속하고자 한다. 할 얘기라곤 '잡담'밖에 없지만 밤새 대화 상대를 찾아다닌다. 목적도 없는데 틈만 나면 이 집 저 집 웹페이지의 문가를 서성거린다. 인터넷에 접속하지 않고는 뭔가가 궁금하고 외로워 견딜 수 없는 현존재에게 중요한 것은 "진리 속에 있는 것이 아니라 자기를 세계에다 내맡겨버릴 수 있는 가능성이다."(SZ, 172) 지루하지 않도록 인터넷에 자기를 맡겨버리는 일 자체가 중요하며 그러기 위해서 웹페이지는 나날이 '새것으로' 업데이트되어야 한다. 업데이트 여부가 홈페이지의 생명을 결정한다. 새 것에 대한 욕구는 그칠 줄을 모른다. "호기심은 새로운 것만을 찾는데, 그 새것에서 또 다른 새로운 것으로 뛰어가기 위해서이다. ……호기심이 찾는 바는…… 언제나 새것 또는 만나는 것을 계속 바꿈으로써 생기는 감동과 흥분이다."(같은 곳) 요컨대 인터넷 속에서 현존재는 '다방면에 걸친 호기심과 모든 것을 쉴새없이 알려고 함'이 마치 보편적인 현존재 이해인 것처럼 살아가고 있다. 그런데 이때 '본래적으로 이해되어야 할 것'이 잊혀진 채로 있다면, 인터넷이 풍부함을 보장해주리라는 믿음은 당연히 억측일 것이다(본래 이해되어야 할 것은 무엇인가? 소통을 문제 삼고 있는 우리 입장에서 그것은 물론, 도구로서의 인터넷이 그에 봉사해야만 하는 소통의 본래성이리라). 주체는 웹서핑을 통해 세계 어디에든 있을 수 있고 모든 것을 구경할 수 있지만, 무엇이 본래적으로 이해되어야 하는 것인가, 무엇이 자기 자신의 본래성인가는 모르고 있다. 다시 말해 호기심은 모든 것을 알며 또 아무것도 모른다. 웹의 바다를 표류하는 주체는 도처에 있을 수 있지만 사실은 아무 데도 없다. 주체가 자신의 본래성으로부터 떨어져 나와 익명적인 '세인' 속으로, 그들의 '빈말' 속으로, 그리하여 전 세계 도처로 유실되어버린 까닭에 아무 데도 없는 것이다. 그러므로 가장 부정적인 면들을 고려했을 때 인터넷은 하이데거의 예언을 따라 '도처에 있으면서 아무 데도 없음(überall-und-nirgends)'으로 정의되어야 마땅하리라.

하이데거는 이처럼 익명적인 대중 속에서 자기를 망각하고 있는 비본래적인 존재 양식을 '움직여 있음(Bewegtheit)', '소용돌이(Wirbel)' 등의 용어를 통해 해명한다. '움직여 있음'은 '빠져버림'과 동일한 뜻으로 보아도 좋을 것이다. 이 독일어 표현 'Bewegtheit(움직여 있음)'에는 강한 수동성의 의미가 들어 있다. 주체는 비본래성 속에, 세계 속에, 인터넷 속에 수동적으로 움직여 있다. 그러한 존재양식이 수동적인 까닭은 그것이 주체 자신의 본래성으로부터 말미암은 삶이 아니라 이미 보았듯 '대중에 의해 해석되어 있음'으로부터 말미암은 삶이기 때문이다. 소용돌이에 휩쓸리듯 주체는 세인 속으로 쓸려 들어가버렸다. "끊임없이 본래성으로부터 이탈하면서도 언제나 본래성인 것처럼 속이는 것은, 세인 속으로 쓸려 들어감과 더불어, 빠져버림이라는 움직여 있음을 '소용돌이'로 특징짓는다."(SZ, 178) 물론 이러한 소용돌이 속에서 더 이상 본래적인 주체성은 유지되지 못하며, 이런 의미에서 주체는 익명적인 것이 되어버린다. 당연하게도 익명성은 주체성과 대립한다. 그렇기에 이제 인터넷을 도구로서 '능동적으로' 사용할 주체도 없고 따라서 그 주체가 지향하는 목적도 소멸해버린다. 인터넷이 '도구 그 이상'이 되어버리는 순간인 것이다. 인터넷 속에서 주체성은 '수동적으로' 익명성의 소용돌이 속으로 용해되어버린다. 이러한 사태는 레비나스가 말하는, 주체성을 용해시켜버리는 '밤', '어둠', '익명적 있음(il y a)', "나쁜 무한(le mauvais infini)"[10]의 경우와 매우 닮았다.[11]

이제 우리는 왜 소통의 문제가 '구원의 관점'에서 제기되어야 하는지 이해할 수 있을 것이다. 소통을 위해 고안된 도구가, 도구로서의 존재를 넘쳐나 오히려 주체성을 익명성의 늪 속으로 실종되게 만들었으므로, 질문은 '나의 나됨'의 가능성, 곧 주체성의 종말로부터 주체가 구원받을 수 있는 길에 대한 물음일 수밖에 없다. 이러한 구원에 관한 질문은 곧바로 소통의 본래성이 무엇인가를 문제 삼도록 만든다. 왜냐하면 인터넷, 통신 등등은 애초에 소통을 위한 도구로서 고안된 것들이며, 그러므로 당연하게 소통의 본래성을 인식할 때만 우리는 이러한 도구들이 본래 있어야 할 자리가 어디인지도 이해할 수 있을 것이기 때문이다.[12] 인터넷이 소통을 위해 고안된 도구라면 소통의 본래성, 그러니까 '말함'의 본질에 대한 성찰이 무엇보다 먼저 와야 하는 것이 사유의 당연한 순서가 아니겠는가? 우리가 말하는 존재, 혹은 보다 넓은 의미로 의사 표현을 하는 존재가 아니었다면 어떤 소통 장치도 고안될 필요가 없었을 것이고 소통과 관련된 어떤 문제도 제기될 까닭이 없었을 테니까 말이다. 그러므로 이제 우리는 '말한다는 것'이 무엇인지를 묻고자 한다. 과연 말함이 본래성, 소통의 본래적 양식은 구원의 길을 열어줄 수 있는가? 이 질문이 마땅히 던져져야 할 상황이 어떤 것인지에 대해 겨우 알았을 뿐, 아직 우리는 트리스테로가 남긴 유산의 본질을 조금도 이해하지 못하고 있다.

---

10) E. Levinas, *Totalité et infini*, La haye : Martinus Nijhoff, 1961, 132쪽(약호 TI) 또한 레비나스는 '나쁜 무한'을, '무규정(indéfini)' 또는 고대인들의 용어를 빌려 '아페이론(apeiron)' 이라고 부르기도 한다. 보통 레비나스 철학에서 사람들은 타자의 얼굴을 통해 현시하는 무한(선의 이념 또는 좋은 무한)만을 주목하지만, '익명적 있음(il y a)' 역시 무한의 일종이다. 사실 레비나스 철학은 '나쁜 무한'과 '좋은 무한'이라는 양극을 축으로 삼아 성립한다고 해도 과언이 아닌데, 한 마디로 그의 철학은 좋은 무한을 향해 초월함을 통해, 어떻게 나쁜 무한으로부터 빠져나와 주체성이 정립되는가를 기술하고 있다.

11) 주체성을 소멸시키는 익명성은 매우 풍부한 함의를 가지고 있으며 다양한 관점에서 조명될 수 있다. 이 책에서 그에 대한 부정적 관점은 「유령」, 「잠」, 그리고 긍정적 관점은 「분열증의 문학」, 「춤」 등 참조.

12) 그러나 이제 소통의 본래성을 묻는 과제와 직면해서 우리는 더 이상 하이데거와 함께 하기 어려울 것이다. 왜냐하면 소통은 무엇보다도 타인과의 만남인데 하이데거 철학이 타인과의 '본래적' 관계를 이야기하고 있는가조차 불분명하기 때문이다. 오히려 다음 인용이 알려주듯, 하이데거에게는 빈말과 구별되는 타인과의 본래적 관계가 따로 있기보다는 타인과의 관계 '자체'가 빈말일 뿐이다. "빈말은 타인과 더불어 있음(Miteinanderseins) 자체의 존재양식이다."(SZ, 177) 오히려 우리는 이제 하이데거의 거꾸로 된 초상화라고도 할 수 있는 레비나스와 함께 소통의 본래성에 관한 해답을 구해 볼 것이다.

3. 소통과 구원

정보(말해진 것)는 소통(말함)을 전제한다. 우리는 인터넷이 정보의 바다라는 것은 알아도, 그 이전에 우리가 '누군가'의 말(글)을 대면하고 있다는 것, 누군가와 정보를 매개로 말하고 있다는 것, 즉 말해진 내용(정보)에 선행하는, '말함'이라는 행위를 하고 있다는 사실은 잊고 있다. 이것은 또한 언어철학 일반이 간과하고 있는 점이기도 하다. 말해진 담론은 말하는 행위, 글쓰는 행위를 선행조건으로 하고 있는데, 이 말하는 행위 그 자체의 의미가 무엇인지는 여전히 물어지지 않은 채로 있다. 이는 구조주의자들 역시 살피지 못한 바인데, 그들은 '언어는 말하지 못한다.'는 점을 모르고 있다. 언어없이 우리는 말하지 못한다. 그러므로 "언어는 [우리가] 말하는 것을 허락한다."13) 그러나 그리스인들이 일찍이 인간의 고유성을 조온 로곤 에콘(ζῷον λόγον ἔχον, 말할 수 있는 생명)이라 규정했듯이, 언어를 말하는 것은 인간이다. 이 말은 말해진 내용이 그 말을 한 자의 독창성에서 유래한다는 뜻을 담고 있는 것은 아니다. 말해진 내용이 얼마나 각종 심급에서 구조적으로 결정되어 있는가, 또는 반대로 얼마나 발화자의 독창성과 자발성에서 유래했는가는 애초에 우리의 관심사가 아니다. 작품의 열쇠가 되어왔던 작가의 개성적 경험, 그의 독창적인 능력은 죽었다. 또한 말해진 것으로서의 철학, 주제화된 것으로서의 인간학은 자발적인 인간 이성의 산물이 아니라 그저 한 시대의 에피스테메의 소산일지도 모른다. 그러나 이러한 작가의 죽음으로부터 살아남는 것이 있으니, 그것은 누군가 손을 움직여 그 작품을 썼다는 것, 입을 움직여 그 담론을 말한 특정한 개별자가 있다는 것이다. 담론(말해진 것)이 존재하기 위해서 말함이 필수적인 조건으로 선행해야만 한다는 점은 논리적인 사실이다. 왜냐하면 담론은 인공적인 생산물이고, 이를 생산할 수 있는 수단은 (갖가지 형태의 쓰기를 포괄하는 의미에서) '말함'밖에 없기 때문이다. '스피치 액트'에 대한 분석들도 역시 '말함'의 의미

---

13) E. Levinas, *Autrement qu'être ou au-delà de l'essence*, La haye: Martinus Nijhoff, 1974, 4쪽.(약호 AQE)

에는 접근하고 있지 못하다. 왜냐하면 그것은 '말해진 것'을 분석 대상으로 삼아 그 말해진 것이 어떻게 행위의 역할을 하는지 묻고 있는 연구이지, 말해진 내용과 독립하여 오로지 순수하게 말하는 행위 일반 자체의 의미를 묻는 연구는 아니기 때문이다.

'말해짐, 말해진 것(le dit)'과 구별되는 '말함(le dire)'이란 무엇인가? 레비나스로부터 빌려온 이 구분에서 '말해진 것'이 가리키는 바는 주로, 각종 이론을 포함하는 '주제화(thématisation)된 것', '사유된 것', '노에마'이다. 주제화, 사유 등은 사유 대상을 사유하는 주체에 귀속된 것으로, 즉 노에시스에 귀속된 노에마로 만든다는 함의를 지니고 있다. 다시 말해 타인은 타인 그 자체로서 머물지 못하고 나의 사유가 주제로 삼아 사유의 범주들에 따라 가공한 대상이 되는 것이다. 이런 뜻에서 레비나스는 "말해진 것으로서의 언어 속에서 모든 것은 우리 자신 앞에서 번역된다. ……주제화 속에서 존재의 본질은 우리 앞으로 번역된다."(AQE, 7)라고 말한다. 타인은 타인 그 자체로서 직접 우리와 대면하는 것이 아니라 존재, 본질, 사유 등등을 매개로 하는 한에서만 우리에게 출현할 수 있다. 즉 타인은 나의 사유의 지평에 종속된 자로, 그러므로 어떤 의미에선 나의 사유의 소유물로 출현하는 것이다. 이처럼 사유란 본성상 식민주의적이다. 타인은 스스로 출현하는 것이 아니라 나의 사유를 통해 주제화된 자, '말하는 자가 아니라 말해진 정보', 그러므로 서구인들에 의해 '번역된' 제3세계인으로서만 출현한다.

그렇다면 '말해진 것' 속에서는 도저히 드러나지도 해명되지도 않는 것이란 무엇인가? 그것은 내가 나의 입을 통해 말해진 것 속에서 타인을 주제화하기 이전에, 누군가에게 말하고 있다는 점, 누군가와 소통하고 있다는 점이다. 말할 때 말해진 내용이 어떤 것이든 간에 나는 늘 수신자(그것이 개인이든 공공이든)에게 어떤 방식으로든 나를 '보내고' 있다. 그런데 이 말함은 어떻게 시작되는가? 말함은 말하는 자와의 자발적인 의지에 그 기원을 두지 않는다. "커뮤니케이션이 자아, 자유로운 주체 속에서 시작되어야 한다면, 커뮤니케이션은 불가능할 것이다."(AQE, 152) 아무런 전제도 없이 자신의 자발성만 가지고 말을 시작하는 자는 오로지 '태초에 말씀으로 있는 자'

뿐이다. 오히려 모든 말함은 외재적인 자극으로부터 시작된다. 다시 말해 모든 말함은 타자에 의해 촉발됨으로써만 — 이런 의미에서 '수동적으로' — 시작된다. 가령 나는 철학이란 담론을 무전제에서, 오로지 나의 내면의 어떤 기원(가령 이성)으로부터 시작할 수는 없다. 그것은 다른 이가 제기한 철학의 문제, 즉 다른 이의 말함에 대한 응답으로서 시작될 수밖에 없는 것이다. 이런 까닭에 나의 말함은 언제나 타자의 말함에 대한 대답이다.("말함, 그것은 타인에 대해 응답함이다."[AQE, 60]) 그런데 중요한 것은 누군가 나에게 말을 걸어왔을 때 그 '말 걸어옴' 자체에 의해서 내가 가질 수 있는 상황은 이미 결정 나버린다는 것이다. 예를 들어 누군가 내게 직접 말을 걸거나 혹은 이-메일을 통해 글로 무엇인가를 제안하거나 도움을 청해왔을 경우 나는 그것에 대해 친절하게 응할 수도 있고 거절할 수도 있다. 그러나 그 모든 것은 전부 가능한 '대답들'이다. 대답이 아닌 것일 수 있는 것은 아무것도 없다. 못 들은 척 침묵하는 것조차 하나의 대답이다. 내가 누군가의 편지에 답장을 안 한다면 그 침묵의 의미는 타인의 요구에 대한 거절, 타인이 말한 바에 대해 동의하지 않음, 말 걸어온 타인이 그저 귀찮음 등등 대답의 의미를 지니지, 그 외에 '대답 아닌 것'일 수는 없다. 심지어 누군가 편지를 보내왔을 때(말함) 그 편지의 내용(말해진 것) 파악 이전에, 편지를 열어보거나 아니면 그냥 버리거나 하는 선택조차도 그 말함에 대한 하나의 대답이다. 내가 싫건 좋건 나의 의지와는 전혀 상관없이, 오로지 타자의 말 걸어옴으로 인해 나는 '대답함'이라는 상황 속에 벗어날 수 없이 수동적으로 연루되어버리는 것이다. 그리하여 나는 나의 '응낙에 선행하여' 대답함이라는 상황 속에 '노출(exposition)'되어 있다.(AQE, 156참조)

그러나 역설적이게도 이 수동성이 바로 나의 자유를 가능하게 해준다. 나는 응할 수도 거부할 수도 침묵할 수도 있는 자유를 얻는 것이다. 어떤 대답을 할 것인가는 오로지 나의 자유에 달렸다. 이 자유가 가리켜 보이는 바는 나는 '대답(response-) 할 수 있는(able)' 자, 즉 '책임성 있는(respons-able)' 자라는 것이다. 응답에 대해 책임성을 지닌 자라는 나의 정체는 나의 의지와 상관없이 '노출'되어 버린다. 이러한 내 정체의 노출이 뜻하는 바란 무엇인가? 그것의 의미는 '말한다'는 동사의 문법적 구조 자체 안에 숨겨져 있다. '자기(soi)'는 무엇보다도 문법적으로 대격(對格)의 지위를 지닌다. 즉 불어 문법에서 자기는 'se'의 형태로 나타난다.(AQE, 10참조) 누군가는 말한다(se dire)고 할 때, 그 말하는 자는 'se', 그러니까 'dire'의 대격의 자리에 놓인다. 무슨 종류의 말을 하든(dire) 그 말함은 말하는 자를 노출시키는 말함(se dire)이다. 모든 말함은 '말하는 자 그 자신에 대(對)한' 말함이다. "……말함은 말하는 자를 폭로한다. 이론이 대상의 베일을 벗기는 식으로가 아니라, 우리가 우리 자신의 방어를 소홀히 함으로써 자신을 노출시킨다는 그런 의미에서 그렇다."(AQE, 63) 누군가 말할 때(se dire) 그 말하는 자는 어떤 은신처도 구하지 못하고 늘 se라는 '대격(accusative)'의 자리에 놓여 있어야 된다는 문법의 뜻은, 말하는 자란 항상 '비난(accusation)'의 가능성에 노출되어 있다는 것이다. 언어 자체가 감추고 있는 지혜를 발견하는 학문, 곧 어원학이 가리켜 보이듯 문법상의 'accusative'의 숨은 뜻은 바로 'accusation'이다. 내가 말할 때 나는 타인이 나에게 던질 비난의 가능성에 전적으로 나를 노출 하고 있으며, 이것이 바로 '말해진 것'에 대한 고찰만으로 밝혀낼 수 없는 '말함'의 의미이다. "정보 교환으로 환산될 수 없는 커뮤니케이션의 비폐쇄성은 말함 속에서 성취된다. ……그것은 자기 자신을 위험스럽게 폭로하는 일 속에서, 솔직성 속에서, 내면의 깨어져 나감과 모든 은신처를 포기함 속에서 이루어진다."(AQE, 62) 어떤 방어도 할 수 없이, 나를 숨길 수 있는 어떤 은신처도 없이 나의 대답에 따라 나는 비난받을 수 있다. 말해진 것, 곧 정보를 만들어내는 일은 기호를 산출해내는 일이다. 그러나 기호를 생산하기 이전에 '말함' 자체가, 말하는 자 자신을 '책임질 수 있는 자'라는 기호로서, 비난받을 수 있는 가능성에 노출시킨다. 즉 "'말함'의 주체는 기호를 내보내지 않고, 오히려 자기 자신(se)을 기호로 만든다."(AQE, 63) 이런 까닭에 말함, 즉 respons-abilité(대답할 수 있음)는 그 문자 그대로 responsabilité(책임성)이며, 이런 대답의 상황을 모면할 수 없다는 점에서 말하는 주체는 '윤리적 시험'에 든 존재인 것이다. 그러므로 우리는 "이론, 사유 등[말해진 것, 정보]은 보다 근본적인 말함의 사명에 의해서, 즉 책임성[대답할 수 있음] 자체에 의해서 동기를 받는다."(AQE, 7)고 결론지을 수 있을 것이다. 다시 말해 하나의 논리적 사실인, '말함이 말해진 것에 선행한다.'는 명제의 의미는, 말해진 것은 책임성에 의해 동기를 부여받는다는 뜻이다. 모든 말해지는 것은 그 내용이 어떤 것이건 간에 말하고 있는 매 순간, 책임성의 시금석 위에서 심판을 받는다. 이러한 '노출로서의 말함'이 모든 형태의 '정보 교환으로서 커뮤니케이션'의 전제조건을 형성하고 있는 것이다. **"확실히 말함은 커뮤니케이션이다. 그러나 노출로서, 모든 커뮤니케이션의 조건으로서 그렇다."**(AQE, 61)

그러나 타인의 말 걸어옴은 나를 책임성의 바위에 짓눌리게 만드는 저주받을 사건에 불과한가? 우리가 보았듯 타인의 말 걸어옴은 확실히 나의 의향과 상관없이, "자기에 거슬러서(malgré soi)"(AQE, 65) 나를 대답할 수 있는 자로 만든다. 그런데 이미 눈여겨보았겠지만, 타인의 말 걸어옴은 또한 나에게 자유를 가져다주는 사건이다. 나는 시험에 들지 않고는 도무지 나의 자유를 누릴 수가 없다. 시험받지 않고는 내가 자유로운 존재인지 아닌지 알아볼 수가 없다. 따라서 내가 타인의 말 걸어옴에 긍정도 부정도 침묵도 할 수 있는, 즉 대답할 수 있는 상황의 시험에 빠지게 되었다는 것은 곧 내가 자유롭게 되었다는 뜻이다. 이런 뜻에서 "자유는 책임성[대답할 수 있음]을 통해 탄생한다."(AQE, 160)(물론 그것은 언제나 비난받을 가능성에 노출되어 있는 '어려운 자유[difficile liberté]'이다[14]) 이처럼 주체의 본질을 이루는 자유와 책임성은 나의 내부에서 길어내지는 것이 아니라, 오로지 타인이 외부에서 말 걸어옴을 통해 증여(donation)해주는 것이다. "노출의 수동성은 나를 유일무이한 단일한 자로 정체성을 가지게 하는 [타인의] 지정에 대한 응답이다."(AQE, 63) 타인에 의한 수동적인 노출이 나를 그 무엇으로도 대체할 수 없는 특정한 자로 지정해준다. 그러므로 타인의 말 걸어옴과 그에 대한 나

---

14) 또한 이것은 '주어진 상황 안에'있는 자유라는 점에서 '유한한 자유(liberté finie)'이다.(AQE, 159) 자유를 누리기 이전에 '이미' 나는 수동적으로 타인의 말함에 대해 대답할 수 있는 자가 되었으므로 "책임성[대답할 수 있음]은 자유에 선행"(AQE, 157)한다. 이런 식으로 책임성이 자유에 선행하지 않는다면, 또는 다르게 표현해 책임성이 자유의 기능 근거가 되어주지 않는다면 자유란 한낱 '임의성'과 동일한 것이 되어 버릴 것이다.

의 응답하지 않을 수 없음, 즉 양자간의 소통은 나를 익명성의 구덩이로부터 자유와 단독성을 지닌 한 주체로서 탄생하게 해주는 '구원의 사건'이다. 자유를 획득한다는 것 자체가 구원이 아닌가? 누군가 밖에서부터 나의 문을 두드려 말 걸어오지 않는다면 나는 끝끝내 자유로운 자가 될 수 없다.

또한 타인과의 만남은 나를 나의 자기성(ipseité), 나의 유한성 바깥의 무한(타인)[15]을 향해 초월하게 해준다는 의미에서 구원이다. 나의 말함(대답함)은 나를 '대격'으로서 노출시킨다. 대격의 자리에서 노출된 나는 자기 의식의 폐쇄된 회로 안에서 자신과 관계하는 나가 아니라 '타인에 대한(pour autrui) 자아'이다.[16] 이런 뜻에서 " 소통한다는 것은 진정코 자신을 개방하는 것이다."(AQE, 152) 즉 타자의 말 걸어옴은 나의 자기성, 바로 자아의 자기 자신에 대한 관계를 끊어버리고, 자아를 '타자에 대해 있는 자'로서 노출(개방)시킨다. 이렇게 자아가 자기성의 회로 바깥의 미지의 땅을 향해나간다는 점에서 커뮤니케이션은 '주체성의 모험'이라 불릴 만한다.(AQE, 153 참조) 요컨대 자아가 자기에 묶여 있는 자아가 아니라, 자기 바깥의 무한자를 향한 자아, 무한자와 관계하는 자아가 되기에, **"타자와의 커뮤니케이션은 [무한자를 향한] 초월일 수 있다."**(AQE, 154) 이렇게 타인과의 소통은 자아를 자유로운 주체로 만드는 동시에 무한자를 향한 초월을 가능케 해 준다는 점에서 구원의 사건이다. 트리스테로의 말처럼 구원은 전적으로 커뮤니케이션에 달려 있는 것이다. 커뮤니케이션과 구원에 대한 이러한 이해와 더불어 우리는, 앞서 기술한 소통의 비본래적 양태를 보다 명확하게 이해할

---

15) 타자는 어떤 방식으로도 '한정(détermination) 불능'이라는 점에서 무한이다. 무한자로서 타자가 가지는 함축에 대해서는 여러 글에서 자세히 설명한 바가 있다.(가령 이 책의 「얼굴」 및 필자의 책『차이와 타자』, 3, 8, 9장 참조)

16) 자기성의 회로 안에서 '자기'는 '자아'에게 하나의 벗어버릴 수 없는 짐이다, 자아와 자기의 관계는 '고독'의 원천이며(필자의 책,『차이와 타자』, 8장 1절 참조), '권태', '피로', '무기력'의 원천이기도 하다.(이 책의 「유령」3절 참조) 간략히 설명하면, 자기의 의식은 자기 매개를 통해 모든 것을 그 의식의 지평에 귀속시킴으로써, 자기 자신과 절대적으로 다른 자를 만날 수 없다는 점에서 고독하다. 또한 피로, 무기력 등은 근본적으로 이런 저런 외부 대상 때문이 아니라, 벗어버릴 수 없는 짐처럼 자아의 등에 짊어져 있는 자기 때문에 생기는 느낌이다. 따라서 구원은 '존재와 다른데(autrement qu'être)'에 있을 것이다. 그런데 오로지 타인만이 자기성의 구조 안으로 파고 들어와 자아와 자기의 관계를 끊어버리고 자아를 자기와는 다른 것과 대면하게 해줄 수 있다. 이런 맥락에서 우리는 어떻게 소통이 자아를 자기에 대한 자아가 아니라 타자에 대한 자아로 만듦으로써 구원을 이루는지 살펴보고 있는 것이다.

수 있을 것이다. 누구든 정체를 숨기고서 웹서핑을 하며 '말함'의 본래성을 망각한 채 '말해진 것(정보)'에 얼마든지 몰입할 수 있다. '호기심'의 추동력은 우리를 '빈말'에로, 말해진 것에의 탐닉에로 이끈다. '말해진 것'에의 이러한 탐닉은 그것이 우리가 본래 '말하는' 자임을 망각하고 있는 한에서 비본래적인 삶이다.[17] 요컨대 모든 정보는 그 정보의 탄생을 가능케 한 '말함'의 선행성, 그리하여 책임성의 선행성을 망각했을 때 '소용돌이', '쓰레기의 바다'가 된다. 이 소용돌이 속으로 '움직여 있는' 자는, 대답할 수 있는 가능성도, 자유도 포기했으므로, 주체 개념이 함축하는 그 어떤 것도 가지지 못한 자, '익명적 있음(il y a)'일 뿐이다. '어떤 매체를 통하고 있든' 우리는 자신이 타자의 말함에 대해 응답하고 있는 자라는 점을 피할 수 없는 본래성으로서 망각하지 않을 때만 익명성에 예속된 상태로부터 구원받을 수 있는 것이다.

그런데 지금껏 살펴본 바와는 성격을 달리하는 또 다른 문제가 도사리고 있다. 디지털 시대의 소통은 소통 양태 자체뿐 아니라 소통의 장을 가능케 하는 조건도 외면할 수 없게끔 만든다. 소통에서 매체가 결정할 수 있는 부분을 지나치게 과장해서는 안 되겠지만, 디지털 시대의 소통은 그것이 디지털 기기를 필수적 매개로 하는 만큼 웹서비스 제공자나 웹서핑을 위한 소프트웨어 생산자들이 언제든 소통의 지평을 인위적으로 제약할 수 있는 가능성을 내포하고 있다는 점은 부인할 수 없을 것이다. 다시 말해 사용자들의 의향과 상관없이 인터넷이 특정 집단의 정치적·경제적 이익에 봉사하기 위한 억압적 기재로 역할할 수 있는 가능성은 얼마든지 있다. 그러므로 소통 조건으로서 인터넷의 공정성을 위협하는 모든 독점적 형태의 전체주의적 세력에 대한 비판적 통찰을 전제하지 않고는, '말해진 것'에 대한 '말함'의 선행성에 대한 이해, 즉 우리를 주체로 탄생하게 하는 구원의 사건에 대한 이해는 결코 완전한 것이 될 수 없을 것이다. 토마스 핀천의 소설은 이

17) 앞서 읽은 아우구스티누스의 구절도 이런 맥락에서 설명된다. 나의 입을 통해 '말해진 것'이 '말함'에 근거하지 않고 다른 '말해진 것', 즉 '잘했다! 잘했다!' 같은 세인에 의해 말해진 해석에 근거한다면, 그때 소통은 피할 수 없이 비본래적이다.

러한 위험에 대한 경고로 가득 차 있다.

소통 공간을 독점하고 조작할 수 있는 집단의 출현은 핀천의 최대 관심사 가운데 하나이다. 그의 작품은 소통의 지평을 제약할 수 있는 조직체에 대한 불안과 경계심으로 온통 채워져 있다고 해도 과언이 아니다. 핀천의 인물들은 1861년 연방정부가 수많은 독립적인 우편 서비스 시스템을 제거하고 독점적으로 구축한 거대 소통 체계, 이른바 미합중국 우편제도(U. S, Mail)를 "권력의 체계적인 남용"(CL, 38)의 산물로 이해한다. 거대 소통 체계에 대한 사람들의 피해 의식, 그리고 독립적인 소통 체계에 대한 갈망은 어린 아들과 엄마 사이에 오가는 다음과 같은 대화 속에서 훌륭하게 표현되고 있다.

> "편지할게요 엄마." …… "잘 기억해두거라. 만약 네가 [트리스테로 외에] 다른 우편[즉 미합중국 우편제도]을 사용한다면 미국정부에서 네 편지를 열어볼거야." (CL, 92)

이 말이 있을 법도 않은 과장된 허구로 들리는가? 그럼 다음 구절을 읽어보라. "지구 전체를 감시하는, 미국과 영국의 수십억 파운드짜리 장치가, 인공위성에서 인터넷에 이르는 거의 모든 현대 커뮤니케이션의 형식을 도청하고 있다."[18] 핀천의 소설보다 더 과장된 허구로 들리기에 귀를 의심하게 되는 이런 신문기사는 사실 오늘날 새삼스러울 것도 없다. 인터넷 서비스의 상당수가 미국에 자리잡고 있거나 미국을 경유하는 만큼 소통의 운명은 전적으로 미국의 손아귀에 굴러 떨어져 있다. 핀천의 말대로 "유럽의 군주들 사이의 커뮤니케이션을 조종할 수 있는 사람이 그 군주들 모두를 조종하게 된"(CL, 125) 시대, 혹은 바꾸어 표현해도 좋다면, '세계의 네티즌들 사이의 소통을 조종할 수 있는 사람이 네티즌들 모두를 조종하게 된 시대'가 도래한 것이다. 소통이 소통 기재에 의존하면 할수록 이러한 통제는 소

---

18) "Britain and US monitoring all global message," Independent(2000년 1월 28일)(http://www.independent.co.uk/news/Digital/Update/2000-01/monitoring280100.shtml)

통 기재의 생산과 운영을 독점한 자들에 의해 더욱더 손쉽게 이루어진다. 비단 도청만이 아니다. 통제는 국가적 차원에서 또는 통신 소프트웨어 생산에 관여하는 여러 종류의 기업의 차원에서 각양각생으로 이루어질 수 있을 것이다. 숱하게 지적되어온 바이지만, 가령 대항할 경쟁자들을 모두 물리친 마이크로소프트 같은 회사[19]는 자사의 이익을 극대화시키기 위해 기술의 발전 속도, 또는 기술의 상품화 주기를 마음대로 조종할 수 있는 힘을 가지고 있다. 얼마나 별 볼일 없이 버전업된 상품을 얼마나 자주, 또 얼마나 과장해서 새로 발표하든지, 강력한 경쟁자가 없기에 시장의 논리로부터 자유로운 까닭이다. "어떤 군주든 자신의 소통 체계(courier system)를 시작하려고 하면 우리는 그것을 억눌러버릴 것이다."(CL, 125)[20]라는 소설 속의 독점욕에 가득 찬 호언장담은 이제까지는 마이크로소프트의 목소리이지만, 지금 어떤 형태의 집단이 이 말의 주인이 되고자 음모를 꾸미고 있는지 아무도 모른다. 핀천의 인물들이 독점적인 거대 소통 체계에 대해 가졌던 불신과 위협감을 오늘날의 네티즌들은 실제로 독점적인 소프트웨어 회사에 대해서 느끼고 있을 것이다.[21] 핀천은 말한다. "얼마나 많은 시민이 미합중국 우편제도를 통해 소통하지 않는 길을 신중히 선택하는지 신은 알고 있을 것이다."(CL, 94) 오늘날 얼마나 많은 네티즌들이 독점욕이 강한 어느 소프트웨어 회사의 제품을 통해 소통하지 않는 길을 선택하는지, 그리하여 한때 '그누프로젝트' 같은 것에서 장래의 희망을 읽어내려고 했는지 신은 알고 있을

19) 인터넷 관련 각종 소프트웨어를 전적으로 마이크로소프트가 담당하는 것은 결코 아니지만, 개개 인터넷 사용자들에게 운영체제와 웹브라우저가 가지는 절대적인 비중을 고려해볼 때 이 회사를 소통의 문제와 관련하여 예를 삼는 것은 타당할 것이다.

20) 트리스테로의 일원인 콘라드는 '유럽의 구원은 소통에 달렸다.' 라는 말을 한 뒤 얼마 지나지 않아서 이 말을 한다. 이 구절은 분명 앞의 말과 대립적으로 읽혀야 한다는 것이 우리의 생각이다. 만일 이 독점욕 강한 표현을 트리스테로 우편의 이념으로 본다면, 이 소설 전체에 걸쳐 피력되고 있는 트리스테로의 도덕적 성격과 모순을 일으키게 될 것이다. 오히려 트리스테로는 지배체제의 최주변부를 형성하는 소외된 자들, 즉 추한 용모의 용접공, 밤거리를 배회하는 아이들, 매번 다른 이유 때문에 유산하는 흑인 여자, 야경꾼, 늙고 병들어 아내에게 돌아가지 못하는 선원(CL, 93-95 참조)들의 소통망이다. 지배적 소통 체제에 대항하는 해커 집단으로서 트리스테로의 도덕성에 대해서 이제 논의될 것이다.

21) 전자산업의 인프라를 장악하고 있는 자들이 통제 집단화할 수 있다는 정과리의 언급도, 네티즌들이 거대 소프트웨어 회사에 대해 느끼는 그런 위협감과 불신을 대변한다고 볼 수 있다.(「좌담/디지털 사회의 문학, 그 현황과 전망」, ≪새로운≫, 창간호, 김영사, 1997, 325쪽 참조)

것이다.

그런데 어떤 점에서 소통 체계를 잠재적으로 장악할 수 있는 이러한 국가나 기업은 전체주의적인가? 레비나스는 소통에 대하여 이렇게 말한다. "언어 소통을 통해 맺어지는 관계는 초월, 절대적 분리, 대화자의 낯섦, 나에 대한 타자의 계시를 함축한다. ……담론은 절대적으로 낯선 어떤 것의 체험이다."(TI, 45-46) 분리, 낯섦 등은 동일자로 결코 환원될 수 없는 타자의 특성을 일컫는 말이다. 타자는 절대적으로 동일자와 분리되어 있으며, 나의 개념 체계, 말해진 정보 안에 포섭되지 않는다는 점에서 '낯선 자'이다. 소통 또는 담론이 바로 이러한 타자와의 만남을 실현시키는 장이다. 결국 담론이란 정보의 체험이기 이전에 타인의 '말함'의 체험, 타인의 전적인 이타성(異他性; altérité)에 대한 체험인 것이다. 이런 까닭에 소통 공간을 제약할 수 있고 그런 제약을 통해 말하는 자를 조종할 수 있는 거대 소통 체계는 이념상 전체주의적이며, 따라서 '타자의 전적인 이타성의 체험'이며 '나의 자유의 획득'이자 '무한자에로의 초월'이라 요약할 수 있는 소통의 본래성과 양립할 수 없다.[22]

세습권과 독점권을 부여받은 거대 소통 체계인 타시스에 대항하는 해커 집단으로서 트리스테로와 그의 모든 후계자들의 모럴도 바로 여기서 탄생한다. 트리스테로의 해킹이 소통의 본래성을 회복시키는 작업과 관련을 맺고 있지 않았다면 그들은 자신들의 이익을 위해 잔악한 살인을 일삼는 테러 집단에 불과했을 것이다. 오늘날 누가 트리스테로의 후계자들인가? 누가 '말해진 것(정보)'의 공간이 아니라, '말함'의 공간으로서의 인터넷, '타자의 전적인 이타성의 체험'으로서의 인터넷을 회복시키고자 하는가? "수없이 많은 미국인들이 국가의 공식적 소통 체계에 대해서는 거짓말, 일상의 무미건조한 반복, 정신적 빈곤이라는 불모의 배신을 수행하는 한편, 실제로

---

22) 권력에 의한 소통 공간의 제약이, 타자와의 진정한 소통, 즉 그 무엇으로도 환원되지 않고 고유한 타자성을 보존하는 방식으로 타자를 대하는 일(이것이 '환대[hospitalité]'의 기본적 함의 가운데 하나이다.)을 위협한다는 사실은 데리다가 힘써 강조하는 바이기도 하다. "**공권력, 국가, 이런저런 국가 권력이, 교환자들[소통자들]이 사적인 것이라고 판단하는 교환[소통]을 조종, 감시, 금지할 권리를 가지려 하는 순간부터…… 환대를 구성하는 요소들은 그 때문에 무너져버린다.**"(J. Derrida & A. Dufour-mantelle, *De l' hospotalité*, Paris : Calmann-Lévy, 1997, 49쪽)

는 그와 별도의 어떤 소통망 속에서 서로 진정한 커뮤니케이션을 하고 있다."(CL, 129) 누가 오늘날 거대 소통 체계에 대해 배신을 감행하고, 진정한 커뮤니케이션의 장을 열기 위해 노력하고 있는가? 트리스테로의 후계자들은 도처에 있을 것이다. 가령 그들의 정체는 '오픈소스운동' 같은 것에서 찾아질 수도 있다. 모든 소수자들이 뛰어들어, 지배적 소통 체계라는 전체에 환원됨 없이 스스로 소통의 조건을 만들어 나가는 것은 소통의 본래성에 근접하는 길이 아닌가? 그러나 역시 타시스와 트리스테로가 전쟁을 벌이고 미래는 한치 앞의 시계(視界)도 허락하지 않은 채 지구를 어둡고도 매혹적인 자기의 품안으로 서서히 끌어들이고 있다. 그리하여 우리는 여기서 겸손되이 어떤 전망도 거두어 들인 채, 인터넷의 본질을 다시 정의하는 일을 통해 본래적 소통 공간으로서 인터넷, '말해진 것들'의 얼굴 없는 익명적 바다가 아니라 구원을 가능하게 해주는 '말함'의 공간으로서 인터넷의 가능성을 가늠해보고자 한다.

이미 말했듯 서로 환원될 수 없는 타자와 나 사이엔 '분리'가 존재한다. 이 말은 타자와 나 사이엔 '거리'가 자리잡고 있음을 함축한다. 그렇다면 우리는 당연히 이렇게 물어야 하리라. 타자의 말 건네옴을 피할 수 없는 거리, 말 건네온 타자에 대해 내가 '대답할 수 있는' 자가 되는 거리, 즉 소통의 본래성이 성립하는 공간은 어떤 공간인가? 요컨대 '본래적 공간'은 어떤 것인가? 우선 그것은 '기하학적 공간'은 아닐 것이다. 우리 삶의 상당 부분은 기하학적 공간 안에 자리 잡고 있다. 건물 안에, 거리가 수적으로 환산될 수 있는 도로 위에, 구획 지어진 방들 안에 우리는 살고 있다. 그것은 그저 수적으로 환산될 수 있는 공간일 뿐이지, 여기에는 타자와 나 사이에 오가는 말과 대답, 즉 책임성에 대해서 말해줄 수 있는 것이라곤 아무것도 없다. 이런 의미에서 기하학적 공간은 '무관심'하다. 레비나스는 소통의 본래성이 성립하는 공간, '무관심의 공간'과 대립하는 '정의의 공간'을 가리켜 '근접성(proximité)'이라고 부른다. 근접성은 인접성(contiguïté)과는 다르다. 인접성은 여전히 수적 단위상의 가까움 외에는 의미하는 바가 없는 기하학적 공간이다. 오히려 근접성은 이러한 무관심한 공간의 끊임없는 극복으로 이해된다. 즉 근접성은 타자와 나 사이에 도사리고 있는 무관심적인 요소, 모든 '말해진 것' 배후에 있는 '말함'에 대한 망각을 0도(度)에 이르도록 제거했을 때 달성되는 공간이다. 그러나 당연한 얘기겠지만 이런 0도란 언제나 이상(理想)이기에, 타자와의 거리는 영원히, "결코 충분한 근접일 수 없다.(Jamais assez proche)"(AQE, 103) 그리하여 타자에 대해 대답할 수 있는 주체란 늘 쉼 없이 타자에게 접근하는 도상 위에 놓여 있는 자인 것이다. 그런데 우리는 기하학적 공간 안에서만 장소(lieu)를 가질 수 있다. 따라서 타자의 말 건네옴에 응답하기 위한, 무관심한 기하학적 공간의 쉼 없는 극복인 근접성은 **"아무 장소에도 없음**(non-lieu)"(같은 곳)으로 정의된다. 근접성은 무관심한 기하학적 공간상의 그 어디에도 자리를 가지지 않는다는 점에서 '아무 장소에도 없음'이다. 오로지 그것은 타자의 말함에 대한 끊임없는 접근만을 의미하는 것이다.

그런데 재미있게도 '아무 장소에도 없음'은 또한 인터넷의 본질을 이루고 있지 않은가? 당연한 얘기겠지만 지구상의 기하학적 공간, 물리적 공간의 거리를 극복했다는 데 인터넷 혁명의 핵심이 있다. 인터넷 안에는 더 이상 어떤 기하학적 거리도 유효하지 않는다. 인터넷은 모든 기하학적 공간을 극복하여 타자의 전적인 이타성과 맞닥뜨림을 가능케 해 줄 수 있는 '근접성'의 공간이다. 인터넷 속에 있는 한, 말 건네오는 타자와 그에 대답할 수 있는 나는 '아무 장소에도 없다.' 인터넷은 소통의 본래성의 부름을 받아 봉사할 준비가 된 '도구'인 것이다. 그러므로 인터넷은 그 긍정적 면모를 고려했을 때 레비나스의 용어에 따라 '아무 장소에도 없음'으로 정의되어야 마땅할 것이다. 놀랍지 않은가? 우리가 이미 보았듯 부정적 면모를 고려했을 때 인터넷은 '도처에 있으며 아무데도 없음(übeall-und-nirgends)'이었다. 곧 '아무 장소에도 없음(non-lieu)'이었다. 이 두 가지 정의는 사실상 동어반복이며, 이처럼 인터넷 속에서 위험과 구원은 한 몸 안에 강림한 천사와 악마처럼 한없이 가까이 맞붙어 있는 것이다. 그것은 우리를 '도처에 있으며 아무데도 없게' 만드는 괴물, 우리를 익명성의 나락으로 굴러 떨어지게 하는 괴물이며, 또한 말함을 통해 현현하는 타자 앞에서 나를 '대답할 수 있는' 주체로 서게 하는 도구, '아무 장소에도 없음'을 구현하는 '도구'이기도 하다. 타시스가 인터넷인 동시에 트리스테로 또한 인터넷인 것이다. 횔덜린이 이미 알아보았듯 '위험이 있는 곳엔 구원의 힘도 함께 자란다.'

그러므로 위험과 구원의 쌍갈래 길에 던져진 트리스테로의 후계자가 어떻게 길을 찾는지 보고 싶다. 우리는 소설의 마지막에 이르도록 트리스테로의 존재에 대해 확신을 가지지 못하는 에디파의 고뇌를 우리 자신의 마지막 행로로서 따라가 보려 한다. 그녀는 이렇게 마음을 정리하고 있다. "유산으로 주어진 미국의 외형 너머에 트리스테로라는 어떤 것이 존재하고 있는지도 모르고, 아니면 그저 미국만 있는지도 모른다. 만일 [트리스테로는 없고] 그저 미국만 존재한다면, 그 존재치도 않는 트리스테로와 관계를 계속하기 위한 유일한 길은 소외된 자로서 파라노이아[일탈자들] 속으로 들어가는 것이다."(CL, 138) 만일 트리스테로가 존재하지 않는다면, 트리스테로와 만나는 길은 소외된 타자들, 모든 고통받는 이웃들 속으로 들어가 그들의 말함 앞에 '대답할 수 있는 자'로 서는 것이다. 여기에 모든 네티즌들과 해커들의 궁극 목적이 도사리고 있다. 존재하지 않는 트리스테로와 만나는 유일한 길은 자기 자신이 트리스테로가 되는 것이다. '말해진 것(정보)'의 탐닉에만 가치를 두는, 그리고 말해진 것을 제 마음대로 조종하는 데만 가치를 두는 소통 체계가 아니라 모든 소외된 자들의 부름에 대답하기 위한 소통 체계가 되는 것이다. "누가 알겠는가? 그 자신도 트리스테로의 황혼과 고고함과 기다림에 동참하여, 박해 받게 될는지."(CL, 137-138) 그러나 그것은 모든 구원받은 성인들의 통과제의, 영광된 박해일 것이다.

[출처] 서동욱, 「인터넷 시대의 소통과 책임성」, 『일상의 모험』, 민음사, 2005, 23~55쪽.

사이버 공간에는 중력이 없다

진 중 권

무대리가 과장을 거느리고
'30대 전문대 졸 무직자'가 논객으로 뜨는 세상

세컨드 라이프의 존재를 알게 된 것은 건축가 문훈을 통해서였다. 이 괴짜 건축가는 건축에 디지털 논리를 도입하는 데 관심이 있었다. 그 방법 중 하나는 건축에 내러티브를 부여하는 것이다. 마치 만화처럼 이어지는 스토리를 가진 작업의 첫 단계는 건물의 스케치로 시작된다. 얼마 뒤 그 가상의 스케치는 육중한 건물이 되어 현실 공간에 나타난다. 건축이 끝나면 건물은 다시 그림 속으로 들어간다. 건물의 바닥에는 이제 해파리 촉수 같은 것들이 돋아나고, 그것으로 공기를 휘저어가며 건물은 하늘로 날아오른다. "어디로 날아가는 겁니까?" "예, 세컨드 라이프 속으로요." 이미 세컨드 라이프에 부지까지 사놓은 그는 거기서 건물을 분양할 작정이라고 했다.

세컨드 라이프 해방군

얼마 전에 어느 외국의 인터넷 신문에서 읽은 기사, 듣자하니 세컨드 라이프에도 마침내 테러가 발생했단다. 처음에는 그저 몇몇 사이버 산보객 flaneur만이 거닐던 이 한가한 가상 세계는 얼마 지나지 않아 전 세계 모든 나라에서 날아온 수백만 가입자가 북적거리는 거대한 대안 세계로 변했다.

현실에서처럼 거기서도 참가자들은 자신이 제작한 가상의 상품을 서로 사고팔고, 기업들 역시 이 가상세계의 잠재적 경제 가치에 주목해 막대한 자금을 투자하기 시작했다. 이렇게 끈끈한 물질적 이해관계가 있는 곳에서는 당연히 정치적 문제도 발생하는 법. 현실에서도 그 정치적 갈등은 종종 테러와 같은 극단적 방식을 취하지 않던가.

자식을 '세컨드 라이프 해방군Second Life Liberation Army'라 부르는 해커들이 마침내 수백만 세컨드 라이프 주민들을 위해 분연히 일어섰다. 주민들의 참정권과 투표권을 요구하며 이 해방의 전사들은 세컨드 라이프의 개발자이자 지배자인 린든랩을 향해 공격을 시작했다. 사실 세컨드 라이프가 현실이라면, 린든랩은 전제군주나 다름없기 때문이다. 테러는 목표로 삼은 상점에 하얀 공 모양의 폭탄을 터뜨려 그 근처에 있는 아바타들에게 상처를 입히는 식이다. 물론 교란의 시간은 짧고 세컨드 라이프의 아바타들에게도 큰 해를 끼치지는 않는다고 한다. 하지만 테러는 테러. 해방군의 행동 역시 실제 테러처럼 짧고 강력하고 인상적이다.

워낙 흥미로운 사건이니 이러쿵저러쿵 말이 없을 리가 없다. 사건을 접한 네티즌들은 테러에 대해 다양한 의견을 쏟아내며 격렬한 논쟁을 벌이기 시작했다. 현실에서처럼 그곳에서도 견해는 좌파와 우파, 진보와 보수라는 정치적 입장에 따라 확연히 갈리는 모양이다. 그 격렬한 논쟁의 주요 흐름을 어느 신문이 아주 깔끔하게 요약했다. "좌파의 시각 : 사이버 공간에 기업의 돈이 들어와서 문제가 생겼다. 우파의 시각 : 사이버 공간에 테러리스트들이 들어와서 문제가 생겼다." 하지만 그보다 더 흥미로운 것은 제3의 견해. "자연주의자의 시각 : 사이버 공간에 인간이 들어와서 문제가 생겼다." 맞아, 그곳도 결국은 인간이 사는 곳이지…….

L'arte di Second life

Stili paralleli Musei che sono la fotocopia di quelli veri, aste e gallerie digitali, un nuovo mercato in concorrenza con quello tradizionale. I tecnocreativi lanciano la sfida. E Firenze prepara una grande mostra.

di GUIDO CASTELLANO

Per chi non ne avesse mai sentito parlare, Second life (Sl) è un mondo virtuale che oggi conta 13 milioni di residenti. Persone reali che hanno deciso di costruirsi una seconda vita digitale. Gli abitanti di Sl entrano in questo mondo via internet (www.secondlife.com), vivono, camminano e interagiscono attraverso un alter ego virtuale che viene chiamato avatar: un proprio doppio a tre dimensioni fatto di bit. Il divertimento per smanettoni del computer si è trasformato in fenomeno di costume. Un mondo virtuale (la scorsa settimana ha compiuto il quinto compleanno) fatto di case da arredare, negozi da visitare e giornate da vivere. Un posto dove ogni giorno vengono spesi 1 milione e mezzo di dollari reali per comprare beni che esistono solo sullo schermo del pc.

Ma ora in questa realtà parallela sta fiorendo qualcosa di nuovo: l'arte. «Un fe- >

Frank Koolhaas, alias avatar del giornalista e scrittore Mario Gerosa, l'esperto che ha condotto «Panorama» alla scoperta dell'arte su Second life.

PANORAMA 3/7/2008

자아를 복수화하라

로비 쿠퍼Robbie Cooper라는 작가가 있다. 그는 세컨드 라이프에 들어오는 아바타의 실제 주인을 추적하는 작업으로 유명하다. 그는 아바타와 실제 주인을 사진으로 병치시켜 보여주는데, 그 두 캐릭터가 서로 흡사한 경우도 많지만 때로는 둘이 너무 달라 시각적 충격을 던져주기도 한다. 가령 강력한 물리력을 갖춘 로보캅을 아바타로 삼은 사람은 알고 보니 병상에서 인공호흡기를 달고 살아가는 루게릭병 환자였다. 그에게 아바타는 신체의 이상이리라. 세일러복을 입은 아리따운 여고생의 아바타를 입은 사람은 알고 보니 40대의 뚱뚱한 아저씨였다. 그에게 아바타는 아저씨의 신체 깊숙한 곳에 잠재된 또 다른 정체성의 발현이리라.

'정체성identity'이라는 말은 동시에 '동일성'이라는 뜻을 갖고 있다. 현실은 우리에게 오직 하나의 정체성만을 갖도록 강요한다. 예를 들면 남자는 남자로 확인되어야 하고, 여자는 여자로 확인되어야 한다. 이 규칙을 깨고 남자가 여장을 하거나 여자가 남장을 할 경우, 곧바로 '변태'라는 비난을 받는다. 하지만 정신분석학에서 말하듯 이 모든 사람들에게는 아니마와 아니무스, 즉 남자 속의 여자, 여자 속의 남자가 있다. 다만 그것이 '정체성'의 미시정치 속에서 발현되지 못할 뿐이다. 하지만 세컨드 라이프의 아바타는 한 사람이 다수의 정체성을 갖는 것을 허용한다. 과거의 '내 자신myself'은 세컨드 라이프 속에서 '내 자신들myselves'이 된다.

현실에서는 언제 잘릴지 몰라 노심초사하는 무능한 대리가 퇴근 뒤에는 온라인 게임으로 들어가 10만 추종자를 거느린 영주가 될 수 있다. 심지어 현실에서 그토록 자신을 구박하던 과장이 자신의 추종자 속에 들어가 있을 수도 있다. 이 무대리의 탁월한 능력은 현실에서는 발현될 수 없었던 것이고, 온라인 게임이 없었다면 아마 그는 자신이 어떤 능력을 가졌는지도 모르는 채 살다가 죽었을 것이다. 가상 세계가 없었다면 미네르바는 존재할 수 없었을 것이다. 학벌주의로 병든 한국의 현실에서 누가 '30대의 전문대 출신 무직자'의 말을 진지하게 들어주겠는가. 그런 의미에서 세컨드 라이프와 같은 가상 세계는 누구에게나 잠재된 능력의 발현지이기도 하다.

웜홀링

물리적 공간과 달리 사이버 공간에는 중력이 없다. 세컨드 라이프에서 우리는 중력을 이기고 자유로이 날아다닐 수 있다. 가상 공간 속에서 우리는 자신의 신체성에 대한 새로운 감각을 갖는다. 세컨드 라이프를 드나들며 우리는 신체화embodiment와 탈신체화disembodiment를 번갈아 체험한다. 그것은 어떤 의미에서 영적 체험을 세속화한 것이기도 하다. 이를테면 세컨드 라이프에서 하늘을 날아다니는 아바타의 이미지는 공교롭게도 17세기 이탈리아에서 갑자기 몸이 하늘로 떠올랐다는 성 주세페의 그림을 닮았다. 하늘을 날기 위해 더 이상 신의 은총이 필요한 것은 아니다. **세컨드 라이프 속에서 우리 모두는 성인聖人이 될 수 있다.**

현실의 세계는 하나이지만, 가상의 세계는 여럿일 수 있다. 영국의 미디어 이론가 로이 애스콧Roy Ascott은 세 개의 'VR'에 대해 얘기한다. 하나는 물리적 법칙이 작용하는 '검증현실validated reality', 둘째는 디지털 테크놀로지가 만들어내는 '가상현실virtual reality', 셋째는 식물의 환각 작용을 이용해 입장할 수 있는 '식물현실vegetable reality'이다. 예를 들어 브라질에서는 환각제를 이용해 또 다른 세계로 넘어가는 것이 일상적인 종교 활동으로 널리 인정되고 있다. 애스콧은 이제 인류는 물리적 신체와 가상적 신체와 환각적 신체를 갈아 입으며 한 세계에서 다른 세계, 거기서 또 다른 세계로 자유로이 넘나들 수 있게 됐다고 주장한다.

물리학에서 블랙홀과 화이트홀을 이어주는 통로를 '웜홀'이라 부른다. 웜홀은 두 개의 구멍 밖에 있는 두 개의 우주를 연결하며, 그 사이를 순식간에 이동할 수 있게 해주는 통로인 셈이다. 애스콧은 이 동사를 명사로 만들어, 인간이 검증현실에서 가상현실로, 거기서 식물현실로, 거기서 다시 검증현실로 넘나드는 것을 '웜홀링'이라 부른다. 사회에 요구되는 이상적 인간상은 역사적으로 변화해왔다. 애스콧은 미래의 이상적 인간은 이렇게 여러 세계를 넘나드는 웜홀링의 능력으로 규정될 것이라 말한다. 누가 인간을 단 하나의 정체성을 가지고, 단 하나의 세계에 살도록 구금형을 내렸던가.

세컨드 라이프를 만든 린든랩은, 세컨드 라이프 해방군이 주장하듯이, 사이버 공간의 전제군주일지도 모른다.

[출처] 정재승·진중권, 「사이버 공간에는 중력이 없다」, 『크로스』, 웅진지식하우스, 2010, 255~261쪽.

인터넷의 미래와 공동체

니시가끼 토오루

머리말 – 초국가 네트워크

"인터넷은 국가를 초월한다"는 말을 요즘 들어 자주 듣는다. 의문부호가 붙는 경우도 많기는 하지만 아무리 생각해도 거창한 명제가 아닌가 – 과연 인터넷은 백 몇십개 나라의 5백만 대 이상의 컴퓨터를 연결하며 이용자는 5천만 명을 넘어서 시시각각으로 늘어가는 미증유의 국제 네트워크이다. 그런데도 이용요금은 싸다. 그러나 바닥을 헤매는 경제에 인터넷으로 활력을 불어넣고자 하는 바람만이 독주한다면, '뭐라구? 침소봉대하지 마' 하고 나무라고 싶어진다.

물론 테크놀로지가 가지는 사회적 영향력은 엄청나다. 지금 일본의 개인용 컴퓨터 보급률은 십 몇 퍼센트지만 21세기에는 국민 대다수에게 보급되리라고 예상된다. 그 때가 되면 우리의 사고나 사회도 엄청나게 변하게 될 것이다. 윈도우즈95 발매를 둘러싼 작금의 법석을 보면 그러한 미래상이 갑자기 진실성을 더하게 된다.

지금 인터넷에 대한 담론의 대부분은 국경을 넘는 경제활동과 그것을 가능케 하는 기술에 관한 것이다. 누구나 손쉽게 자신의 개인용 컴퓨터를 통해 전 세계의 사람들과 교신할 수 있고 거래할 수 있다-적어도 현재 인터넷이 이러한 믿음을 주고 있는 것은 분명하다. 그렇지만 만약 인터넷이 국가라는 틀을 해체해나간다면 그것이 경제나 기술만의 문제가 아니라는 것은 두말할 필요가 없다.

국가란 근대적인 공동체이다. 이 공동체가 붕괴하든가 적어도 서서히 구속력을 잃어간다면 그것을 구성하는 근대적 개인은 어디로 떠돌게 되는 걸까? 근대적 개인이라는 존재 자체가 다른 무엇으로 변질되어가는 건가? 그렇지 않으면 이전부터 흔히 지적되듯이 애당초 일본에는 근대적 개인 같은 것은 존재하지 않았던가……

인터넷 시대를 맞이해서 "개인과 개인이 국경을 넘어서 자유롭게 교류하고 연대할 수 있다"든가 "마침내 세계는 하나가 되고 지구시민이 생겨난다"는 소리도 있다. 시민운동에 인터넷이 유용하게 쓰이는 것은 분명한 사실일 터이다. 그러나 유토피아를 꿈꾸기만 하고 새로운 헤게모니의 도래를 깨닫지 못한다면 너무나 경솔한 일이다. 날카로운 감각을 지닌 사람들은 컴퓨터낙관론[電腦樂觀論]을 들으면 본능적으로 "인터넷 시대에는 거꾸로 개인이 더욱더 고립되는 것은 아닐까"하는 숨 막히는 예감에 사로잡힌다. 이것은 "정보가 많아지면 많아질수록 정작 원하는 것은 찾기 어렵게 된다"고 하는 역설과 아주 흡사하다.

인터넷에는 필시 다양한 역설이 내재한다. 그런데 그 역설들은 테크놀로지의 급격한 진보와 경제효과에 대한 기대로 인해 오히려 간파하기 어렵게 되어 있다. 거기에 빛을 비출 때 21세기의 공동체와 개인의 문제도 조금씩 풀려나갈 것이다.

1. 신(新) 인터넷

개방과 분권

인터넷에는 두 가지 커다란 기술적 특징이 있다. 첫째는 TCP/IP(Transfer Control Protocol/Internet Protocol: 인터넷에 연결된 하나의 컴퓨터로부터 다른 컴퓨터로 데이터를 전송할 수 있게 해주는 데이터 전송과 에러 수정 표준 세트 - 옮긴이)를 비롯한 공개된 표준적 프로토콜(통신규약)을 사용하는 것, 둘째는 패킷(packet) 교환방식으로 정보를 전송하는 것이다. 사실은 이 두 가지에 인터넷의 본질인 아메리카니즘의 이념이 응축되어 구체화되어 있다고 말할 수 있다.

프로토콜이라는 것은 통신회선을 경유하여 정보를 주고받을 때의 절차를 말한다. 보내는 쪽과 받는 쪽이 절차가 다르면 정보를 주고받을 수 없다. 전 세계에는 다종다양한 컴퓨터가 있고 그 프로토콜도 다종다양하다. 보통은 관리자 격의 조직이 프로토콜을 정해서 조직 산하의 컴퓨터나 단말기로 하여금 그 절차를 지키게 하여 그들 사이의 정보교환을 가능케 한다. 이 프로토콜은 일반적으로 비공개인 경우도 많다. 프로토콜을 모르면 설사 물리적으로는 회선이 연결되더라도 정보를 받을 수 없으므로 조직 밖으로 정보가 새어나갈 염려가 없기 때문이다.

그런데 인터넷의 프로토콜은 완전히 공개되어 있다. 따라서 이 프로토콜을 지키기만 하면 전 세계의 어떠한 다른 기종의 컴퓨터 사이에도 교신이 가능하고, 또한 인터넷에도 참가할 수 있게 된다.

두 번째 특징인 패킷 교환방식이란, 전송하는 정보를 패킷이라고 하는 고정된 길이의 데이터로 분할하여 각 패킷마다 수취인(목적지)을 달아서 독립적으로 보내는 방식이다. 이때 각 패킷이 발신인으로부터 수취인에 이르기까지 거치는 경로는 회선의 혼잡상황 등에 따라 역동적으로 선택된다. 보낸 패킷이 모두 목적지에 도착하면 다시 원래 정보의 모습대로 재결합되는 것이다.

패킷 교환방식은 1969년에 개발된 미국 국방성의 군사연구용 네트워크 '아르파넷'(ARPA Net)에서 채용된 방식이다. 인터넷의 전신은 미국의 각도시를 연결하는 아르파넷인 것이다. 발신인에서 수취인까지 고정된 경로로 전송하는 종래의 회선교환방식에는 도중 어느 지점에서 회선이 끊어지면 교신이 불가능하게 된다. 반면 패킷 교환방식에서는 중계지점에서 적절한 패킷이 우회하기 때문에 교신을 속행할 수 있는 것이다. 다시 말해 이것은 소련의 핵공격으로 여러 도시가 완전히 파괴되더라도 미국 전체의 정보통신기능은 멈추지 않게 하기 위한 분산관리방식에 다름 아니었다. 요컨대 패킷 교환방식의 가장 큰 특징은 '분권주의(分權主義)'라는 점에 있다.

공개 프로토콜과 패킷 교환방식이 전 세계의 여러 가지 컴퓨터 네트워크를 차례차례 포괄하는 인터넷(네트워크의 네트워크)을 실현했다. 프로토콜의 공개가 네트워크 확장에 공헌한 것은 당연한 일이지만 패킷 교환방식 또한 네트워크 확장에 공헌했다. 한 곳에서 집중관리하지 않고 분산 관리하는 패킷 교환방식에서는 네트워크의 일부가 망가지더라도 기본적 기능은 유지할 수 있다. 이것은 바꿔 말하면 새로운 컴퓨터 네트워크의 접속통합이 대단히 용이하다는 것을 의미한다.

인터넷에 참가하는 컴퓨터는 따라서 중앙의 관리에 종속되는 것이 아니다. 스스로 인터넷의 일원으로서 중계지점의 기능도 제공하고 그 운영에도 참여하게 된다. 흔히 거론되는 인터넷의 '민주적 성격'은 이렇게 해서 출현하는 것이다.

미국적인 미디어

그렇다면, 처음에는 군사연구와 관련해서 출범한 인터넷이 어떻게 해서 기업을 포함한 개방적인 국제 네트워크로 성장해간 것일까?

먼저 인터넷의 역사를 개관해보자. 아르파넷은 마침내 군사연구 관계자뿐만 아니라 일반 과학기술자들 사이에 전자우편에 의한 연구교류의 도구로 발전해갔다. TCP/IP가 1970년대에 무료 공개되자 연결되는 컴퓨터의 수가 일거에 증대한다. 1980년대 들어와 미국 국립과학재단(NSF)의 지원에 의해서 전국 대학의 전산센터를 연결하는 CS넷 그리고 각지의 슈퍼컴퓨터를 연결하는 NSF넷이 여기에 합류하고 마침내 1990년에 아르파넷은 폐지되고 NSF넷이라는 이름으로 바뀌었다. 같은 해에 그때까지 정부가 규제하던 인터넷 접속이 자유화되고 비즈니스 목적의 기업이용이 가능하게 된다. 그리고 NSF는 그 운영을 민간회사에 위탁하여 인터넷은 명실공히 '누구에게나' 개방되어간 것이다.

일본에서는 1980년대에 토오쿄오대학, 케이오오대학(慶応大學) 등을 중심으로 하는 연구용 네트가 인터넷에 접속되었다. 단, 이것을 제대로 다루려면 기술적인 지식이 필요하므로 사용자는 모두 이공계통의 연구자들뿐이었다. 그것이 1993년 이후 월드 와이드 웹(World Wide Web)이라고 하는 데이터베이스와 그것을 간편하게 검색할 수 있는 소프트웨어인 모자이크와 넷스케이프가 출현하면서부터 다 아는 바와 같이 일거에 붐을 이룬 것이다.

이상과 같은 인터넷은 군사연구용, 일반과학연구용, 비즈니스용이라는 세 단계를 어째서 이런 경위(經緯)가 생겼는가를 분석하려면 아메리카니즘의 이념이란 것이 본디 무엇이었던가를 생각해볼 필요가 있다. 사실 앞에 말한 **세 단계의 연속성**이야말로 그 이념을 상징하고 있다.

아주 거칠게 말해서 아메리카니즘이란 자유민주주의, 비즈니스, 군사(軍事)라는 세 항목으로 요약할 수 있다. (물론 미국에는 강고한 프로테스탄티즘의 전통이 있고, 국민들이 단순히 비즈니스 지향의 가치관에 의해서만 행동하는 것은 아니다. 다만, 가치관의 다양성을 인정하는 문화다원주의의 조류 속에서 이 세 항목은 일단 공통적으로 받아들여지고 있다.) 이것들은 서로 깊이 연결되어 불가분의 관계에 있다. 미국의 자유민주주의란 기본적으로 모든 시민이 자신의 창의적인 아이디어를 기초로 자유로이 경쟁하고 비즈니스에서 성공할 수 있는 기회와 권리를 보장하는 것이며 또 그러한 사회 환경을 지키기 위해서 강대한 군사력을 보유하는 것이다.

인터넷 신봉자 중에는 군사력에 반대하는 평화주의자도 많다. 그런데 적어도 일반론으로만 말한다면 미국의 군사력은 시민을 위한 것이며 따라서 정보공개가 원칙이다. 거기에는 또 정보를 공개해서 국민의 중지를 모음으로써 과학 기술력을 향상시키고 국민의 의사통일도 이루어 강력한 군대를 만든다고 하는 발상이 깔려 있다. 이러한 이념이 없다면 군사연구용 네트가 일반과학연구용 네트로 개방되기는 어려울 터이다. 실제로, NSF넷을 건설할 때에는 미국의 슈퍼컴퓨터 기술이 국제경쟁에서 뒤처지지 않게 하려는 의도가 깔려 있었던 것이다.

나아가 일반과학연구용 네트가 비즈니스용 네트로 개방되어가는 것 또한 자연스러운 흐름이다. 일반시민에게 널리 비즈니스의 기회를 주는 것이야말로 아메리카니즘의 진수이며 또 그것에 의해서 미국의 국제경쟁력이 뒷받침되기 때문이다. 이전부터 인터넷을 사용해온 과학기술자들 사이에 상업이용을 개탄하는 목소리가 높지만 아메리카니즘의 이념에 비추어본다면 전혀 문제가 없다. 인터넷이란, 바꾸어 말하면 그 자체가 바로 '미국적인 미디어'인 것이다.

'신인터넷'의 탄생

미국적 미디어인 인터넷은 그러나 중대한 약점을 안고 있다. 전형적인 약점이 성능과 안정성(security)의 문제일 것이다.

인터넷의 성능에 대해서는 이미 많은 불만의 소리가 들려오고 있다. 좀처럼 연결되지 않는다든가 정보가 전해지지 않는다는 것이다. 그런데 이것은 접속서비스업자만의 책임은 아니다. 인터넷 그 자체가 성능을 보증하는 시스템을 가지고 있지 않은 것이다. 성능을 제어하는 일은 아무 컴퓨터의 접속이나 허용한다는 민주적인 운영방침과는 일반적으로 상반되기 때문이다.

전화회사나 우체국 등 정보통신서비스를 제공하는 조직은 전송성능을 안정시키기 위해서 대단한 노력을 쏟는 것이 보통이다. 예컨대, 전화가 통화중일 확률을 일정 수준으로 억제하기 위해서 전화회사는 복잡한 이론적 계산이나 시뮬레이션을 거쳐서 회선의 용량이라든가 설치 방법을 결정한다. 그러나 인터넷에는 중앙관리조직이 존재하지 않으므로 이러한 성능제어를 실행할 수 없다. 원래 패킷 교환방식에서는 전송경로가 역동적으로 바뀌기 때문에 성능계산이 아주 어렵다. 회선이 혼잡해지면 전송시간이 어느 정도 걸릴지 아무도 예측하기 어렵게 되는 것이다.

물론 기간회선의 용량이 해마다 확대되고는 있다. 그러나 전자우편의 문자전송을 주로 하던 80년대와는 달리 큰 용량의 그림이나 동화상(動畫像)이 전송되는 멀티미디어시대인 오늘날 인터넷이 본격적인 GII(Global Information Infrastructure : 미국의 정보 기반시설인 NII를 제안한 앨 고어 미국 부통령이 94년 3월 최초로 제안하고 같은 해 7월 G7 정상회담에서 합의된, 선진 각국과 모든 대륙을 잇는 전 지구적 정보 기반시설-옮긴이)로 되기 위해서는 성능의 불안정성이 커다란 장애가 될 것은 분명하다.

그러나 더욱 커다란 문제는 안전성 내지 보안성이다. 이 문제에 대해서는 이미 여러 곳에서 지적되고 있으므로 자세한 언급은 하지 않겠는데, 집중 관리되는 통상적인 비즈니스용 네트와 비교할 때 애초에 정보의 공개성을 전제로 형성되어온 인터넷의 보안성은 지극히 낮은 수준이다. 정보가 여러 경로를 통해서 전해지는 만큼 그 내용이 뜻하지 않은 곳에서 새어나갈 염려가 있다. 온라인 쇼핑을 하기 위해서 신용카드의 번호를 암호화하지 않고 인터넷을 거쳐서 보내는 것은 상당한 모험이다. 어디에 해커가 있을지 모르기 때문이다.

또한 인터넷에 가입하는 것 자체가 조직의 기밀보호를 위해서는 그다지 바람직한 일이 아니다. 전 세계로부터 불특정 다수의 정보가 잇따라 컴퓨터에 들어오는 만큼 그 가운데에는 교묘하게 방호벽을 뚫고 조직의 정보를 훔친다든가 데이터를 파괴한다든가 하는 일도 없다고는 단언할 수 없기 때문이다. 뿐만 아니라 그러한 사태가 일어나더라도 배상해줄 관리자는 존재하지 않는다. 이것은 고도의 신뢰를 요하는 비즈니스용 네트로서는 치명적이다.

이상의 이유로 인터넷은 적어도 **이 모습 그대로**는 광고용도를 제외하고 국제 비즈니스용의 본격적인 GII로 되기가 곤란하다. 그래서 21세기에는 어느 정도까지 성능과 보안성을 보장하는 새로운 GII, 말하자면 '신인터넷'이라고도 불릴 수 있는 시스템이 출현하게 될 것이다. 거기서는 강력한 암호체계와 각종의 방호벽 그리고 성능안정화를 위한 기술들이 구사될 것이다. 신인터넷은 부분적으로는 인터넷의 기존 설비를 이용할지도 모르며 따라서 일반의 눈에는 인터넷이 단순히 정비·발전된 것으로밖에 비치지 않을지도 모른다. 그러나 내실은 크게 다른 것이다. 즉, 공개정보에 기초한 리버럴하고 민주적인 분권주의가 점차 비밀정보를 전제로 은밀한 통제를 행하는 집중관리주의로 옮아가는 셈이다. 그리고 기묘하게도 전환의 주도권은 역시 미국이 쥐게 될 것이다.

아메리카니즘의 이념은 역설을 수반한다. 쉽게 말해서 "모든 시민에게 자유로운 비즈니스의 기회를 부여하고 행복하게 될 기회를 평등하게 제공하려고 하면 할수록 실제로는 다양한 격차가 확산되고 불만이 높아진다. 공공의 질서와 안전을 유지하기 위해서 시민에 대한 통제도 불가결하게 된다"는 것이다. 일본사람들이 상상하는 미국의 두 얼굴 즉 '모든 사람에게 열려 있는 풍요하고 자유로운 민주사회'와 '차별과 폭력이 횡행하는 무서운 총기(銃器)사회'라는 것은 이 역설로부터 나온다.

신인터넷도 이 역설에서 벗어날 수 없다. 예컨대, 자유민주주의의 입장에서 보면 통신의 비밀 준수는 불가결하다. 국가를 포함한 어떠한 조직이나 권력도 개인의 사생활을 침범해서는 안 된다. 이를 위해서는 강력무쌍한 암호체계로 정보를 보호하는 것이 불가결하다. 그것 없이는 활발한 비즈니스 같은 것은 전개될 수 없다. 그러나 한편으로 바로 이 통신의 비밀이야말로 시민의 안전에 위협이 될 수도 있다. 이것은 현재 PC통신이 마약이나 무기 따위의 불법거래에 이용되기 시작한 사실로 보아도 분명할 것이다. 인터넷을 통해서 테러교본까지 입수할 수 있다(『朝日新聞』 1995년 8월 4일자 조간)는 소리를 듣고는 그 누구도 마음 편하게 지낼 수 없다.

폭력단이나 광신적 컬트집단만이 문제는 아니다. 신인터넷 속에서는 여러 가지 종교적·정치적 신조를 가진 다양한 민족이 정보교환을 시작할 것이다. 그런데 그것이 반드시 컴퓨터 유토피아론자들이 말하는 '지구시민의 자유로운 의견교류'에 국한되지는 않는다. 각종 이해관계가 얽히고설킨 피튀기는 정치적 모략이 난무하여 그 피해가 시민에게 미칠 가능성도 높은 것이다. 이렇게 해서 자유로워야 할 시민 자신이 은근히 중앙권력에 의한 통제와 검문을 바란다고 하는 역설이 나타난다.

전자화폐는 아직 실험단계이지만 신인터넷에서는 결국 실현되어갈 것이다. (네덜란드의 디지캐쉬DigiCash사, 영국의 웨스트민스터 은행 등에 의한 전자화폐 실험이 유명하다. 또 일본 통산성通産省도 IC카드를 사용해서 인터넷 상에서 거래하는 실험을 1996~97년 사이에 행할 예정이다.) 일종의 국제통화인 전자화폐에 의해서 '국경을 넘는 비즈니스'가 아주 쉽게 이루어지는 것이다. 그러나 만약 아무나 무제한으로 자국의 화폐와 전자화폐를 교환할 수 있고 '통신의 비밀'로 보호받으며 신인터넷 상에서 상거래가 이루어진다면 이것은 국가경제에 엄청난 문제를 야기할 것이다. 왜냐하면 그것은 감시불능의 비즈니스이기 때문이다. 세금을 피한 지하경제의 돈이 대량으로 흘러나오고 검은 거래의 돈세탁이 횡행할 것이다. 어떤 의미에서는 누구나 외환거래에 참여할 수 있으므로 각국의 통화는 지극히 불안정하게 되고 경제공황의 염려도 생긴다.

대체로 이상과 같은 이유로 해서 신인터넷은 현재의 인터넷보다 **중앙집권적이고 통제적인 색채를 강화할 수밖에 없다**. 아마도 규제는 미국 주도하에 G7을 비롯한 여러 나라가 협력해서 행하게 될 것이다. 이것은 아메리카니즘이 지닌 역설의 당연한 귀결이다.

2. 미국의 헤게모니

공동체로부터의 추방

"인터넷은 국가를 초월한다"고 하는 말은 오해를 낳기 쉽다. 지구시민이 국가의 통제를 받지 않고 자유로이 대화하고 또 비즈니스를 영위한다고 하는 달콤한 미래상은 허구이다. 되풀이 말하거니와 그러한 미래를 바라는 희망이야말로 필연적으로 신인터넷에서의 국가의 통제도 초래하기 때문이다.

그렇기는 하지만 신인터넷에 의해서 국가의 통제력이 상대적으로 저하되어갈 것은 틀림없는 일이다. 기술적으로도 완전한 규제나 감시는 곤란하다. 불특정한 경로를 통하는 패킷의 내용을 일일이 감시하는 것은 실제로는 불가능에 가까우며 언론과 비즈니스의 절대적 자유를 신봉하는 반통제론자들의 저항도 상당히 완강하다. (클리퍼 칩clipper chip 논쟁이 상징적이다. 미국 국가안전보장국은 거액의 예산을 들여서 클리퍼 칩이라고 불리는 암호시스템을 개발했다. 정보기기의 부품에 클리퍼 칩을 부착하도록 의무화해서 범죄를 감시한다는 의도이다. 그러나 이에 대해서는 시민권 옹호의 입장에서 강경한 반대의 목소리가 나오고 있다.) 결과적으로 신인터넷은 군사력을 배경으로 한 국가기구의 통제와 지하경제를 포함한 국제비즈니스 사이의 격렬한 투쟁의 수라장으로 되어갈 듯하다. 여기에 정치단체나 종교단체 같은 조직들도 가세할 것은 당연한 일이다. 사태는 흡사 로스앤젤러스의 다운타운과도 같은 일종의 무정부주의를 연상케 하는 모습이 될지도 모른다.

그런 가운데서도 미국의 영향력만큼은 확실히 강화될 것이다. 통제에서나 저항에서나 모두 미국이 주도권을 쥐리라고 예상되기 때문이다. "미국의 헤게모니가 세계로 확산된다" 나아가 "전세계가 미국사회의 양상을 띤다"는 의미에서라면 "인터넷은 국가를 초월한다"는 말은 맞다. 물론 미국은 여러 나라와 합의하에 평화적으로 일을 추진할 것이다. 그 헤게모니는 군사력을 앞세운 강권적인 것은 아니다. 그보다는 경제, 더 근본적으로는 SFX(special effects, 특수효과. 첨단기술을 사용해서 실제상황에서는 얻을 수 없는 특수한 시각효과를 노린 영화제작 기법-옮긴이) 영화와 청량음료, 햄버거 등 '문화'에 의한 것이다.

디즈니사의 ABC방송 인수를 비롯한 작금의 잇따른 메가미디어의 성립은, 얼마 안 가서 거기서 자극성이 강한 마약과 같은 영상이 쏟아져 나오고 온 세상 사람들이 속수무책으로 그 포로가 되어버릴 것이라는 두려움을 불러일으킨다.(1995년에는 디즈니가 ABC를, 웨스팅하우스가 CBS를, 타임워너가 CNN을 포함한 TBS를 인수·합병하는 일이 잇따라 벌어졌다. 그리고 이미 1986년 이후 NBC

의 모기업은 제너럴 일렉트릭으로 되어 있다.) 거기에다가 지적 소유권이라는 이름으로 막대한 부(富)가 미국으로 모여들게 될 것이다. 오락영화뿐만이 아니다. 각종 기본 소프트웨어도 마찬가지이고, 극단적으로 말하면 사람들이 멀티미디어 컴퓨터의 스위치를 넣을 때마다 미국의 거대자본이 살찌게 되는 것이다.

이것을 새로운 제국주의, 새로운 착취와 지배 체제라고 비판하는 것은 불가능한 일이 아니다. 그러나 신인터넷에 의한 미국 중심의 전자 경제권은 일본인을 포함한 세계의 많은 사람들이 내심 바라는 바인지도 모른다. 이전에 식민지 시대와 더불어 전파된 기독교처럼 아메리카니즘의 이념은 일종의 보편성을 지닌다.

이 글에서는 신인터넷에서 은연중 추구되고 세계적인 규모로 실현되어 가는 이념을 일단 '전자화폐지상주의'라고 부르기로 한다. 그것은 아메리카니즘의 비즈니스 지향 이념을 더 한층 순화하고 철저화한 것이며, 개개인의 사회적 행위의 공통분모를 '전자화폐의 추구'로 간주하는 21세기의 사고이다. 전자화폐지상주의의 입장에서 볼 때 지구시민은 평등한 기회를 부여받고 자유로운 창의성과 아이디어에 기초해서 비즈니스에 힘을 쏟는다. 미국의 문화적·경제적·군사적 헤게모니와 일본의 컴퓨터 유토피아론자들이 찬양하는 전자민주주의나 시민활동은 쉽사리 분리될 수 있는 것이 아니다.

따라서 21세기에 우리를 기다리고 있는 최악의 미래상은 이런 것일지도 모른다. "온세상이 효율적·배금주의적인 자본체제의 그물 속으로 점점 더 빨려들어감에도 불구하고 반효율주의를 외치는 '저항하는 시민의 목소리'가 신인터넷으로부터 발신될 수 있다는 것은 원칙론이고, 실제로는 그러한 목소리가 압도적인 정보의 대해(大海) 속에 삼켜져서 무시당하든가 대중의 단순한 심심풀이로 소화되고 만다……"

이것은 너무 어두운 미래상일까? 어쨌거나 신인터넷시대에는 개인들은 귀속할 공동체를 잃고 서서히 개별화되어 갈 것으로 예상된다. 온라인 쇼핑, 재택근무(在宅勤務), 재택학습 등으로 인해 공동체를 이루는 커뮤니케이션의 무게중심은 지역·사회·학교 등으로부터 신인터넷 속으로 옮겨간다.

사람들은 전자미디어 공간(사이버스페이스)에서 생활하게 된다. 국가는 강력한 법제도에 의해서 지켜지는 공동체이지만 그 약체화와 더불어 회사나 마을 등의 공동체도 점차 붕괴해간다.

바꾸어 말하면 이것은 전세계가 전자화폐에 의한 '화폐공동체'의 우산 아래로 들어가는 것이기도 하다. 그런데 이 화폐공동체라는 말은 아이러니컬한 울림을 지니고 있다. 경제학자 이와이 카쯔히또(岩井克人)가 지적하듯이 화폐공동체를 성립시키는 것은 "단지 사람들이 화폐를 화폐로서 사용한다는 사실뿐"(『貨幣論』, 筑摩書房 1993, 201면)이며 그것은 운명을 함께하는 일체감에 기초한 자연발생적인 공동체(Gemeinschaft)와는 정반대의 존재이기 때문이다. 공동체라고는 해도 전자화폐가 통용된다는 것 말고는 **개인들을 맺어주는 아무것도 존재하지 않는다**. 즉 신인터넷시대란 약 200년 전에 출현한 국민국가라는 근대적인 공동체가 점차 지구규모의 공허한 화폐공동체로 바뀌어가는 시대, 좀 더 정확하게 말하면 '공동체로부터의 추방의 시대'인 것이다.

가상공동체라는 허구

인간은 태고적부터 '무리'지어서 살아온 생물이다. 삶과 죽음의 의미를 온전히 책임져주고 사는 보람을 부여해주는 공동체를 떠나서 살아가는 것은 애당초 가능하지가 않다. 따라서 우리들은 도대체 어디서 새로운 공동체(또는 그것을 대신할 어떤 것)를 찾아낼 것인가를 묻지 않을 수 없게 된다.

말할 것도 없이 근대국가라고 하는 공동체는 자연발생적이고 토속적인 공동체(게마인샤프트)를 해체하고 그것을 대신하면서 성립했다.(물론 아직도 많은 사회에서 토속공동체의 잔재가 완전히 사라지지 않고 있다. 예컨대 일본의 회사는 일종의 '마을'이며 그 때문에 구미를 숭배하는 근대주의자들로부터 '일본에는 근대적인 개인이 없다'는 식의 질책을 받아왔다.) 그리로 되돌아가는 것은 이미 불가능해졌다. 그래서 생각해낸 것이 오히려 신인터넷 속에서 새로운 공동체 이른바 '가상공동체'(virtual community)를 찾아내려고 하는 것이다. 사람들이 전자미디어공간에서 생활한다면 가령 PC 통신으로 사귄 친구들과 공동체를 이루는 셈이라는 논의도 성립한다. 그런데 도대체 이 가상공동체라는 것이 정말로 사람들의 갈증을 충족시킬 수 있을까?

하워드 라인골드(Howard Rheingold)는 그의 저서 『가상공동체』(『バーチャル・コミュニティ』, 會津泉 옮김, 三田出版會, 1995)에서 풍부한 PC통신 경험을 바탕으로 한 컴퓨터사회론을 전개한다. 예컨대 WELL 이라는 전자회의 시스템으로 많은 사람들과 사귀고 자녀교육 문제로 토론을 했다는 등의 에피소드를 들면서 선의의 시민들을 연결하는 가상공동체의 미래를 희망적으로 이야기한다. 분명 전자미디어가 인간의 커뮤니케이션 능력을 확대시키는 도구인 이상 새로운 인간교류의 고리를 만들어낼 가능성은 높다.

그러나 동시에 부정적인 면도 지적되고 있다. MUD(Multiuser Dungeons and Dragons)라고 하는 인터넷 상의 게임에서는, 사람들이 자유롭게 여러 가지 성격의 등장인물이 되어 괴물이 출몰하는 마법의 왕국에서 서로 교신하면서 모험을 계속한다. 문제는 이 게임을 즐기는 사람들 중에 침식을 잊고 게임에 빠져드는 중독자가 나타나는 일이다. 자기와 다른 다양한 캐릭터로 되어 공상세계에서 사는 것은 몸이 떨릴 정도로 매력적이다.

일반적으로 전자미디어공간에서는 여러 가지 의미로 제동장치가 말을 듣지 않게 되는 일이 많다. PC통신에서 종종 토론이 과열되면 노골적인 공격성을 드러내어 상대방에게 상처를 주는 말들이 마구 튀어나오는 것은 그 좋은 예이다. 이렇게 되는 이유는 단순히 얼굴이 보이지 않는다든가 익명이라든가 하는 사정 때문만은 아니다. 자신이 '한정된 육체를 가진 유한한 존재'라는 일상의 의식이 전자미디어공간에서는 어느 샌가 흩어져 사라져버리기 때문이다. 스포츠카의 가속페달을 밟는 쾌감 정도가 아니다. 마치 마신(魔神)과도 같이 눈부시게 변신하면서 빛의 속도로 온 세상을 누비고 다니면서……

가장 염려되는 것은 전자미디어공간에서 제동장치를 상실한 공격욕과 쾌락추구본능이 일종의 카리스마에 의해서 조직화되어 거대한 폭력 장치로 확대되는 일이다. 전자화폐지상주의는 다수의 패자(敗者)를 낳고 귀속할 곳

을 잃은 사람들은 카리스마가 약속하는 의사(擬似)공동체로 마음이 쏠리게 된다. 이 문제에 대해서는 졸저 『성스러운 가상현실』(『聖なるウアーチャル・リアリテイ』, 岩波二一世紀問題群プックス 제23권, 1995년, 제4장)에서 정리했으므로 상세한 논의는 줄이겠다. 어쨌든 "신인터넷 시대에는 누구나 이전의 공동체 대신에 가상공동체에 참가할 수 있으니까 안심하라"고 하는 경박한 논의는 잘못되었다. 전자미디어 상의 집단 게임은 짜릿한 쾌감과 흥분을 줄지는 모른다. 그러나 그것과 사는 보람이나 가치관의 양성과는 별개의 것이다. 또 설사 전자미디어를 사용해서 일시적으로 민주적 토론이 풍성해진다고 해도 그것이 인간의 일생을 책임지는 공동체의 형성으로 직접 이어지지는 않는다.

컴퓨터 유토피아론자들은 종종 "이제부터는 개인이 복수의 공동체에 소속되고 다원적으로 활약할 수 있게 된다"고 주장한다. 그러나 공동체와 취미클럽과는 다르다. "유한한 육체를 지닌 자신이 지금 여기서 **유일한 이 공동체**에 귀속하며 다른 공동체에는 귀속하지 않는다"고 하는 근원적인 인식과 마음가짐이 있어야만 운명을 함께하는 공동체라고 할 수 있는 것이 아닐까……

전자미디어 공간에서는 공동체가 절대로 존재할 수 없다는 것은 아니다. 그것은 여전히 하나의 가능성이기는 하다. 그러나 인터넷에 가입하기만 하면 바로 가상공동체의 구성원이 될 수 있다고 믿는 사람은 허구의 공동체라는 허깨비를 추구하는 셈이 될 듯하다.

3. 성스러운 공동체

진정한 공동체란

여기서 공동체에 대한 선인(先人)들의 사색의 발자취를 더듬어보는 것도 쓸모없는 일은 아닐 터이다. 공동체에 대해서는 지금까지 여러 가지 사회

적·정치적 논의가 이루어져왔지만 종교적인 측면에 주목한다면 가령 금세기의 특이한 사색자(思索者)라 할 조르쥬 바따이유(Georges Bataille)를 들 수 있다.(바따이유 공동체론의 핵심은 中村雄二郎, 『二一世紀問題群』, 岩波二一世紀問題群プックス 제1권, 1995년, 180~90면에 정리되어 있다.) 공동체 내지 커뮤니케이션의 문제는 바따이유에게 유일한 관심사이며 그 분석은 대단한 깊이에 이르고 있다. 그 공동체론이 이론적으로 정리되어 있는 것이 아니라 여기서 그 전모를 소개하기는 어렵지만, 우선 훌륭한 바따이유 연구가인 유아사 히로오(湯淺博雄)와 쟝-뤼끄 낭씨(Jean-Luc Nancy)의 논의를 바탕으로 그 일단을 옮겨보기로 하겠다.(이하의 인용은 꼭 바따이유 자신의 말이라기보다 그의 사상에 입각해서 유아사나 낭씨가 전개한 논의이다.)

먼저 "공동체란 개인과 개인의 연결인가?"(湯淺博雄,『他者と共同』, 未來社 1992, 6~13면)라는 근본적인 문제제기로부터 출발해보자. 우리들이 독립된 주체적 개인이라고 하는 것은 근대주의의 기본이며 아메리카니즘의 이념도 당연히 이것을 전제로 하고 있다. 그리고 근대적인 공동체란 그러한 주체적인 개인들끼리 서로 대등하게 관계를 맺음으로써 탄생하는 것으로 되어 있다. 그러면 신인터넷 시대에 추구되는 공동체란 과연 정말로 그러한 것일까?

'그렇지 않다'는 것이 바따이유의 주장이다. '개인'이라는 것은 "공동체의 붕괴라는 시련의 잔재"이며 분해작용의 추상적 결과에 지나지 않는다.(Jean-Luc Nancy, 『無爲の共同』, 西谷修 옮김, 朝日出版社 1985, 14~15면) 분할불가능한 단위로서의 '개인'(individual)끼리 서로 타인을 대등한 입장에서 객관적으로 인정하고 이해할 수 있다는 식의 이야기는 자의적인 믿음이다. 진정한 커뮤니케이션이란 오히려 "완전히 이행하고 동화될 수가 없는 타인"의 이질성에 의해서 찢겨지면서도 "더욱 더 그러한 타인에게 접근하고자 하는" 사랑의 행위인 것이다.(湯淺, 앞의 책 143면)

'나'와 '너'는 유한한 존재이며 그 유한성 위에서 커뮤니케이션과 공동성(共同性)이 성립한다. 유한성을 단적으로 나타내주는 것은 '죽음'일 것이다. 실제로 "유한성이야말로 공동적"(Nancy, 앞의 책 81면)이다. 예를 들어 '너'의 죽음에 대면해서 '너'의 유한성과 살아 있는 '나'의 유한성이 명백히 드러날 때, 거기서 '함께 있다'고 하는 공동성이 생생한 모습을 드러내는 것이다……

공동체에 관한 이러한 사상이 지나치게 극단적이라는 관점도 있을 듯하다. 그러나 그것은 근대적인 공동체, 더 나아가 전자화폐지상주의의 산물이라 할 화폐공동체에 대한 강한 비판이라고 할 수 있다.

물론 바따이유의 사상은 기독교적인 '합일'(合一, communion)의 사상을 토대로 생겨난 것이다. 기독교에서는 신의 사랑에 의해서 이루어지는 신앙자의 '합일'이야말로 '신의 공동체'를 형성하는 것이며 '커뮤니케이션'이란 본디 신을 매개로 한 신앙자의 전달행위에 다름 아니다. 그리고 아메리카니즘이나 정보이론이나 컴퓨터 유토피아론도 연원을 따져 올라가면 모두 여기에 이른다.(예를 들어 컴퓨터 유토피아론자 중에는 인터넷의 상업적 이용에 반대하는 과학기술자들이 있는데, 그들은 '신' 대신에 '보편적 지식'을 신봉하며 일종의 '세속화된 종교공동체'에 살고 있는 셈이다.)

따라서 바따이유의 일견 난해한 논의를 거울로 삼아 비추어보면 같은 기독교사상에서 출발한 아메리카니즘이 발전된 모습인 전자화폐지상주의의 '일그러진 모습'이 보인다. 전자화폐지상주의는 근대적인 '개인'을 절대시하고, '비즈니스의 자유'라는 미명 아래 끝없는 욕망의 증식을 시인하고, 신인터넷을 통해서 전 세계에 부(富)의 꿈을 뿌려댄다. 그런 가운데 사랑·죽음·공감(共感)이라고 하는 인간생활의 근원적인 부분이 무참하게 공동화(空洞化)해갈 염려가 있다.

과정으로서의 개인

전자화폐지상주의란 어떤 의미에서는 근대 자본주의의 순수한 모습이다. 이것을 받들어 모시는 지구 규모의 화폐공동체란 참으로 이상한 곳이다. 그곳에서는 전자화폐의 누적과 더불어 개인의 물질적 소유를 끝없이 늘려가는 일이 원리적으로 가능하다. 이것은 종래의 공동체에서는 통상 있을 수 없는 일이다. 공동체 구성원이 큰 공을 세웠다고 하더라도 그에 대한 물질적 보수는 제한적이며 그보다는 지위나 명예, 위신 등의 비물질적 보수가 주어지는 것이 보통이다. 즉 인간의 노력은 공동체 안에서 사는 기쁨이나 충족감을 크게 하기 위한 것이며 지칠 줄 모르는 물질적 소유를 향한 것은 아니다.

그러나 신인터넷시대의 화폐공동체에서는 소유하는 전자화폐의 누계를 끝없이 증가시키는 것이 점차 개인의 공적(公的)인 노력의 목표가 되어간다. 개인의 물질적 지배력의 무한한 신장—그것은 다름이 아니라 '개개의 인간이 신이 된다'는 것이다. 이러한 사고가 가공할 자연환경 파괴를 야기한다든가 '자유민주주의 하에서의 불평등과 폭력과 차별'이라는 역설을 초래하는 것은 어쩌면 당연하다고 할 수 있다. 그러면 이러한 터무니없는 '이상사고(異常思考)'는 도대체 어디서 나타난 것일까?

'인간이 신이 된다'고 하는 사고를 낳은 것은 주지하듯이 서구 르네상스이다. 그러나 본래 그것이 의미하는 바는 결코 **개인의 끝없는 물질적 지배는 아니었다**. 물질이 아니라 정신적 차원의 문제라는 차이가 있는 것은 물론이고 그뿐만은 아니다. 인간이 무조건 신이 될 특권을 가지는 것이 아니라 "인간이 신을 향해 한걸음씩 가까워져가는 종교적인 과정 그 자체"에 지상(至上)의 가치를 두는 사고였다. 그것은 예컨대 15세기 르네상스 철학의 태두 니콜라우스 쿠자누스(Nicolaus Cusanus)의 사색을 더듬어보면 분명하다. 철학자 에른스트 카씨러(Ernst Cassirer)의 연구(『個と宇宙』, 薗田坦 옮김, 名古屋大學出版社, 1991)를 바탕으로 일별해보자.

쿠자누스는 '인간이 신을 알 가능성'에서 출발한다. 그 가능성이 있다면 그것은 개개 인간의 정신 속에 있을 수밖에 없을 것이다. 그러나 개개인의 감각세계가 서로 다른 것은 말할 것도 없고 '나'와 '너' 사이에는 넘을 수 없는 벽이 있다. 그런데 쿠자누스에 의하면 바따이유도 날카롭게 간파한 바로 이 '타자성(他者性)'이야말로 도리어 인간이 신을 알 수 있다는 증거가 된다. 왜일까?

보편적인 신은 개개 인간의 정신과 각각 직접적인 관계를 가진다. 그리고 신적인 것의 진정한 의미는 이들 개개의 관계 전체를 "하나의 지적 직시(直視)의 통일"(같은 책 40면)로 묶어낼 때 분명히 드러나기 때문이다. 다시 말하면 절대보편적인 존재가 바로 개별구체적인 시각에서 파악된다고 하는 역설 속에서 신의 보편성이 드러난다는 것이다.

이렇게 해서 "보편적인 것의 진리와 개별적인 것의 특수화는 상호 침투하고"(같은 책 46~47면) 개별적인 정신 안에서 보편적인 기독교의 교리가 전개되는 것이다. 소우주인 인간 안에는 모든 사물의 본성이 있다. 따라서 "그리스도를 통해서 인간이 신으로 고양될 뿐만 아니라 인간 안에서 또 인간의 힘에 의해서 만물 또한 그 상승을 성취하는"(같은 책 51면) 것이다. 신이 인간이 되고 인간이 신이 되는 것이 구원의 과정이다. 그러나 그것은 어디까지나 **'과정'이어서** 무한한 신과 유한한 인간 사이에는 극복하지 않으면 안 되는 '간격'이 언제까지나 남는 것이다……

그런데, 이러한 사색은 기독교도 이외의 일본사람들에게는 다소 서먹서먹하게 느껴질지도 모르겠다. 그러나 그것은 '개개의 인간이 신이 된다'는 역설을 내포한 '이상사고'가 본래는 하나의 통합성을 지니고 사람들에게 삶의 지침과 가치관을 제시하는 사상이었다는 것을 명백히 말해주고 있다.

역사가 흘러감에 따라 어느 샌가 이 '과정'이라는 부분이 누락되어갔다. 세속적이고 근대적인 '개인'은 '주체적인 존재'로서 처음부터 절대적인 지위를 부여받고 마침내 도시에서 자유로이 경제활동을 영위하는 '시민'이라는 개념과 연결되면서 특권적인 존재로 화해갔다. 전자화폐 지상주의에서의 개인이란 바로 그러한 세속화·물질화·수량화의 귀결에 다름 아니다.

맺음말 – 모색과 선택의 시대

이제까지의 논의를 정리하면 "인터넷은 국가를 초월한다"고 하는 명제는 다음과 같이 해석할 수 있겠다. 그것이 시사하는 바는 전 세계의 가치관이 **미국의 헤게모니 아래로 재편되어간다**고 하는 21세기의 미래상이다. 다만 그때 사용되는 인터넷이란 공개 프로토콜과 패킷 교환 방식으로 상징되는 지금의 분권적 인터넷은 아니다. 미국을 중심으로 하는 선진제국의 규제와 관리에 의해서 비즈니스에 적합하게 성능과 보안성을 강화한 'GII로서의 신인터넷'인 것이다.

이 미래상 속에서 사람들이 꼭 안심입명(安心立命)할 수 있다고는 말하기 어렵다. 선진제국에서는 일단 물질적인 풍요와 자극적인 쾌락은 보장된다. 그러나 자유민주주의의 명분 아래서 각종 조직이 이권을 위해서 결사적으로 싸우고 무수한 낙오자가 생기며 불평등 또한 확산될 것이다. 국가의 질서 유지 능력과 민심 장악력은 상대적으로 저하되고 도처에서 공격본능이 폭발한다. 생사의 가치관을 뒷받침해온 공동체는 붕괴되고 사람들을 맺어주던 유대는 전자화폐라는 공통가치를 제외하고는 점차 사라져간다. 아무튼 거기서는 투기를 포함한 전자화폐의 추구만이 유일한 실체적 행위가 되므로……

그러나 이러한 미래상에 혐오감을 느낀다고 해서 비판의 화살을 미국으로만 돌리는 것은 잘못이다. 전자화폐지상주의는 분명 아메리카니즘에서 파생되었지만 뒤집어 말하면 미국이야말로 그 해독에 대한 가장 강한 내성(耐性)을 지닌 나라이기도 한 것이다. 아메리카니즘의 이념 아래 다양한 국민을 포용하는 대국의 현재의 고뇌에서 우리는 교훈을 얻지 않으면 안 된다.

비난은 오히려 흔들리고 있는 종래의 공동체 속에서 자신의 가치관을 반성하지도 않고 인터넷을 기술적·경제적 측면에서만 파악하려는 우리 일본인들이 받아야 한다. 그러한 지적(知的) 게으름이 전자화폐 지상주의의 어두운 미래상을 자초한 것이다.

두말할 것도 없이, 인터넷에 의한 커뮤니케이션의 확대 가능성은 거대한 것이다. 거기서 국제적인 민주적 토론을 기대하는 것이 잘못은 아니다. 그러나 그러한 일들은 압도적인 비즈니스 이용 앞에서 미미한 존재가 되지 않겠는가. '일반시민의 자유의지'라든가 '근대적 개아(個我)의 확립' 따위의 근사한 구호만 외고 있으면 다가올 컴퓨터 사회에 내재한 함정을 피할 수 있으리라고 생각하는 것은 너무나 천박한 낙관주의라고 할 것이다.

지금 우리에게 필요한 것은 (신)인터넷시대의 여러 양상에 대해서 항상 문제를 제기하는 회의의 시선이다. 건설적 비판만이 우리의 미래를 밝혀줄 것이다.

종래의 공동체에서 쫓겨난 인간은 스스로가 디디고 설 기반을 찾아서 표류하고 모색하며 선택해나갈 수밖에 없다. 실제로 (신)인터넷시대란 정신적으로는 지극히 괴로운 시대가 될 것이다. 그러나 어쩌면, 쿠자누스가 시사했듯이, 그러한 **모색과 선택의 과정**이야말로 인간 본래의 모습인지도 모른다. 여기서 우리는 바따이유가 고투했던 '진정한 공동성'이라는 테마에 다시 맞닥뜨리게 된다. 오만방자한 전자화폐지상주의가 초래할 불행을 회피할 방책은 쉽사리 손에 들어오지 않는다. 그것은 결국 개개의 정신의 편력하는 과정을 통해서만 찾아질 수 있는 게 아닐까?

[출처] 니시가끼 토오루, 「인터넷의 미래와 공동체」, 『창작과비평』, 1996년 가을호, 59~78쪽.

제2장

두려움 없는 글쓰기를 위하여

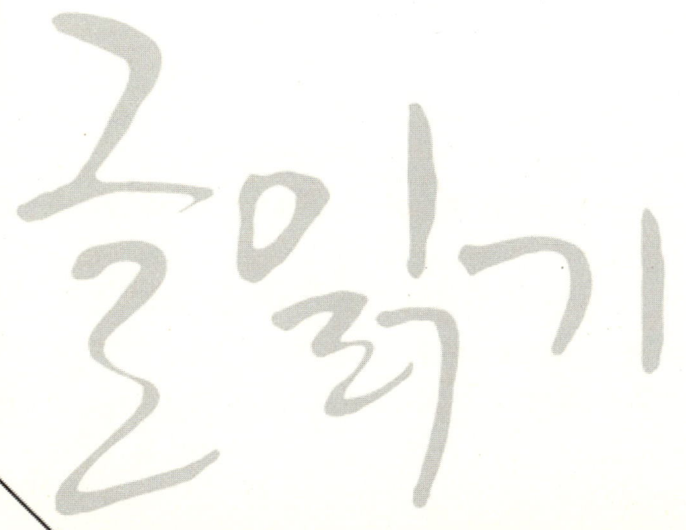

창의력을 성장 동력화하려면

원 광 연

"공기보다 무거운 물체는 결코 하늘을 날아다닐 수 없다", "인간이 발명할 만한 것은 모두 발명해서 더 이상 남아있지 않다", "도대체 영화에서 배우가 말하는 것이 왜 필요하단 말이냐", "전 세계에 컴퓨터 5대면 충분하다", "사람이 읽는 속도보다 빠른 인터넷 속도는 앞으로도 절대 필요치 않을 것이다". 지난 100년간 소위 해당 분야의 전문가들이 장담한 말 들이다. 지금 들으면 어처구니없고 황당한 주장이었지만 전문가들이 그런 말을 할 당시에는 당시의 기술 수준을 고려하고 이를 바탕으로 미래를 예견한 설득력 있는 주장이었다.

이런 통념을 깨고 인간은 부력에 의존하는 대신 유체역학에 기반을 둔 비행기를 발명했고, 전자광학을 화공학에 접목해 사운드가 나오는 토키영화를 개발했다. 컴퓨터 분야에서는 대형화라는 당연한 기술추세를 거슬러 경량화, 소형화를 시도한 결과 미니컴퓨터 시대를 거쳐 퍼스널 컴퓨터가 대중화됐으며, 이제 우리 주위의 모든 물체를 컴퓨터화하는 유비쿼터스 환경을 구축하는 단계로까지 진화하고 있다.

이것이 가능했던 이유는 무엇보다 기존 상식과 통념을 깨는 발상의 전환

이 있었기 때문이며, 그 핵심은 개인의 창의력이라고 해도 무방할 것이다. 문제는 어떻게 개인의 창의력을 키워 사회 전반에 창의적인 분위기가 팽배하는 사회로 전환함과 동시에 이를 국가의 성장동력화하는 것이다. 이에 대한 처방은 없는 것 같지만 30년 전 필자의 경험이 실마리를 제공할 것 같아 소개하고자 한다.

당시 나는 미국 하버드 대학에서 연구원으로 일하고 있었다. 이곳에서 나는 응용수학을 강의하면서 로봇 관련 연구를 2년간 했다. 나보다 훨씬 똑똑한 학생을 가르쳐야 하는 수업시간은 엄청난 중압감이었으나 그보다 더 큰 스트레스는 점심 시간이었다. 수업시간에는 미리 강의 준비를 한 대로 시간을 보내면 됐으나 교수들이 모여 앉아 식사하면서 담소하는 자리는 어떤 이야기가 테이블 위에 올라올지 몰라 그야말로 가시방석이었다.

흥미로운 것은 문제가 주어졌을 때 푸는 능력은 그들과 큰 차이가 없었다는 것이다. 그러나 문제를 만들어 내는 능력은 비교가 되지 않았다. 정작 창의성을 극대화해야 할 부분은 문제를 정의하는 과정이지 해결하는 과정이 아니라는 데 있다.

개인의 창의력을 산업적으로 체화하는 데는 정부의 역할도 크게 작용한다. 일찍이 영국은 국가적 차원에서 창의산업이란 개념을 정립하고 집중 투자해 왔다. 영국의 창의산업은 개인의 창의성을 바탕으로 생성된 지식재산권에 기반을 둔 산업이다. 이 범주에는 우리나라에서도 크게 관심 갖고 육성하고 있는 문화콘텐츠산업도 포함되지만 정보기술(IT)산업에 속하는 소프트웨어산업과 미디어산업도 포함된다.

창의성은 복합적인 것이다. 깊은 지식을 바탕으로 고도의 집중력, 열린사고, 어린아이와 같은 호기심은 창의성이 발휘될 가능성을 높인다. 창의성은 한 분야를 집중적으로 공략할 때보다 인접한 분야를 들여다볼 때 갑자기 폭발한다.

역사적으로도 큰 업적을 남긴 과학자들은 자신의 분야에서 전문성은 물론이려니와 다양한 분야에 관심을 갖고 활동했다. 과학적 창의성과 예술적 창의성은 근본적으로 차이가 없다는 연구 결과도 있다. 과학분야에서 창의성은 20대 초반에서 가장 활발하게 나타난다는 점을 생각하면 10대 청소년들에게 균형있는 교육 기회를 제공하는 것이 중요하다. 인문사회 계열과 이공학 계열을 조기에 갈라 놓는 교육시스템, 지적인 호기심을 키워야 할 시기에 지식을 주입하는 교과과정 등은 지식기반 창의 사회를 지향하는 우리 사회가 가장 먼저 개선해야 할 사안이다. 창의력은 이 세상에 아무도 생각하지 못했던 문제를 만들어 내는 능력이고, 이것이 우리가 진정한 선진국으로 발돋움하는 열쇠이다.

[출처] 원광연, 「창의력을 성장 동력화하려면」, 〈세계일보〉, 2010년 2월 18일자.

이 세상 모든 것들은 연결돼 있다

이 인 식

가을이 다가오면서 귀뚜라미 소리가 더욱 을씨년스럽게 들린다. 한 무리의 귀뚜라미들은 날개를 문질러 동시에 소리를 낸다. 이렇다 할 만한 지능을 갖지 못한 벌레들이 어떻게 행동의 동기화(同期化)를 이뤄낼 수 있을까? 그 해답을 찾기 위해 출현한 학문이 네트워크 과학(network science)이다.

서양에서는 지구상의 모든 사람이 다섯 다리만 건너면 어느 누구와도 안면을 틀 수 있다는 속담이 있다. 다시 말해 서로 모르는 두 사람,가령 부산 사나이와 뉴욕 아가씨도 기껏해야 여섯 단계밖에 떨어져 있지 않다는 것이다. 이른바 '여섯 단계의 분리' 개념이다.

우리들은 수백 명의 사람과 알고 지낸다. 만일 우리가 각자 100명의 친구를 갖고 있다고 가정하면 1단계에서는 친구 100명,2단계에서는 친구 100명의 친구들인 1만 명,3단계에서는 100만명과 연결된다. 자신으로부터 두 다리만 건너도 100만명과 연줄이 닿을 수 있다. 4단계에서는 1억명,5단계에서는 100억명이 되므로 세계 인구 65억명의 어느 누구와도 아는 사이가 된다. 여섯 단계의 분리 개념은 인류 모두가 연결될 정도로 지구가 비좁다는 의미에서 작은 세계(small world) 현상으로 알려져 있다. 작은 세계 현상은 경제학에서 유행병학에 이르기까지 다양하게 활용되고 있다. 작은 세계

효과가 현실세계의 여러 현상에서 발생할 수 있기 때문이다. 예컨대 작은 세계 효과는 뇌 안의 신경세포가 연결되어 있는 네트워크, 여자들이 함께 사는 기간이 길어질수록 월경주기가 일치되는 현상, 헛소문이 삽시간에 퍼져나가는 이유를 설명할 수 있을 것으로 기대된다.

작은 세계 현상이 다양한 환경에서 나타난다는 사실은 그 내부에 공통적인 원리가 숨겨져 있다는 의미일 수밖에 없다. 자연 세계와 인간 사회에 존재하는 여러 형태의 네트워크 속에 공통적으로 숨겨져 있는 간단한 법칙을 찾아내기 위해 네트워크 과학이 탄생하게 됐다. 말하자면 네트워크 과학은 인체, 인터넷, 인간관계 등 세상의 모든 것들을 서로 연결된 네트워크로 보고 공통점을 발견하려는 학문이다. 따라서 물리학,생물학,경제학,사회학,인류학,컴퓨터 과학 등의 학제간 연구가 불가피하다.

네트워크 과학은 다음과 같은 문제의 해답을 찾아 나서고 있다. 수백만 마리의 반딧불이들은 거의 완벽하게 동시에 불빛을 깜빡인다. 지능이 거의 없는 곤충들이 언제 불을 켜고 켜지 말아야 하는지를 어떻게 미리 알 수 있을까? 귀뚜라미들은 외부의 지휘를 받지 않고 어떻게 소리를 함께 낼까? 심박 조율세포는 어떻게 심장을 고동치게 하는 걸까? 네트워크 과학은 반딧불이, 귀뚜라미, 심박 조율 세포가 지휘자의 도움도 받지 않고 리듬을 함께 맞춰 행동의 동기화를 해내는 원리를 연구한다.

네트워크 과학의 연구 주제는 끝이 없다. 인터넷이나 송전망 같은 거대한 네트워크는 우연한 작동 착오에 어느 정도로 취약할까? 전 세계 생태계를 건강하게 유지하는 데 있어 결정적 역할을 하는 종은 무엇인가? 에이즈를 비롯한 여러 전염병의 확산을 효과적으로 막을 최선의 전략은 무엇일까? 새로운 아이디어가 유행하는 이유는 뭘까? 아무도 회사가 직면한 문제를 해결할 정보를 갖고 있지 않은 상황에서 회사 전체가 혁신되고 성공적으로 적응할 수 있는 방법은 무엇일까? 합리적으로 보이는 개개인의 투자 전략에서 비이성적인 투기 거품이 일어나고, 거품이 꺼진 뒤에 그 사람들의 손실이 경제 전반으로 확산되는 이유는 무엇일까?

네트워크 과학은 이러한 의문들이 한 가지 공통점을 갖고 있다는 사실을 확인했다. 사람 뇌의 신경세포 네트워크, 반딧불이 무리의 동기화된 행동, 모든 생태계의 먹이사슬망 등 자연현상에서부터 경제의 거품 현상, 정치적 격변, 문화의 유행 등 사회현상에 이르기까지 거의 모든 것에서 작은 세계 현상이 거의 똑같이 나타난다는 것이다.

네트워크 과학은 우리 모두가 남남이 아니라 이웃사촌이라는 평범한 진리를 다시금 일깨워준다. 이 세상은 얼마나 좁고 연줄로 끈끈하게 얽혀 있는가!

[출처] 이인식, 「이 세상 모든 것들은 연결돼 있다」, 〈부산일보〉, 2006년 9월 1일자.

우주개발 어떻게 해야 하나

정 선 종

위험을 무릅쓰며 히말라야 정봉을 기어오르듯이, 인류가 존재하는 한 우주 탐험은 계속될 것이다. 우주 탐험에 필요한 장비를 만들고 이용하는 방법을 우주기술이라 하는데 장비를 생산·판매하거나 우주 정보와 환경을 활용하는 일이 우주산업을 형성한다. 우주 탐험에는 사람과 장비를 수송할 발사체가 필요한데, 발사체를 보유하면 '우주개발국가' 그룹에 속하고, 위성체나 지상장비를 만들고 운용하는 수준이면 '우주이용국가'로 본다. 발사체는 우주개발의 요체이며, 로켓 엔진은 위성체, 발사체, 착륙선 등 모든 우주비행체에 이용되는 기본 기술이다. 우리나라는 경제 규모와 산업기술력에 힘입어 우주개발국가를 지향하고 있으나 아직은 이용국가 수준에 있다고 봐야 한다.

우주산업은 수익성에 비해 대규모 투자가 필요하고, 예산과 기술뿐 아니라 여러 가지 자원이 동원되기 때문에 초기 단계에서는 정부가 주도하게 된다. 발사체는 군사적 이용을 꺼려 기술이전이 쉽지 않기 때문에 자력으로 개발하는 것이 보통이다. 평화 목적의 발사체 소유는 괜찮다고 완화해 놓고도 선진국들이 기술 이전을 막는 것은 극심한 발사체 시장 경쟁 때문이다. 그래서 나로호급 발사체는 자체개발해야 하는데, 여기에는 오랜 기간과 많은 돈이 필요할 것이며 장기간 대규모 예산을 투입하려면 효율적인 추진방식이 요구되는 것이 당연하다.

현재의 개발 방식을 전면 수정해 나로호 같은 실수를 되풀이하지 않도록 해야 한다. 가장 먼저 해야 할 일이 연구 기능과 사업 기능의 분리라고 생각한다. 논문과 특허로 능력을 평가받는 연구과제 관리 체제로 우주사업을 관리하는 일은 기본적으로 잘못된 것이다. 선진국에서 1970년대에 이미 산업체에 넘긴 위성체나 발사체 기술을 복제해 축적하는 데에는 기업체가 사업을 맡고 연구원은 필요한 기술과 시설 지원을 해주면 될 것이다.

한국항공우주연구원은 선진국의 첨단 연구개발 사업에 동참하거나 좀더 미래지향적인 임무를 수행해야 연구자들이 더 큰 보람을 느낄 수 있다. 나로호나 천리안 위성의 경우처럼 과학자의 이름으로 기술적인 사실을 왜곡하거나 과대포장하는 일은 참으로 개탄할 일이다. 책임 문제를 떠나 과학자가 국민의 신뢰를 잃으면 우주개발 사업은 동력을 잃게 될 것이다.

앞으로 발사체의 자체개발에 성공하려면 전문인력의 확보와 활용방식도 바꾸는 것이 좋다. 우주장비의 품질보증은 현장 경험이 많은 고령 인력이 담당해야 하는데, 젊은 연구원들에 밀려 조기퇴직하면 인적자원의 낭비가 아닌가. 예를 들어 발사장을 관리하고 유지·보수하는 일도 전문 연구직보다는 경험 있는 기능직 인력이 맡아야 더 잘할 것이다. 연구과제 예산 지침으로 기술협력에 들어가는 용역비를 지출하기는 쉽지 않다. 사업을 전담할 우주개발청 같은 기관이 필요한 이유다. 항공우주연구원에서 사업 기능을 분리하면 가능할 것으로 보인다.

정부 차원의 사업 추진체제에서도, 현재 교육과학기술부 장관이 맡고 있는 우주개발위원회를 대통령 직속으로 격상할 필요가 있다. 여러 부처의 협력을 만들어내기 위해서는 국가원수의 의지가 필수적이기 때문이다. 국가 우주개발의 궁극적인 목표가 무엇이며, 어디에 중점을 두어야 투자효과를 극대화할 수 있을지도 재검토할 필요가 있다. 전문가뿐 아니라 일반 국민의 의견을 듣는 것도 수익성이 적은 예산 확보를 위해서 소홀히 해서는 안 되는 부분이다.

[출처] 정선종, 「우주개발 어떻게 해야 하나」, 〈한겨레신문〉, 2010년 7월 17일자.

종의 기원에 대한 학설 진보의 역사적 개요

찰스 다윈

나는 종(種)의 기원에 관한 학설 진보에 대해 그 개요를 쓰고자 한다. 최근까지 박물학자들이 종은 불변하는 것이며 저마다 각각 창조된 것으로 믿어왔다. 이 견해는 여러 학자들의 강력한 지지를 얻어왔다. 한편 몇몇 박물학자들이 종은 변화하는 것이고, 현존하는 생물의 종류는 이전에 존재했던 것으로부터 진정한 생식에 의해 태어난 자손이라 믿고 있었다. 고대의 저작자들[1]이 이 주제에 대해 언급한 것을 제외하면, 근대에 이르러 과학적 정신으로 이 주제를 다룬 최초의 학자는 뷔퐁(Buffon)이었다. 그러나 그의 견해는 시대의 흐름에 따라 크게 동요를 거듭해 왔으며, 그는 종의 변천 원인

1) 아리스토텔레스(Aristoteles)는 자신의 저서 ≪자연학(Physicae Auscultationes)≫(제2권 제8장 제2절)에서 비가 내리는 것은 곡식을 키우기 위해서도 아니고, 농부가 거둬들인 들판에 있는 곡식을 썩히기 위해서도 아니라고 말한 뒤, 생물의 체제에도 이 설을 적용시켜 다음과 덧붙였다(나에게 처음으로 이 대목을 가르쳐 준 클레어 그리스 씨의 번역에 의한다). '따라서 [몸의] 여러 부분이 자연계에 있어서 이러한 단순히 우연한 관계밖에 갖고 있지 않다고 생각하면 결코 안 되는 것일까? 예를 들면 치아는 필요에 의해 생기며 앞니는 끊는 것에 적응하여 날카로워지고, 어금니는 평평해져서 음식을 잘게 부수는 데 적합하도록 되어 있다. 그러나 이것은 그러한 일을 위해 만들어진 것이 아니라 다만 우연한 결과이다. 어떤 하나의 목적에 대해 적응하도록 되어 있는 것처럼 보이는 다른 여러 부분도 마찬가지이다. 그리하여 모든 것(즉 하나의 개체의 모든 부분)이 마치 어떤 것을 위해 만들어진 것처럼 보이는 경우에는, 언제나 내재적인 우발성에 의해 만들어지고 보존된 것이며, 그렇게 만들어지지 않은 것은 모두 이미 멸망했거나 멸망해 가고 있다.' 이 글에서는 자연선택의 원리가 어렴풋이 예견되어 있지만, 아리스토텔레스가 자연선택의 원리를 충분히 이해하지 못하고 있었다는 것은 치아의 형성에 대한 설명을 보아도 알 수 있다.

이나 방법에 대해서는 깊이 파고들지 않았기 때문에 그에 대해 자세히 설명할 필요는 없을 것이다.

라마르크(Lamarck)는 이 문제에 대해 주목을 끄는 결론을 내린 최초의 사람이었다. 탁월한 박물학자로서 1801년 자신의 견해를 처음으로 발표했다. 그는 1809년 ≪동물철학 : Philosophie Zoologique≫에서, 그 뒤 1815년에는 ≪무척추동물지(無脊椎動物誌 : Hist. Nat. des Animaux sans Vertébres)≫서론에서 좀 더 폭넓게 이 문제를 다루었다. 이들 저서에서 라마르크는 인류를 포함한 모든 종은 다른 종에서 유래되었다는 설을 주장했다. 그는 최초로 생물계는 물론 무생물계에 있어서도 모든 변화는 법칙의 결과이며, 결코 기적적인 어떤 개입이 있는 것은 아니라는 사실에 주의를 환기시켰다는 점에서 중요한 공헌을 했다. 라마르크가 종은 변화되어 가고 있다는 결론에 도달한 것은 주로 종과 변종을 구분하는 것은 어려운 일이고, 어떤 유(類)에 속하는 여러 종류는 거의 완전한 단계성을 보여준다는 것, 또 사육하고 재배하는 생물의 상이성 때문이었던 것 같다. 변화의 방법에 대해서도, 그는 어떤 것은 생활의 물리적 조건에, 어떤 것은 기존 종류의 교잡에, 그리고 대부분의 것은 쓰임과 쓰이지 않음, 즉 습성 영향에 의한 것이라고 했다. 그는 자연계에서 이루어지는 모든 훌륭한 적응—이를테면 나뭇가지에 난 연한 나뭇잎을 먹고 사는 기린의 긴 목—을 마지막 요인에 의한 것으로 보았던 것 같다. 또한 전진적 발달의 법칙도 믿고 있었으며 모든 종류의 생물은 이와 같이 진보하는 경향을 갖고 있기 때문에, 오늘에도 단순한 생물이 존재하는 것을 설명하기 위해 그러한 생물은 지금도 자연적으로 발생하고 있다고 주장했다.2)

2) 나는 라마르크가 최초로 이 학설을 발표한 날짜를 이 문제에 관한 이시도르 조프루아 생틸레르 씨의 탁월한 저서 ≪일반 박물학사(Hist. Nat. Générale)≫(제2권 405쪽, 1859년)에서 알아냈다. 그의 저서에는 이 문제에 대한 뷔퐁의 결론도 상세하게 설명되어 있다. 나의 할아버지인 에라스무스 다윈(Erasmus Darwin) 박사가 1794년에 간행한 ≪동물생태론(Zoonomia)≫(제1권 500~510쪽)에서 라마르크의 견해 및 그의 의견이 틀린 근거를, 그보다 먼저 대폭으로 설명하고 있는 것은 흥미로운 일이다. 이시도르 조프루아에 의하면 괴테(Goethe)도 1794년과 1795년에 써 두었으나, 훨씬 뒤에 이르기까지 간행하지 않았던 저작의 서론을 통해 똑같은 견해를 가지고 열심히 주장했다는 것을 알 수 있다. 그는 예컨대 소는 무엇 때문에 뿔을 사용하는가가 아니라 어떻게 해서 뿔을 가지게 되었는가 하는 것이, 박물학자에게 있어서 장래의 문제가 될 것이라고 정확하게 지적했다(칼 메딩 박사가

조프루아 생틸레르(Geoffroy Saint Hilaire)는, 그의 아들(이시도르)이 쓴 ≪전기≫에 의하면 이미 1795년에 우리가 종이라고 부르고 있는 것을 같은 형태의 다양한 변형이라고 추정하고 있었다. 모든 사물의 기원 이후, 같은 종류가 쭉 계속되어 온 것이 아니라는 그의 확신은 1828년까지 공표되지 않았다. 조프루아는 변화의 원인을 주로 생활조건, 즉 '환경(monde ambiant)'이라고 생각했던 것 같다. 그는 결론을 내리는 데 신중을 기하여, 이제까지 있었던 종이 지금 변화하고 있다고 믿지는 않았다. 그의 아들은 다음과 같이 덧붙였다. "이 문제는 앞으로 논의되어야 할 것으로 보고, 미래에 맡겨야 할 문제라고 했다."

1813년 웰스(W. C. Wells) 박사는 왕립학회(王立學會 : Royal Society)에서 '피부의 일부가 흑인과 비슷한 백인 여성에 대한 보고'를 낭독했는데, 그 논문은 1818년 그의 유명한 '이슬과 단일 시각(視覺)에 대한 두 가지 논문'이 등장할 때까지 공표되지는 않았다. 그는 이 논문에서 자연선택의 원리를 분명히 인정했고, 이것이 바로 이 원칙을 인정한 최초의 논문이었다고 할 수 있다. 그런데 그는 그것을 인종 간에만 적용했으며 그것도 어떤 일정한 형질에만 국한시켰다. 그는 흑인과 흑백 혼혈아가 어떤 열대병에 대한 면역성을 갖는다고 기술한 다음, 먼저 모든 동물은 어느 정도 변이를 하는 경향을 보여주는 것, 이어서 농업 전문가는 선택에 의해 가축을 개량하는 것에 주목했다. 그는 다음과 같이 덧붙였다. 즉, 이 후자의 경우에 '인위적으로' 이루어지고 있는 것은 "자연에 의해, 비록 그 진행 속도는 느리더라도 동등한 효과를 가지며, 그들이 살고 있는 나라에 적합한 '사람'의 모든 변종이 형성될 때도 이루어졌을 것으로 생각된다. 아프리카 중부지방에 최초로 흩어져 살았던 소수 원주민들 사이에 있었던 '사람'의 우연한 변종에 있어서, 어떤 인종은 다른 인종보다 그 나라에서 발생하는 질병을 이겨내는 데 훨씬 더 용이했을 것이다. 이러한 인종은 결과적으로 번성하고 그렇지 못한

쓴 ≪자연연구자로서의 괴테≫ 34쪽). 독일에서는 괴테, 영국에서는 다윈 박사, 프랑스에서는 조프루아 생틸레르가(바로 뒤에 설명하겠지만) 1794~95년에 종의 기원에 대해 같은 결론에 도달했다는 것은, 대체로 유사한 학설이 거의 같은 시기에 나타난 매우 드문 예라고 할 수 있다.

종족은 쇠퇴하며, 그것은 질병의 공격을 견디지 못해서가 아니라 더 강한 인근 종족과 경쟁할 수 없었기 때문이다. 이미 언급한 바와 같이, 나는 이 강건한 인종의 피부색이 당연히 검은색이었을 거라고 생각한다. 그런데 이와 같은 변종 형성의 경향은 아직도 존재하고 있으며, 시간이 흐름에 따라 더욱더 검은 인종이 생겨났을 것이다. 그리하여 가장 검은 인종이 그 기후에 가장 적합했기 때문에 결국 그 인종은 그들이 태어난 그 나라에서 유일한 인종은 아닐지 모르지만 어쨌든 가장 널리 분포한 인종이 되었을 것이다." 그는 이와 같은 견해를 한랭한 지방의 백인 주민들에게도 확장했다. 미국의 롤리(Rowley) 씨는, 브레이스(Brace) 씨를 통해 웰스 박사의 저서에 나오는 위의 대목에 대해 주의를 환기시켰다.

나중에 맨체스터의 부감도가 된 허버트(W. Herbert) 목사는 '원예잡지' 제4권(1822년)과 상사화과(相思花科 : Amarylidaceæ)에 대한 그의 저서(1837년, 19쪽, 339쪽)에서 "원예의 실험은, 식물학상의 종(種)은 더욱 고차원적이고 영속적인 변종에 지나지 않는다는 것을 반론의 여지없이 증명했다"고 단언했다. 그는 동물들에 대해서도 같은 견해를 적용했다. 허버트 부감독은 저마다 속(屬)에 대해 단 하나의 종이, 처음에 고도로 가변적인 상태에서 창조되고, 그러한 종이 주로 교잡을 통해, 또는 변이를 통해서 현재의 모든 종을 발생케 한 것으로 믿었다.

1826년에 그랜트(Grant) 교수는 담수해면(淡水海綿 : Spongilla)에 관한 유명한 논문(≪에든버러 철학 잡지≫ 제14권, 283쪽)의 결론 부분에서 종은 다른 종에서 유래된 것이며, 그 종의 변화 과정에서 개량된 것이라는 신념을 분명히 표명했다. 이와 같은 견해는 1834년 〈란세트〉라는 주간 의학잡지에 게제된 그의 제55회 강연에도 들어 있다.

1831년에 패트릭 매튜(Pattrick Matthew) 씨는 ≪군함용 목재와 수목 재배≫라는 저서를 냈는데, 윌리스(Wallace) 씨와 나 자신이 〈린네 학회지〉에 발표하고 이 책에서 부연되어 있는(곧 설명하겠지만) 견해와 완전히 같은, 종의 기원에 대한 견해를 피력하고 있다. 그런데 유감스럽게도, 매튜 씨는 자신의 견해를 다른 주제에 대한 저작의 보유편 속에 군데군데 간단하게 설명하고 있을 뿐이어서, 메튜 씨 자신이 1860년 4월 7일자 〈원예신문〉에서 이 문제에 대해 주의를 환기시킬 때까지는 전혀 주목을 받지 못했다. 매튜 씨의 견해와 나의 견해 사이의 차이점들은 그다지 중요한 것이 아니다. 그는 이 세계에는 여러 시대를 통해 계속적으로 거의 서식물(棲息物)이 끊어졌다가 나중에 다시 번성했다고 생각하고 있다. 그리고 그는 만약 그렇지 않다면 새로운 종류가 '이전의 생물군 속의 어떤 틀, 또는 배종(胚種)이 없이' 발생할 수 있었던 것이 된다고 설명했다. 나는 그의 문장의 어떤 구절에 대해서는 확실하게 이해하고 있는지 어떤지 자신이 없지만, 그는 생활조건의 직접적인 작용이 많은 영향을 미치고 있다고 생각하는 것 같다. 그러나 그는 분명히 자연선택이 가진 충분한 힘을 분명히 인정하고 있었다.

저명한 지질학자이자 박물학자인 폰 부흐(Von Buch)는 그의 저서 ≪카나리아제도 자연지≫(1836년, 147쪽) 중에서 변종은 서서히, 더 이상 교잡이 불가능한 영구적인 종으로 변화해 간다는 확신을 명쾌하게 표명했다.

라피네스크(Rafinesque)는 1836년에 간행된 ≪북아메리카의 새로운 식물상(New Flora of North America)≫이라는 저서에서(6쪽) 다음과 같이 기술했다. "모든 종은 한때는 다 변종이었을 것이다. 그리고 다수의 변종이 안정된 특수한 형질을 띠게 됨으로써 점차 종이 되어가고 있다." 그러나 좀 더 나아가서 '그 속의 원형이나 선조를 제외하고'(18쪽)라고 덧붙였다.

1843~44년에 홀더먼(Haldeman) 교수는(보스턴 박물학잡지 제4권 468쪽) 종의 발달과 변화에 대한 가설을 지지하는 논의와 반대하는 논의를 훌륭하게 기술했다. 그는 변화를 지지하는 쪽에 기울어져 있었던 것 같다.

≪창조의 흔적(Vestiges of Creation)≫이라는 저서가 1844년에 발간되었는데, 크게 개정된 제10판에서(1853년) 익명의 저자는 다음과 같이 말했다(155쪽). '심사숙고를 거듭한 끝에 도달한 명제는 다음과 같다. 가장 단순하고 오래된 것부터 가장 고차원의 새로운 것에 이르는 생물의 수많은 계열은 신의 섭리 아래 첫째로 생명의 모든 형태에 주어지며, 일정한 시간 동안 생식을 통해 가장 고등한 쌍자엽류 및 척추동물로 끝나는 체제의 모든 단계에 그것을 강행하는 충동의 결과이다. 그 단계의 수가 많지 않고 일반적으

로 생물적 형질의 차이가 뚜렷하기 때문에, 그 유연(類緣) 관계를 확인하는 데 실제적인 어려움이 있다. 둘째로 생명력과 결합한 또 하나의 충동의 결과이다. 그 생명력은 여러 세대를 거치는 동안 생물체의 구조와 먹이, 서식지의 성질, 기상 요인과 같은 외적 환경에 따라 변화시키는 경향을 가진 것으로, 이것이 자연신학자들이 말하는 '적응'이다.' 이 저자는 체제는 급격한 도약에 의해 발전하지만, 생활조건에 의해 나타나는 결과는 점차적인 것이라고 믿고 있는 것처럼 보인다. 그는 또한 종은 불변하는 것이 아니라는 일반적인 근거를 힘을 담아 주장했다. 그러나 나는 이러한 두 가지의 가정된 '충동'에 의해, 우리가 자연계를 통해 보는 다수의 아름다운 상호적응이 과학적 의미에서 어떻게 설명될 것인지 잘 알 수 없다. 예컨대 딱따구리가 어떻게 하여 그러한 특수한 생활 습성에 적응하게 되었는지에 대해, 그것을 통해 통찰할 수 있을 거라고는 생각되지 않는다. 이 저작은 처음에는 그리 정확하지 않은 지식이 담겨 있어 과학적인 주의가 크게 부족했지만, 그 힘차고 훌륭한 문체로 인해 발간 즉시 널리 읽혀졌다. 나의 관점에서 볼 때 이 책은 영국에서 이 주제에 대한 주의를 환기시키고 편견을 없앴으며, 또 그렇게 함으로써 이와 유사한 견해를 수용하는 토대를 마련했다는 점에서 큰 역할을 했다고 본다.

1846년 노련한 지질학자인 도말리우스 할로이(M.J. d'Omalius d'Halloy) 씨는 비록 짧지만 매우 훌륭한 논문(〈브뤼셀 왕립 아카데미 학보〉 제13권, 581쪽)을 발표했는데, 여기서 그는 새로운 종은 각각 개별적으로 창조되었다기보다는 변화를 수반하는 유래에 의해 생성되었다고 하는 편이 정확할 것이라는 의견을 피력했다. 이 의견이 최초로 공표된 것은 1831년이었다. 오언(Owen) 교수는 1849년(≪사지(四肢)의 본질≫ 86쪽)에 다음과 같이 썼다. "원형의 개념은 실제적으로 그것을 예시하는 동물의 종이 존재하기 훨씬 전부터 지구상에 생물의 모습의 이러한 변형으로 나타나고 있었다. 이와 같은 생물현상의 질서 있는 계승과 발달이 어떠한 자연법칙 또는 2차적인 원인에 의해 일어난 것인가에 대해서는, 우리는 아직도 모르고 있다." 1858년 영국학술협회(British Association)의 강연에서 그는(51쪽) '창조력의 끊임없는 작용, 즉 생물의 예정적 생성의 공리'에 대해 말했다. 더 나아가서 지리적 분포에 대해 설명한 뒤 그는 이렇게 덧붙였다(90쪽). "이러한 현상은 뉴질랜드의 키위(Apteyx)나 영국의 붉은 뇌조(Red Grouse)가 각각의 섬에서, 또 그러한 섬을 위해 따로 창조되었다는 결론에 대한 우리의 신뢰를 뒤흔들고 있다. 또한 동물학자들은 '창조'라는 말을 '무엇인지 알 수 없는 과정'이라는 뜻으로 사용하고 있다는 것을 염두에 두어야 한다." 그는 이 생각에 더욱 부연하여, 붉은 뇌조가 '동물학자들에 의해, 새가 그 섬에서, 또 그 섬을 위해 특수하게 창조되었다는 증거로서 거론되는' 경우에는, "그 동물학자는 주로, 붉은 뇌조가 어떻게 하여 그곳에 있었으며, 또 그곳에만 있는 것인지 알 수 없다는 것을 표현한 것이다. 또한 그 무지를 이러한 방법으로 표현함으로써, 조류와 섬의 기원이 위대한 최초의 '창조 원인'에 있다는 신념을 표명한 것이기도 하다." 이 강연에서 발표된 이와 같은 문장의 전후를 참작하여 판단하건대, 이 탁월한 철학자는 1828년에 키위와 붉은 뇌조가 각각의 고장에 나타난 것은 '어떻게 해서인지 알 수 없는', 또는 '무엇인지 알 수 없는' 어떤 과정에 의한 것이라고 하는 그의 소신이 흔들리고 있음을 느끼고 있었던 것 같은 생각이 든다.

이 강연은 이제부터 말하려는 '종의 기원'에 대한 월리스 씨와 나의 논문을 린네학회에서 발표한 뒤에 있었다. 이 책의 초판이 발간되었을 때 나는 다른 많은 사람들과 마찬가지로 '창조력의 끊임없는 작용'이라는 표현에 완전히 매료되어, 오언 교수도 다른 생물학자들과 마찬가지로 종의 불변성을 확신하고 있다고 생각했다. 그러나 이것은 나의 터무니 없는 착각이었던 것 같다(≪척추동물 해부학(Anatony of Vertebates)≫ 제3권 796쪽). 이 책의 이전 판에서 나는 '의심할 여지없이 원형체의 생물은……'이라는 말로 시작되는 대목(이 책 제1권 35쪽)에서, 오언 교수는 자연선택이 새로운 종의 형성에 조금이나마 영향력을 미친 것을 인정하고 있다고 추론했고, 지금도 나는 이 추론을 옳다고 여기고 있다. 그러나 이것은 부정확하고 증거도 없는 것이다(이 책 제3권 798쪽). 나는 또 오언 교수와 〈런던평론〉의 편집자 사이에 오간 편지를 약간 인용했는데, 이에 의하면 오언 교수가 나보다 먼저 자연선택설을 발표했다고 주장하고 있음이 그 편집자나 나 자신에게도 분명하게 느껴졌다. 나는 이 보고에 대해 놀라움과 만족을 표명했다. 그러나 최근에 발표된 어떤 부분(이 책 제3권 798쪽)을 내가 이해한 바로는, 나는 또다시 부분적으로 또는 전체적으로 오해에 빠져있었다. 다른 사람들도 나와 마찬가지로, 오언 교수의 논쟁적인 문장은 이해하기 어려우며 앞뒤가 맞지 않는다고 한 것은 나에게 큰 위안이 되었다. 자연선택의 원리를 단순히 선언했다는 것에 한해서는, 오언 교수가 나보다 먼저였는지 어떤지는 전혀 중요하지 않다. 이 역사적 개요에서 말한 것처럼, 우리의 누구보다 훨씬 이전에 웰스 박사와 매튜 씨가 선구를 이루었기 때문이다.

이시도르 조프루아 생틸레르(M. lisidore Geoffroy Saint Hilaire) 씨는 1850년에 한 강연(강연의 요지는 1851년 1월의 〈동물학평론〉에 실려 있다)에서, 종의 형실은 '각각의 종이 동일한 상태의 환경에서 존속하고 있는 한, 그러한 종에 고정되어 있고, 주위의 상태가 변화하면 그 형질도 변화한다.'는 것을 믿는 이유를 간단하게 설명하고 있다. '요약해서 말하면, 야생동물에 대한 '관찰'이 이미 종에는 국한된 변이성이 있다는 것을 보여주고 있다. 가축화된 야생동물과 다시 야생화한 가축에서의 실험은, 그것을 한층 더 명백하게 보여주고 있다. 이러한 실험은 또 그렇게 해서 생긴 차이가 '속(屬)의 가치'를 가질 수 있다는 것을 증명하고 있다.' 그의 ≪일반박물학사(Hist. Nat. Générale)≫(제2권 420쪽, 1859년)에는 똑같은 결론이 상세히 기술되어 있다.

최근에 발행된 문서에 의하면 프리크(Freke) 박사는, 1851년(〈더블린 의학잡지〉 331쪽)에 모든 생물은 하나의 원시 형태에서 나왔다는 학설을 발표한 것 같다. 그가 그것을 믿는 근거와 그가 주제를 다루는 방법은 나의 견해와는 사뭇 다르지만 프리크 박사는 현재(1986년) 〈생물의 친화성에 의한 종의 기원〉이라는 논문을 세상에 내놓았기 때문에, 그의 견해에 대해 조금이라도 설명하려는 어려운 시도를 내가 할 필요는 없어졌다고 할 수 있다. 허버트 스펜서 씨는 한 논문(1852년에 〈리더〉지 3월호에 먼저 실리고, 1858년에 나온 그의≪논문집≫에서 재발표된)에서, 생물의 '창조설'과 '발전설'을 매우 훌륭하게, 또 확실하게 대조하고 논의했다. 그는 사육재배 생물의 유사성, 많은 종의 배아가 거치는 모든 변화, 종과 변종을 구별하는 어려움, 일반적인 점진성의 원칙 등을 바탕으로 종은 변화해 왔다고 주장했다. 그리고 그는, 이 변화는 주위 환경의 변화에 의해 일어난 것이라고 했다. 이 저자는 또 심리학을 정신력이나 지능이 점진적으로 발달함으로써 필연적으로 획득할 수 있다는 원리에 입각하여 다루었다(1855년).

1852년 유명한 식물학자인 노댕(Naudin) 씨는 '종의 기원'에 대한 훌륭한 논문(〈원예평론〉 102쪽, 〈박물관 신보〉 제1권 171쪽에서 부분적으로 재발표 되었다)에서 종은 변종이 재배 하에 생기는 것과 비슷한 방법으로 형성된다는 확신을 명쾌하게 얘기하고, 재배 하에서 변종이 만들어지는 과정을 인간의 선택의 힘에 돌렸다. 그러나 그는 자연계에서 선택이 어떻게 작용하는지에 대해서는 언급하지 않았다. 그는 하버트 목사와 마찬가지로, 종은 처음 발생했을 때는 현재보다 더 가변적이었다고 믿고 있다. 그는 궁극적인 목적의 원리라는 것을 강조했다. 그것은 '신비롭고 일정하지 않은 힘이다. 어떤 자들에게는 숙명적이고, 또 어떤 자들에게는 신의 뜻이다. 생물에 대한 그 부단한 작용은 세계의 모든 시대에 각각의 생물의 형태, 크기, 수명을 그것이 일부를 이루고 있는 만물의 질서 속에서의 운명에 따라 결정된다. 각각의 구성원을 자연의 일반적 체제 속에서 그것이 수행해야 할 기능, 즉 그 존재 이유인 기능에 맞도록 하여 전체와 조화를 이루게 하는 것은 바로 이러한 힘이다.'3)

1853년에 저명한 지질학자 카이절링(Keyserling) 백작(〈지질학회보〉 제2계열, 제10권 375쪽)은 소택지에서 발생하는 독기에 의한 것으로 추측되는 새로운

3) 브롱(Bronn)의 ≪진화법칙에 관한 연구(Untersuchungen über die Entwicklungs Gesetze)≫ 중의 인용문에 의하면, 저명한 식물학자이자 고생물학자인 웅거(Unger)는 1852년에 종은 진보와 변화를 거듭한다는 소신을 발표한 것 같다. 또한 돌턴(Dalton)은 1821년에 나온 팬더(Pander)와의 공저 ≪나무늘보의 화석≫에서 똑같은 소신을 피력했다. 이와 같은 견해는 널리 알려진 것과 같이, 오켄(Oken)이 자신의 신비로운 저작≪자연철학(Natur-Philosophie)≫에서 주장한 것이다. 고드롱(Godron)의 저서 ≪종에 대하여(Sur l'Espéce)≫의 인용문에 의하면, 보리 생 뱅상(Bory St. Vincent)과 부르다하(Burdach), 푸아레(Poiret), 그리고 프리스(Fries) 등은 모두 새로운 종이 끊임없이 생기고 있는 것을 인정하고 있었던 것 같다.

또한 나는 이 '역사적 개요'에서 종의 변화를 믿는 자로서, 또는 적어도 개별적인 창조행위를 믿지 않는 자로서 이름을 든 34명 가운데 27명이 박물학의 특수한 여러 분과, 또는 지질학에 대한 저작을 남긴 적이 있는 사람들임을 부언해 둔다.

질병이 발생하여 전 세계에 퍼져가는 것과 마찬가지로, 어떤 시기에는 기존의 종의 씨눈이 특수한 성질을 띤 주위의 분자에 의해 화학적인 작용을 받아, 그로 인해 새로운 종류가 생겼을 것이라는 의견을 제시했다.

같은 해, 즉 7853년에 샤프하우젠(Schaaffhausen) 박사는 뛰어난 소책자(〈프러시아 라인란드 박물학회보〉)를 발표하며 지구상의 생물의 발달에 대해 주장했다. 그는, 대부분의 종은 장기간에 걸쳐 변화하지 않았지만 소수의 종은 변화했다고 추론했다. 그리고 종의 차별은 중간적 단계를 나타내는 종류가 절멸했기 때문이라고 설명했다. '이와 같이 현존하는 식물과 동물은 절멸한 것과 다른 것으로 새롭게 창조된 것이 아니라, 절멸한 것에서 연속적인 생식에 의해 태어난 자손으로 보아야 한다.'

프랑스의 저명한 식물학자인 르코크(M. Lecoq) 씨는 1854년(≪식물지리학 연구≫ 제1권 250쪽)에서, '종이 불변하는 것인가 변이하는 것인가에 대한 우리의 연구는, 두 사람의 탁월한 학자, 조프루아 생틸레르와 괴테가 주장한 사상으로 우리를 안내해 간다'고 말했다. 르코크 씨가 쓴 대작의 곳곳에 실린 다른 글들을 보면, 종의 변화에 대한 그의 견해가 어디까지인지 약간 의심스러운 생각이 든다.

'창조의 철학'은 1855년에 바덴 포웰(Baden Powell) 목사의 저작 ≪세계의 일치에 대한 논집(Essays on the Unity of Worlds)≫에서 매우 뛰어난 수법으로 다뤄져 있다. 새로운 종의 생성은 '규칙적인 것이며 우연한 현상이 아니라는 것', 또는 존 허셜(John Herschel) 경의 표현을 빌리면 '기적적인 과정과는 반대인 자연적 과정'이라는 것을 보여주는 그의 수법은 참으로 훌륭한 것이었다.

〈린네학회 잡지〉 제3권에는 1858년 7월 일에 낭독한 월리스 씨와 나의 논문이 실려 있는데, 이 책의 서문에서 서술한 것과 같이 그 논문에서는 '자연선택'이론이 월리스 씨에 의해 놀라울 정도로 힘차고 명확하게 제창되어 있다.

모든 동물학자들이 깊은 존경을 바치고 있는 폰 베어(von Bear)는 1859년 무렵(루돌프 바그너 저 ≪동물학적 인류학적 연구≫ 1861년, 51쪽 참조)에, 주로 지리적 분포의 여러 법칙을 근거로 하여 지금까지 완전히 다른 여러 종류들이 단일한 조상의 종류에서 유래한 것이라는 확신을 피력했다.

1859년 6월에 헉슬리(Huxley) 교수는 왕립과학연구소에서 '동물생명의 영속적인 여러 형태'에 대해 강연했다. 그는 그것에 해당하는 여러 가지 예를 인용하여 다음과 같이 말했다. "만약 우리가 동식물의 각각의 종 또는 체제의 각각의 커다란 형태가 오랜 간격을 두고 지구 표면의 각자의 창조적 행위에 의해 만들어졌다고 가정한다면, 그러한 사실의 의미를 이해하기는 곤란할 것이다. 이러한 가정은 자연계의 일반적인 유사성과 상반되는 것이며, 또 전설이나 신의 뜻에 의해서도 지지를 얻지 못할 것이다. 이에 반해 '영속적인 여러 형태'를 종은 어떠한 시기에 생존한 것과 그 이전에 존재했던 종이 점차 변화한 결과로 간주하는 가설, 즉 지금까지 증명되지 않았을 뿐만 아니라 어떤 지지자들에 의해 오히려 비참한 혹평을 받았다. 그러나 유일하게 생리학의 지지를 얻고 있는 그 가설과 관련하여 생각한다면 그러한 영속적인 여러 형태의 존재는, 생물이 지질시대 동안 받은 변화의 양은 생물이 받아온 모든 종류의 변화에 비하면 극히 작은 것에 지나지 않는다는 사실을 보여주는 것으로 생각될 것이다."

1859년 12월에 후커(Hooker) 박사는 ≪호주의 식물상서론(Introduction to the Australian Flora)≫을 출판했다. 이 대작의 제1부에서 그는 종의 유래와 변화의 진리를 승인하고, 자신이 한 수 많은 관찰을 통해 이 설을 지지했다.

이 책의 초판은 1859년 11월 24일에, 제2판은 1860년 1월 7일에 간행되었다.

◆ ◆

나는 박물학자로서 군함 비글(Begal) 호를 타고 항해하는 동안 남아메리카의 생물 분포와 또 과거에 서식했던 생물과 현존하는 생물의 지질학적 관계에서 볼 수 있었던 모든 사실에 깊은 감명을 받았다. 이러한 사실은 우리나라의 가장 위대한 철학자의 한 사람이 말한 것처럼, 참으로 신비스럽기 그지없는 종의 기원에 대해 조금의 빛을 비춰준 것 같은 느낌마저 든다. 귀국한 뒤 나는 1837년 즈음에 이 의문과 관련이 있다고 생각되는 모든 종류의 사실들을 꾸준히 수집하고 검토하면, 어쩌면 무언가 알 수 있게 되지 않을까 하는 생각이 들었다. 그리하여 5년 동안 이 일에 매달려 골몰한 결과, 그 주제에 대해 생각을 정리하여 짧으나마 기록을 남길 수 있게 되었다. 1844년에는 거기에 살을 붙여서 그즈음 내가 확실하다고 생각한 결론을 개요라는 형태로 정리했다. 내가 이렇게 사적인 사항까지 이야기하는 것은, 내가 경솔하게 결론을 내린 것이 아님을 독자들이 알아주기를 바라서이며 이 점에 대해 양해를 구하는 바이다.

나의 연구는 현재(1859년) 거의 끝나가지만, 완성하려면 2,3년의 시간이 더 걸릴 것이다. 하지만 나의 건강 상태가 그다지 좋지 않아서 우선 그 '초본(抄本)'을 간행하지 않을 수 없게 되었다. 그러나 그밖에도 특별히 이 간행의 계기가 된 사실이 있다. 그것은 현재 말레이 제도에서 박물학을 연구하고 있는 월리스 씨가 종의 기원에 대해 나와 거의 같은 결론에 도달해 있기 때문이다. 그는 지난해에 이 주제에 대한 논문 한 편을 나에게 보내면서, 그것을 찰리 라이엘(Charles Lyell) 경에게 보내달라고 요청해 왔다. 라이엘 경이 그것을 다시 린네학회에 보냄으로써 동학회지 제3권에 수록되었다. 나의 연구에 대해 이미 알고 있었던 C. 라이엘 경과 후커 박사는—후커 박사는 1844년에 쓴 내 논문의 개요를 읽은 적이 있다—영광스럽게도 나의 초고에서 간단하게 발췌하여 월리스 씨의 훌륭한 논문과 나란히 발표하라고 권유해 주셨다.

내가 이번에 간행하는 이 '초본'은 불완전한 것이 되지 않을 수 없다. 이 책에서는 나의 여러 가지 논술에 대해 전거와 저자명을 다 실을 수가 없다. 다만 정확하다는 것은 독자 여러분이 믿어주기를 기대하는 수밖에 없다. 나는 충분히 권위가 있는 것에만 의거하도록 항상 신중하게 주의를 기울이고 있지만, 그래도 오류가 들어 있을 것이다. 이 책에서는 내가 도달한 일반적 결론과 그 예가 되는 몇 가지 사실을 설명하는 데 그쳐야 했는데, 대부분의 경우 그러한 예만으로 충분하리라 생각한다. 내가 내린 결론의 기초가 된 모든 사실과 그 전거에 대해 나중에 상세하게 발표할 필요를 가장 절감하고 있는 것은 누구보다 나 자신이다. 나는 장래의 저작에서 그렇게 하게 되기를 기대하고 있다. 왜냐하면 이 책 속의 어떠한 논점에 대해서도, 내가 도달한 결론과는 종종 정반대되는 결론으로 이끄는 것처럼 보이는 사실을 거의 반드시 제시할 수 있음을 잘 알고 있기 때문이다. 어떤 문제에서도 그 양면에 대한 사실과 논의를 충분히 설명하고 저울질하지 않으면 올바른 결과를 얻을 수 없지만, 이 책에서는 그렇게 하는 것이 불가능한 일이다.

개인적으로 내가 잘 모르는 사람들을 포함하여, 나에게 친절한 도움을 베풀어준 수많은 박물학자들에게, 지면의 부족으로 인해 일일이 충분한 감사의 뜻을 표할 수 없음은 참으로 유감스러운 일이다. 다만 이 기회에 후커 박사가 내게 베푼 깊은 은혜에 대해 언급하지 않을 수 없다. 그는 지난 15년 동안 그 해박한 지식과 탁월한 판단력으로 모든 방법을 동원하여 나에게 도움을 주셨던 것이다.

종의 기원에 대한 문제에서 보면, 박물학자들이 생물 상호간의 유사성과, 그 발생학적 관계, 지리적 분포, 지질학적 변천 및 그 밖의 여러 가지 사실을 검토한 끝에 종은 모두 개개의 독립성을 갖고 창조된 것이 아니고, 변종과 마찬가지로 다른 종에서 유래된 것이라는 결론에 도달할 것이라는 사실은 충분히 예상할 수 있는 일이다. 그러나 이와 같은 결론은 그 논거가 충분한 것이라 할지라도 지구상에 살고 있는 무수한 종이 어떻게 변해왔는지, 그리고 어떻게 하여 우리로 하여금 경탄을 금할 수 없게 하는 그 완전한 구조와 상호적응을 얻을 수 있게 되었는지를 밝힐 수 있을 때까지는 만족할 수 없을 것이다. 박물학자들은 흔히 변이의 원인이 될 수 있는 것으로서 기후나 먹이 같은 외적 조건만을 들고 있다. 뒤에 밝혀지겠지만, 어떤 극히 제한된 의미에서는 그것이 옳을지도 모른다. 그러나 이를테면 딱따구리의 발, 꼬리, 부리, 혀, 구조가 나무껍질 속에 있는 곤충을 잡아먹는 데 훌륭하게 적응하고 있는 것은 단순히 외적인 조건으로만 돌리는 것은 무리한 일이다. 겨우살이는 어떤 종류의 나무에서는 영향을 섭취하고, 그 나무의 씨는 특정한 종류의 새에 의해 운반되며, 그 꽃은 자웅의 구별이 있어서 한

꽃에서 다른 꽃으로 꽃가루를 옮기는 데는 어떤 종류의 곤충의 매개가 절대적으로 필요하다. 그런데 이 기생식물의 구조와 그것이 몇몇 다른 생물에 대해서 가지는 관계를 외적 조건과 습성, 식물 자신의 의지의 작용으로 설명하는 것도 마찬가지로 무리한 일이다.

그러므로 변화와 상호적응의 방법에 대해 명확하게 통찰하는 것이 매우 중요하다. 나는 처음에 관찰을 시작하면서 가축과 재배식물에 대해 면밀하게 연구함으로써 전혀 알려져 있지 않은 이 문제를 해명하는 데 절호의 기회를 얻을 수 있을 것으로 생각했다. 그리고 나는 결코 실망하지 않게 일을 진행시켜 나갔다. 이 경우와 함께 다른 복잡한 문제의 경우에도, 나는 언제나 사육과 재배의 과정에서 발생하는 변이에 관한 지식이 아무리 불완전한 것이라고 해도 가장 훌륭하고 가장 안전한 열쇠를 제공해 준다는 것을 알았다. 대체로 박물학자들은 이러한 연구를 무시하는 것이 보통이지만, 나는 그것이 매우 높은 가치를 지니고 있다는 신념을 갖게 되었다.

이상의 고찰을 바탕으로, 나는 이 초본의 제1장에서 '사육과 재배하의 변이'를 다룰 것이다. 그럼으로써 우리는 대량의 유전적 변이가 적어도 가능하다는 것을 알게 될 것이다. 그리고 그와 동등하거나 그 이상으로 더 중요한 것은, 늘 일어나고 있는 경미한 변이를 인간이 '선택'에 의해 집적시키는 힘이 얼마나 큰 것인지 알 수 있다는 사실이다. 다음에 나는 자연 상태에서의 종의 변이성 문제로 나아갈 것이다. 다만 유감인 것은 이 주제가 매우 간단하게밖에 다룰 수 없다는 것이다. 이 무제를 적절히 다루기 위해서는 매우 많은 사실들을 하나하나 열거하지 않을 수 없기 때문이다. 그렇지만 변이에 가장 적합한 환경이 어떤 것인지 논의할 수 있을 것이다. 그 다음 장에서는 세계의 모든 생물이 높은 기하학적[등비수열적]인 비율로 증시하는 결과 일어나는 '생존경쟁'을 다루려 한다. 이것은 맬서스(Malthus)의 원리를 모든 동식물계에 적용한 것이다. 아마 모든 종에서 생존할 수 있는 것보다 훨씬 많은 개체가 태어나고, 따라서 빈번하게 생존경쟁이 일어나기 때문에, 어떤 점에서 조금이라도 유리하게 변이하는 생물은 복잡하고 때로는 변화하는 생활조건 속에서 생존기회가 더 많을 것이고, 그리하여 '자연적으로 선택'된다. 유전의 확고한 법칙에 의해 선택된 변종은 어느 것이나 새롭게 변화한 형태를 번식시키게 된다.

'자연선택'의 이 기본적인 문제는 제4장에서 좀 더 자세히 설명될 것이다. 다음에 우리는 '자연선택'이 어떻게 해서 거의 필연적으로 개선이 덜 된 종류의 생물에 많은 '절멸'을 일으키는 원인이 되는지, 그리고 내가 '형질의 분기(分岐)'라고 부르는 것으로 이끌어가는지를 살펴볼 것이다. 그 다음 장에서는 변이와 성장의 관계에 대한 복잡하고 그다지 알려져 있지 않은 법칙에 대해 논할 생각이다. 또 그 다음의 4장에서는 이 학설에서 가장 두드러지고, 또 가장 난제를 다루고자 한다. 그 첫 번째는 단순한 생물 또는 기관이 어떻게 해서 고도로 발달된 생물 또는 정교한 구조의 기관으로 변화하고 완성되어 가는지에 대한 1해, 즉 이행(移行)이라는 문제이다. 두 번째는 본능, 즉 동물의 심리적 잠재력에 대한 문제이다. 세 번째는 잡종형성으로, 종을 교잡하면 생식이 불가능하고 변종을 교잡하면 생식이 가능하다는 문제이다. 그리고 네 번째는 '지질학적 기록'의 불완전함이다. 다시 그 다음 장에서는 시간적으로 본 생물의 지질학적 천이에 대해, 제11장과 제12장에서는 생물의 공간적인 지리적 분포에 대해, 제13장에서는 생물의 분류, 또는 성숙한 상태 및 발생기 상태의 상호 유연관계(類緣關契)에 대해 고찰한다. 그리고 마지막 장에서는 이 책 전권의 간단한 요약과 몇 가지 결론적인 견해를 표명할 것이다.

우리 주위에 살고 있는 모든 생물의 상호관계에 대해 우리가 얼마나 무지한지 인정한다면, 종과 변종의 기원에 대해 아직도 설명할 수 없는 것이 아무리 많다 해도, 아무도 놀랄 필요는 없다. 왜 어떤 종은 분포가 넓고 개체 수가 많은지, 그것과 비슷한 어떤 종은 왜 분포가 좁고 또 개체수가 적은지에 대해 설명할 수 있는 사람이 누가 있겠는가? 그런데 이러한 관계는 이 세계 서식하는 모든 생물의 현재의 행복을, 또 내가 믿는 바로는 장래의 성공과 변화를 결정하는 것으로 고도로 중요한 문제이다. 이 세계의 역사에서, 과거의 여러 지질시대에 살았던 무수한 생물들의 상호관계에 대해 우리가 알고 있는 것은 극히 적은 부분에 지나지 않는다. 수많은 일들이 아직 밝혀지지 않은 상태로 남아 있고, 앞으로도 오랫동안 모르는 상태로 남아 있겠지만, 나는 내가 할 수 있는 한 가장 신중한 연구와 냉정한 판단과 결과, 대다수의 박물학자들이 수용하고 나도 전에는 수용했던 견해, 즉 각각의 종은 개별적으로 창조되었다는 견해가 틀렸다는 것을 더 이상 의심하지 않는다.

나는 종(種)은 불변하는 것이 아니며, 이른바 같은 속(屬)에 속하는 몇몇 종들은 일반적으로는 이미 절멸한 어떤 다른 종에서 유래하는 자손이고, 그것은 어떤 종의 변종으로 인정받고 있는 것은 그 종의 자손인 것과 마찬가지라는 것을 완전히 확신하고 있다. 또한 나는 '자연선택'이 변화의 가장 중요한 방법이기는 하지만 유일한 방법이 아니었다는 것도 확신하고 있다.

[출처] 찰스 다윈, 송철용 역, 「서문」, 『종의 기원』, 동서문화사, 2009, 11~26쪽.

그림으로 보는 시간의 역사

스티븐 호킹

서문

나는 「시간의 역사(A Brief History of Time)」 초판에 서문을 쓰지 않았다. 이 초판의 서문은 칼 세이어건이 써주었다. 나는 서문 대신에 "감사의 말"이라는 제목이 붙은 짧은 글에서, 책이 나오기까지 도움을 준 모든 사람들에게 고마움을 전하는 편이 낫겠다고 생각했다. 그러나 나를 지원해주었던 몇몇 재단들은 그 감사의 말에 이름이 언급된 것을 그다지 기뻐하지 않았다. 그 일 때문에 재단측에 연구비 지원을 요청하는 신청서들이 쇄도했기 때문이다.

나는 「시간의 역사」를 출간했던 출판사, 에이전시, 심지어 나 자신을 비롯해서 그 누구도 이 책이 그 정도의 성공을 거두리라고는 예측하지 못했다고 생각한다. 이 책은 런던의 「선데이 타임스(Sunday Times)」지의 베스트셀러 목록에서 무려 237주 동안이나 자리를 지켰다. 지금까지 그 이상의 기록을 세운 책은 없을 것이다(성서와 셰익스피어의 작품을 제외한다면 말이다). 이 책은 40개국어로 번역되었고, 전세계의 남녀노소를 모두 포함해서 750명당 1권꼴로 팔려나갔다. 마이크로소프트사의 네이선미르볼드(전에 나의

'박사후 과정' 학생이었다)의 말처럼, 마돈나가 섹스와 관련해서 판 것보다 내가 물리학과 관련해서 판 책이 훨씬 더 많은 셈이다.

「시간의 역사」가 거둔 성공은 사람들이 다음과 같은 근원적인 물음에 폭넓은 관심을 가지고 있음을 시사하는 것이다 : 우리는 어디에서 왔는가? 우주가 지금의 모습을 하고 있는 까닭은 무엇인가? 그러나 나는 많은 사람들이 이 책의 여러 부분을 읽기 어려워했다는 사실 또한 잘 알고 있다. 「시간의 역사」의 새로운 판을 발간하는 주된 목적은 많은 그림을 함께 실어서 사람들로 하여금 보다 읽기 쉽도록 만들기 위함이다. 독자들은 그림과 그림 설명만을 보더라도 이 책에서 이야기하려는 중요한 개념들을 어느 정도 이해할 수 있을 것이다.

나는 이 책을 최신 내용으로 새롭게 하고 이 책이 처음 출간된 날(1988년 4월 1일 만우절) 이후로 새롭게 이루어진 이론적, 관측적 결과들을 포함시킬 기회를 얻었다. 그리고 "벌레구멍과 시간여행"을 다룬 새로운 장을 덧붙였다. 아인슈타인의 일반상대성이론은 우리가 벌레구멍, 즉 시공의 서로 다른 영역들을 연결시켜주는 가느다란 관을 만들고 그것을 유지시킬 수 있는 가능성을 제공하는 것 같다. 만약 그렇다면 우리는 그 벌레구멍을 이용해서 은하를 빠른 속도로 여행하거나 심지어는 시간을 거슬러서 과거로 여행할 수도 있을 것이다. 물론 우리는 아직까지 미래에서 온 사람을 보지 못했지만(혹은 본 사람이 있는가?). 나는 그 문제에 대한 가능한 설명에 대해서 살펴볼 것이다.

또한 나는 겉보기로는 물리학의 전혀 다른 이론들처럼 생각되는 이론들 사이에서 유사성 또는 "이중성"을 찾는 분야에서 최근 이루어진 진전에 대해서도 다룰 예정이다. 이러한 유사성은 물리학의 완전한 통일이론의 존재를 강하게 시사하기도 하지만, 또한 다른 한편으로는 그 이론을 단일한 기본 공식으로 표현할 수 없을지 모른다는 사실을 암시하기도 한다. 그 대신에 어쩌면 우리는 서로 다른 상황에서는 근원적인 이론의 서로 다른 반영들을 사용해야 할지도 모른다. 그것은 우리들이 한 장의 지도로 지구 표면을 모두 나타낼 수 없고, 여러 지역에 대해서 각기 다른 지도들을 사용해야 하는 것과 마찬가지 이치이다. 이것은 과학의 통일법칙에 대한 우리들의 관점에 혁명을 일으킬 수 있다. 그러나 그 혁명도 가장 중요한 핵심까지 바꾸어놓지는 못한다. 그 핵심이란, 우주가 일련의 합리적인 법칙들에 의해서 지배되고 있으며 우리가 그 법칙들을 발견하고 이해할 수 있으리라는 것이다.

관측의 측면에서 이루어진 가장 중요한 진전은 코비(COBE : 우주배경복사탐사위성)를 비롯한 여러 공동 연구에 의해서 극초단파 우주배경복사의 요동을 측정한 일이다. 이 요동은 그것이 없었다면 평활하고 균일했을 초기 우주에 나타난 최초의 작은 불규칙성을 가리키는 것으로, '창조의 지문(指紋)'이라고 표현될 수도 있다. 그후 그 불규칙성이 자라나서 은하, 항상, 그리고 오늘날 우리가 발견할 수 있는 우주의 모든 구조를 형성하게 되었기 때문이다. 그 요동의 형태는 우주가 허시간(虛時間)방향으로 어떠한 경계나 가장자리도 가지지 않는다는 주장의 예견과 일치한다. 그러나 우주배경복사의 요동에 대한 그밖의 가능한 설명들과 이 주장을 구분하기 위해서는 더 많은 관측이 필요할 것이다. 그렇지만 수년 이내에, 우리가 시작이나 끝이 없는 완전한 자기충족적인 우주 속에 살고 있다고 믿을 수 있는지가 판가름날 것은 분명하다.

[출처] 스티븐 호킹, 김동광 역, 『그림으로 보는 시간의 역사』, 까치, 1998, V~VI쪽.

각주(脚註) 사용법

강 준 만

각주(脚註)는 시험용 논술과는 무관하지만 리포트 작성 시 꼭 필요하므로 그 사용법을 제대로 알아둘 필요가 있다.

서양에서 1697년에 첫 선을 보인 각주(脚註)는 오늘날 학술성의 최대 증거로 활용되고 있다. 각주는 자주 과시용이다. 그래서 속물적이다. 문학 평론가 임헌영은 "우리나라 글에 각주가 붙은 것은 60, 70년대 미국식 본을 받으면서 그렇게 됐다고 볼 수 있습니다. 현재는 너무 각주식 논문이 많고 어떻게 보면 각주 안 붙여도 되는데 각주 숫자만 늘이려고 관계없는 서적을 집어넣는 것을 보기도 해요"라고 말했다.

독일의 영문학자 디트리히 슈바니츠는 『교양: 사람이 알아야 할 모든 것』에서 자연과학을 특징짓는 표시가 실험이라면 텍스트학에는 '각주'가 있다며, '각주'에 각주를 달아 3쪽에 걸쳐 긴 해설을 늘어놓았다.

"각주가 있어야만 텍스트는 비로소 학술적이 된다. 역사적 학문들이 충분히 학술적이지 못하다는 데카르트주의자의 비판에 대한 반작용으로써 각주는 성립했다. 그로써 텍스트학의 검증 도구로서의 각주는 자연과학 분야의 실험과 동등한 지위를 차지하게 되었다."

슈바니츠는 그러나 각주를 이해하기 위한 본래의 코드는 명예욕이라고 말한다. 각주는 모든 방면에 활용할 수 있는 다목적 무기라는 것이다.

"학자는 본문에서 착용했던 예의범절이라는 가면을 각주 부분에서는 잠시 벗고 자신의 진짜 얼굴을 드러내도 괜찮다. 이런 점에서 각주는 본문보다 더 진실하며, 이 진실을 경쟁자에게 보여주어도 되는 곳이다."

슈바니츠는 많은 전술이 각주에 존재하는 것에 주목했다. 경쟁자의 텍스트를 전혀 인용하지 않은 것, 즉 무시(無視)라는 무기는 다른 학자에게 치명상을 입힐 수 있다고 했다. '인용 카르텔'이라는 것도 있다. 한 학파의 회원들은 원칙적으로 서로가 서로를 인용한다는 것이다.

한국의 '인용 카르텔'은 출신 학교 중심으로 이루어진다. 이걸 실증적으로 조사해보면 아주 재미있는 결과가 나올 것이다. '인용 마피아'라고 부르는 것이 더 나을지도 모른다.

진지해지고 싶어 애쓰는 지식인들은 인용 없는 논문을 쓰고 싶다는 희망을 피력하곤 한다. 그러나 포스트모더니즘의 시대에 그건 부질없거니와 어림도 없는 일이다. 박학다식할수록 '저자의 죽음' 또는 '주체의 죽음'을 인정할 가능성이 높아진다.

지식인은 '철학'과 '창의성'을 참 좋아하는 동물이다. 자기 혼자만의 독특한 철학이나 창의성이 있다는 평가를 받기 위해 안달한다는 것이다. 그래서 각주(脚註) 없는 논문을 쓰고 싶다는 소망을 피력하는 지식인들도 적지 않다. (수필이나 일기를 쓰면 될텐데…….)

우리 시대에 누군가가 자신의 '철학'과 '창의성'을 주장하는 건 단지 그 사람의 독서량 부족을 말해주는 것일 수도 있다는 걸 깨닫는 사람이 얼마나 될까? 이미 여러 지식인들이 독자적인 '철학'과 '창의성'의 허구를 주장하지 않았던가.

"작가들은 점점 독창적으로 글을 쓴다고 생각하는 대신 남의 글을 다시 고쳐 쓴다고 생각한다"(에드워드 사이드), "책들은 항상 다른 책들에 대하여 말하고 있으며, 모든 이야기는 이미 행해진 이야기를 다시 반복하고 있다"(움베르토 에코), "포스트모더니즘의 관점에서 보면 태양 아래에는 새로운 것이 존재하지 않듯이 모든 텍스트는 어디 까지나 그 이전에 이미 존재해 있던 것을 다시 재결합시켜 놓은 것에 지나지 않는다"(김욱동), "글을 쓴다는 것은 곧 남의 글을 인용하는 것이다"(자크 에르만), "글쓰기는 표절이 되고, 말하기는 인용이 된다"(이합 핫산), "창작 행위는 표절 행위다"(블라디미르 나보코프).

수잔 손택은 "인용 설명은(그리고 서로 일치하지 않는 설명을 동등하게 배열시키는 것도) 초현실주의자들의 취향"이라고 말했다. 손택은 초현실주의자다운 감성이 가장 짙게 배인 인물로 발터 벤야민을 꼽고는 그가 열정적으로 인용 설명을 위한 자료를 수집했다고 덧붙였다. 벤야민은 완전히 인용만으로 이뤄진 작품을 쓰려는 야심을 품은 인물이었다는 것이다.

'각주의 정치학'이 그토록 화려하긴 하지만, 학생의 입장에선 각주를 진지하고 성실하게 대해야 할 것이다. 아무리 아직 배우는 학생의 입장일망정 각주를 단지 출처의 증거 제시용으로만 쓰는 건 아까운 일이다. '주관'의 피력과 더불어 다양한 해석을 소개하는 공간으로 폭넓게 활용할 필요가 있다.

각주의 용법은 ① 인용의 윤리, ② 인용의 실용주의(다른 연구자에 대한 서비스), ③ 주장의 근거 확보, ④ 부가 설명(글의 흐름을 방해하지 않기 위해), ⑤ 배경 설명(자상한 서비스 욕구), ⑥ 다른 해석의 소개로 설득력 확보, ⑦ 과감한 견해 피력(본문에 들어갈 경우 설득력의 훼손을 피하기 위해), ⑧ 사적 에피소드 소개(이해에 도움을 주기 위한 것), ⑨ 학술성과 노력의 과시, ⑩ 인용 카르텔의 예의 등 열 가지를 들 수 있다.

당신은 위 열 가지 가운데 몇 가지 용도나 활용하고 있는가? ⑩의 용법은 사용할 필요도 없겠지만 앞으로도 사용해선 안 될 저급한 용법이며, ⑨의 용법은 윤리적이라는 걸 전제로 하여 사용해도 무방하다. 즉, 자신의 리포트를 작성하는 데에 들인 공을 정직하게만 밝힌다면 문제될 건 없다는 것이다.

학생들의 리포트에서 가장 자주 나타나는 문제는 ① 인용의 윤리와 관련된 것이다. 남의 문장을 그대로 가져올 경우에는 반드시 인용부호를 달아야 한다. 인용 부호를 달지 않는 채 자기 문장인 양 처리 해놓고 각주로만 그 출처를 밝히는 건 곤란하다. 물론 그 출처조차 밝히지 않는 건 더 문제가 있는 행위지만 말이다.

본문 속에서 직접 인용 문헌 작성자의 이름을 밝히면서 그의 주장을 소개하는 형식으로 글을 썼을 땐 인용 부호 없이 각주만 달아도 되지만, 이 경우에도 단순한 설명을 넘어서 독창적인 주장이나 독특한 표현엔 인용 부호 처리를 해줘야 하며 전반적으로 문장을 다시 바꿔 써야 한다.

자신이 참고한 책에 나온 각주를 그대로 옮겨와 마치 자신이 그 각주 속의 문헌을 직접 참고한 것처럼 하는 경우도 있다. 물론 뭘 몰라서 그렇게 하는 것이겠지만, 그렇게 하면 안 된다. 이 경우엔 반드시 '재인용'이란 표시를 해줘야 한다. 즉, 내가 A라는 책에 인용된 B라는 문헌을 인용했다면, 각주에 B를 표시한 다음에 그것을 A에서 재인용했다고 밝혀줘야 한다는 것이다.

학생들의 리포트에서 두 번째로 자주 나타나는 문제는 ④ 부가 설명(글의 흐름을 방해하지 않기 위해)과 관련된 것이다. 학생들은 이 용도로 각주를 사용하는 법을 잘 모른다. 글의 흐름에 개의치 않고 모든 걸 본문에서 다 해결하고자 한다. 중요한 게 아닌데도 글의 전반적인 흐름을 방해하는 것이라면 그건 각주로 넘기는 게 좋다.

앞서 임헌영이 지적했듯이, "너무 각주식 논문이 많고 어떻게 보면 각주 안 붙여도 되는데 각주 숫자만 늘이려고 관계없는 서적을 집어 넣는" 경우도 있지만, 그건 어디까지나 전문가들의 문제일 뿐이다. 학생들은 표절을 피하기 위해서라도 각주를 적극 활용하는 글쓰기를 연습해야 한다. 각주까지 표절하는 경우도 있지만, 그건 뭘 몰라서 그런 것으로 이해하고 싶다. 각주 사용법을 익히다 보면 자기 집을 짓는 건축가의 재미 비슷한 걸 느낄 수도 있다. 배우는 입장에서 가장 경계해야 할 것은 표절이다. 표절은 자기 모독이라는 걸 잊지 말자.

[출처] 강준만, 「각주 사용법」, 『대학생 글쓰기 특강』, 인물과사상사, 2005, 278~283쪽.

비윤리적인 연구행위

강명구 외

비윤리적인 연구행위는 위조fabrication, 변조falsification, 표절plagiarism로 구분된다. 위조와 변조는 실험 등 실제 연구과정에서 발생하는 비윤리적인 연구행위이고, 표절은 연구결과를 전달하는 과정에서 발생하는 비윤리적인 연구행위이다. 비윤리적인 연구행위는 다음과 같이 정의될 수 있다.

위조fabrication : 실제로 존재하지 않는 데이터를 만들거나 연구결과를 허위로 만들어 기록하거나 보고하는 것이다.

변조falsification : 연구에 사용된 재료와 장비뿐 아니라 연구과정 등을 조작하여 데이터나 연구결과의 내용을 바꾸거나 삭제하여 실제 사실과 일치하지 않는 결과를 만드는 것이다.

표절plagiarism : 다른 사람의 고유한 생각이나 실험 내용 및 결과를 그것의 출처를 밝히지 않고 사용하는 것이다.

비윤리적인 연구행위는 데이터를 수집하는 과정, 데이터를 처리하는 과정, 연구결과를 제시하는 과정에 모두 해당된다. 우선, 각 단계에서 비윤리적 연구행위가 무엇이며 그런 행위가 왜 허용될 수 없는지 설명하고, 연구

결과를 제시하는 과정에서 자주 발생하는 표절의 원인이 무엇인지, 그것이 어떤 결과를 초래하는지 설명하겠다.

1. 비윤리적인 연구행위의 유형

1) 데이터를 모으는 과정

실험 데이터와 그것을 모으는 과정과 방법은 다양하다. 양질의 실험 데이터를 모으는 것은 매우 중요하다. 예를 들어, 기상을 예보하는 데 슈퍼컴퓨터의 연산 능력은 중요하다. 그러나 수집된 실험 데이터에 문제가 있으면 슈퍼컴퓨터는 신뢰하기 어려운 예측을 할 가능성이 매우 높다. 일반적으로 과학자들은 핵심가설과 데이터가 일치하지 않을 때 일반적으로 가설을 수정하기 보다는 데이터를 먼저 검사한다. 핵심가설을 수정하는 것은 모든 과정을 다시 시작해야 하는 부담이 있다. 따라서 연구자들은 연구 초기에 가설에 부합하는 데이터를 수집하기 위한 노력을 한다. 그 노력이 과도한 집착으로 바뀌면 다음과 같이 부적절한 방식으로 데이터를 수집하는 유혹에 빠지기 쉽다.

• 변인을 적절히 통제하지 않고 데이터 모으기

실험에서 결과에 영향을 주는 모든 변인을 알 수 없으므로 모든 변인을 통제하기는 어렵다. 실험자가 실수로 발견하지 못한 변인이 잘못된 실험의 결과를 가져올 수 있다. 이런 결과로 실험자를 비판할 수 없다. 그러나 그런 실수가 반복되면 그 실험자는 실험을 의도적으로 조작한다는 의심을 받을 수 있다.

• 제3자가 지적한 통제 변인을 생략하기

실험계획이나 가설에 친숙하지 않은 제3자는 특별한 선입견 없이 실험결과에 영향을 줄 잠재적인 통제 변인을 지적할 수 있다. 실험자는 그런 가능성을 잘 알지만 현재 실험의 결과를 보존하기 위해 그런 지적을 무시할 수 있다. 이런 행위 역시 실험을 의도적으로 조작하는 잘못된 행위이다.

• 부적절한 샘플 크기를 사용하기

어떤 연구의 결과가 상대하는 샘플의 크기가 너무 작아서 그 결과를 신뢰하기 어려울 수 있다. 연구자가 이 문제를 알지 못했다 해도 책임에서 완전히 자유로울 수는 없다. 특히 이런 실험이 반복되면 그 책임은 더욱 무겁다. 물론 문제를 이미 알았다면 이는 실험을 조작한 잘못된 행위이다.

• 원하는 관찰 내용만을 선택하기

실험자는 실험의 모든 결과를 보고해야 할 의무가 있다. 가설을 긍정하는 결과만을 선택하거나 보고하는 것은 잘못된 행위이다.

• 일정 기간 동안 보존이 필요한 데이터의 손실

연구자는 일정 기간 동안 원 데이터를 보존할 의무가 있다. 예를 들어, 미국의 NH(National Institutes of Health)는 연구자가 논문 발표부터 최소한 3년동안 원 데이터를 보존할 것을 요구한다.

2) 데이터 처리과정

수집한 데이터를 분석할 때 데이터의 내용이 처음 예측과 일치하지 않을 가능성은 충분히 있다. 분석한 데이터의 내용이 최소한 예측을 반박하지는 않지만 예측을 입증하기에 약할 수 있다. 이런 상황에서 통계 수치의 일부를 수정하는 등 부적절한 방식으로 데이터를 처리하려는 유혹에 빠지기 쉽다.

• 데이터 수정하기

삭제나 수정 등으로 데이터를 가설에 맞게 변화시키는 것은 비윤리적인 행위이다. 모든 실험에서 데이터는 처음에 수집된 상태 그대로 이용되어야 한다.

• 데이터 만들기

연구자는 가설을 뒷받침하려고 데이터를 가공하려는 유혹에 빠지기 쉽다. 가공의 정도가 어느 정도인지 상관없이 이런 행위는 허용될 수 없다.

• 부적절한 통계시험 하기

연구목적에 따라서 다양한 통계시험을 이용한다. 그러나 목적과 통계시험이 맞지 않으면 그것은 부적절한 방식으로 시험이 이루어진 것이다. 예를 들어, 어떤 통계시험은 선형으로 나타나는 데이터의 상관관계의 계수를 결정하는 데 사용된다. 그러나 이 시험을 사용하려는 데이터의 관계가 선형이 아니면 그 시험은 의미가 없고 그 시험을 이용한 결과가 가설을 입증해도 수용될 수 없다.

3) 결과를 제시하는 과정

실험 등 연구의 최종결과는 실험보고서와 논문 등 학술적인 글의 형식으로 발표된다. 이 과정에서 핵심가설과 증거의 일관성을 위해 또는 가설의 입증을 더 강화하기 위해 잘못된 방식으로 실험결과를 변형할 수 있다. 또는 다른 사람의 생각이나 실험내용을 동의를 구하지 않고 사용하거나, 그 생각이나 내용을 자신의 것으로 발표하는 것도 여기에 포함된다.

• 주장과 반대되는 결과를 언급하지 않고 무시하기

반복된 실험의 결과는 실험과정에서 발생하는 변화 때문에 처음 결과와 다를 수 있다. 이런 차이를 확인했을 때는 보고해야 한다.

• 참여하지 않은 연구논문에 이름 올리기

공동 연구에서 어떤 연구자의 이름을 올리거나 빼야 하는지 분명하지 않을 수 있다. 연구에 주요한 기여를 하지 않았다면 이름을 올려서는 안 된다.

• 관련된 다른 연구자의 논문이나 반대 결과의 논문을 생략하기

과학의 발전은 단독으로 이루어질 수 없으며, 상호 수혜의 결과이다. 과학의 발전은 현재 연구에 관련된 다른 연구의 출처를 밝히는 데서 시작된다. 과학자는 독자가 문제와 관련된 모든 측면을 알 수 있도록 해야 한다. 따라서 현재의 연구결과와 반대되는 결과를 담은 논문의 존재도 밝혀야 한다.

• 가설 바꾸기

가설이 처음 예상한 결과와 실험 데이터가 충돌할 수 있다. 그런 경우 가설을 바꾸면 안 되고, 반대 결과를 이끈 가설을 입증하거나 반증할 수 있는 또 다른 실험을 시행해야 한다.

• 희박한 가능성을 확실한 사실로 바꾸기

논문을 쓰는 과정에서 가설의 신뢰도를 처음에는 낮은 가능성으로 제시하다가 나중에 확실한 것처럼 제시하는 사례가 많다. 가설의 진위를 시험하지도 않은 상태로 초록에서 가설이 참이라는 것을 보여준다고 기술하는 사례도 있다. 또한 대조하기 위한 대안 가설을 제안하지 않았지만 그렇게 했다고 주장하는 경우도 있는데, 이는 모두 잘못된 행위이다.

• 상관관계를 인과관계로 결론 내리기

상관관계에 대한 분석으로 인과관계를 찾을 수 있지만, 인과관계와 상관관계는 다르다. 상관관계를 인과관계로 제시해서는 안 된다.

• 부정적인 결과를 보고하지 않기

이것은 데이터를 수정하는 행위와 같은 잘못이다.

• 데이터가 없는 상태에서 초록을 쓰기

학회의 논문 제출 마감 전에 초록을 제출하려고 데이터도 없이 초록을 쓰거나, 초록에 결과는 없고 과정만 제시하기도 한다. 실제로 결과 없이 과정만 제시하는 발표자도 있다. 이런 초록은 제출하면 안 된다.

• 같은 결과를 반복해서 출판하기

동일한 논문을 두 개 이상의 다른 학술지에 게재해서는 안 된다.

• 이름을 올리거나 제출할 때 공동 저자들의 동의를 구하지 않기

논문을 게재하여 공동 저자의 이름을 올릴 때 각 저자의 동의를 반드시 구해야 한다.

2. 비윤리적인 연구행위가 허용될 수 없는 이유

비윤리적인 연구행위가 무엇인지 알아도 그런 행위를 쉽게 범한다. 비윤리적인 행위가 초래할 여러 심각한 결과에 대한 충분한 성찰이 없기 때문이다. 그런 심각한 결과들은 비윤리적인 연구행위가 허용될 수 없는 중요한 이유이다.

첫째, 비윤리적인 연구행위는 과학의 진보를 막을 뿐 아니라 인류에게 큰 악행이 될 수 있다. 예를 들어 환자의 치료를 위해 만든 약이 위조나 변조의 결과이면 그 약이 환자에게 어떤 해악을 끼칠지 쉽게 생각할 수 있다. 과학 연구의 결과가 위조나 변조된 것이라면 과학이 향하는 파국이 무엇인지 분명하다.

둘째, 비윤리적인 연구의 행위자는 다른 사람의 희생으로 부당한 이익을 얻게 된다. 연구의 결과가 다른 사람에게 직접적인 피해를 주지 않을 수 있다. 그러나 그 결과로 얻은 수혜는 다른 사람들이 기만을 당한 결과이다. 예를 들어, 변조된 약으로 얻은 제약사의 이익은 다수에게 끼친 해악의 대

가이다. 또한 변조나 날조된 결과로 연구비를 받는 연구자 때문에 올바른 방식으로 연구를 한 연구자가 연구비를 받지 못하는 불평등이 발생한다.

셋째, 과학 활동에서 가장 중요한 연구자 간의 신뢰를 훼손한다. 현대 과학의 많은 실험은 연구자 단독으로 수행되지 않는다. 같은 연구실 내의 동료 연구자들 그리고 같은 목표로 연구를 하는 다른 연구실의 연구자들이 공동으로 협조하는 과정에서 연구결과를 얻는다. 이런 공조에서 상호 신뢰는 절대적으로 필요하다. 많은 사람들이 약속을 지키지 않으면 약속 자체가 성립할 수 없는 것처럼 많은 연구자가 연구결과를 날조하거나 변조하면 연구 자체가 불가능하고 과학은 존립할 수 없을 것이다.

[출처] 강명구 외, 「부록 4. 비윤리적 연구행위」, 『과학기술 글쓰기』, 서울대학교 출판부, 2009, 50~55쪽.

자연공학계열 글 읽기

제3장

창조적 사고와 현대사회

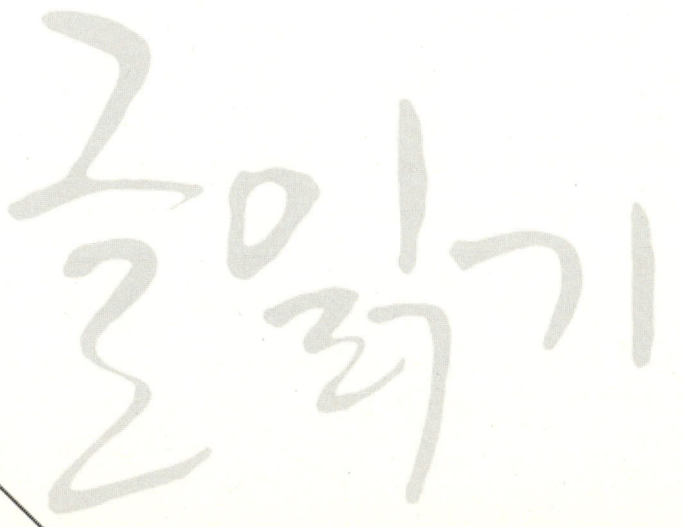

동물도 죽음을 애도한다

최 재 천

6월 6일은 순국선열들의 넋을 기리는 현충일이다. 그날 우리는 나라를 위해 목숨을 바친 이들의 영령 앞에 머리를 숙이고 사랑하는 이의 죽음을 애도한다. 어느 문화권이든 인간은 모두 나름대로 독특한 장례문화가 있다. 우리 무속신앙에도 망자의 혼을 달래는 다양한 의식들이 전한다. 전라도 지방의 씻김굿이 그 대표적인 예이다.

죽음을 이해하기 위해 철학이 생겼고 죽음의 문제들을 해결하기 위해 종교가 탄생했다. 어느 문화권이든 종교는 거의 한결같이 영생을 이야기한다. 종교에 따라 영생의 형태가 조금씩 다르긴 해도, 그 틀은 모두 우리의 유한한 생명의 대안으로 영원한 삶을 추구한다는 데에 있다. 기독교는 우리에게 원죄를 인정하고 조물주 하느님을 영접하면 영생을 얻는다고 가르친다. 불교에서는 살아 움직이는 모든 생물은 다 연결되어 있고 모습을 바꾸며 윤회한다고 믿는다.

동물들도 과연 죽음을 인식하고 슬퍼할까? 일찍이 철학자 윌리엄 어네스트 호킹은 "사람만이 유일하게 죽음의 의미를 생각하며 죽음이 과연 모든 것의 종말인가를 의심할 줄 안다"고 했다. 그러나 제인 구달 박사는 어미의 주검 곁을 떠나지 못하고 거의 식음을 전폐하다시피 지내다 끝내 숨을 거둔 어린 침팬지의 이야기를 우리에게 생생하게 들려주었다. 어린 자식의 축 늘어진 시체를 차마 버리지 못하고 매일같이 품에 안고 다니는 침팬지 어미들을 발견하는 일 또한 그리 어렵지 않다.

네덜란드의 아른헴 동물원은 오래 전부터 침팬지 군락을 보호하고 있다. 침팬지들이 살고 있는 지역은 수로로 둘러싸여 사람들이 가까이 접근할 수 없도록 되어 있다. 바로 그곳이 지금은 미국 에머리 대학의 교수이자 『정치하는 원숭이(Chimpanzee Politics)』의 저자 프란스 드발 박사가 연구하던 곳이다.

드발은 그곳에서 '고릴라'라는 이름의 암컷 침팬지가 여러 차례 갓 낳은 새끼를 잃고 몇 주씩이나 다른 침팬지들을 멀리하며 구석에 쭈그리고 앉아 있는 모습을 관찰했다. 정식으로 정신과 의사의 진단을 받아본 것은 아니지만 거의 틀림없이 우울증에 빠진 침팬지였다. 동물원 관리인들이 조심스레 안겨준 10주쯤 된 어린 침팬지를 양녀로 받아들인 후에야 비로소 그는 깊은 우울증에서 벗어나 새 삶을 찾을 수 있었다.

코끼리들은 다른 동물들의 뼈에는 아무런 관심을 보이지 않는다. 하지만 코끼리의 뼈를 발견할 때면 언제나 그들의 긴 코로 뼈 냄새를 맡으며, 뼈를 이리저리 굴려보기도 하고, 때로는 오랫동안 들고 다니기도 한다. 코끼리들이 그들의 뼈에 관한 관심이 얼마나 큰가 하면 야생동물 사진작가들이 그 모습을 찍으려 할 때 그들이 다니는 길목에 코끼리 뼈 하나를 놓아둔다는 것이다. 코끼리들은 늘 신선한 물과 풀을 찾아 이동하며 살지만. 그렇게 이동하는 중에도 자기 어머니의 두개골이 놓여 있는 곳을 늘 잊지 않고 들러 한참동안 그 뼈를 굴리며 시간을 보낸다.

나도 야외 연구로 동해안을 지날 적이면 늘 바다가 내려다보이는 언덕 위 할아버지 산소를 찾는다. 왜 그래야 하는지는 나도 잘 모르겠다. 그 근방을 지나면서 할아버지의 뼈가 묻힌 그곳을 들러보지 않으면 왠지 발길이 가볍지 않다. 얼마 전 영동지방에 큰 산불이 났을 때도 할아버지의 산소는 신기하게도 불길이 피해갔다. 다행이었지만 그래도 무척이나 뜨거워하셨을 것이다.

죽음은 생명의 원천이다. 죽음이 없으면 생명도 없다. 한 생명이 사라지면 그 자리를 또 다른 생명이 채운다는 의미에서도 그렇지만 아무도 죽지 않고 영생하기 시작하면 곧 모두가 죽고 만다. 지구에 사는 생명체들의 번식력은 실로 가공할 만한 수준이다. 하지만 많은 개체들 중 대부분은 성장하는 과정에 죽기도 하기 때문에 그 중 일부만이 번식을 하게 되고 그래서 이 지구 생태계가 균형 있게 유지되는 것이다.

40대 중반을 넘기지 못하고 요절한 천재적인 생태학자 맥아더(Robert MacArthur)는 1분에 한 번씩 분열하며 성장하는 박테리아를 두고 다음과 같은 가상 시나리오를 쓴 적이 있다. "만일 일단 태어난 박테리아 중 아무도 죽지 않는다고 가정하면, 불과 36시간만에 박테리아는 우리들 종아리 높이만큼 온 지구의 표면을 덮을 것이다. 그로부터 한 시간 후면 우리 키를 넘길 것이고, 몇 달 후면 지구는 저 우주를 향해 빛의 속도로 팽창해나갈 것이다."

죽음 그 자체는 생물학적으로 볼 때 지극히 자연적인 현상이지만 죽음을 애도하는 행위는 유전자의 관점으로 설명하기 대단히 어려운 문제 중의 하나다. 이미 죽은 자는 더 이상 유전자를 후세에 전파할 수 없기 때문이다. 죽음을 애석해 하는 그 애틋한 감정은 유전자에게 과연 무슨 도움을 주었기에 지금도 우리 가슴속에 살아있는가?

[출처] 최재천, 「동물도 죽음을 애도한다」, 『생명이 있는 것은 다 아름답다』, 효형출판, 2001, 54~57쪽.

기계로서 살기보다 인간으로 죽으리라

이 정 우

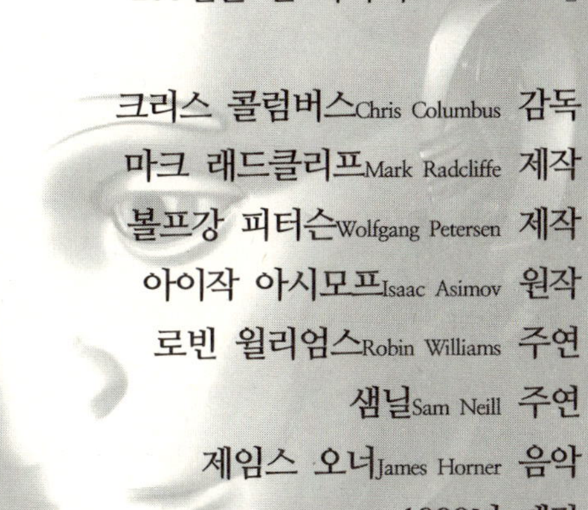

『200년을 산 사나이Bicentennial Man』

크리스 콜럼버스Chris Columbus 감독
마크 래드클리프Mark Radcliffe 제작
볼프강 피터슨Wolfgang Petersen 제작
아이작 아시모프Isaac Asimov 원작
로빈 윌리엄스Robin Williams 주연
샘닐Sam Neill 주연
제임스 오너James Horner 음악
1999년 제작

하나의 개체로서 태어난 존재에게 늘 붙어 다니는 물음은 정체성의 물음이다. 개체성을 부여받은 이상 어떤 형태로든 '自'를 가지게 되며, 자신의 범위, 자와 타(他)의 관계, 자신을 둘러싸고 있는 환경의 의미, 우주 전체에서의 자신의 위치 등등에 대해 의문을 품게 된다. 우리는 이런 의문을 가리켜 정체성 물음이라 한다. 더 복잡한 존재, 주름 잡힌 존재일수록 삶의 환희를 더 많이 느낄 수 있지만, 그 대가로 삶과 죽음에 대한 고뇌 또한 그만큼 크게 짊어진다.

내가 '누구'인가라는 물음은 그 자체로서는 대답을 얻기 힘들다. 모든 존재들이 다른 존재들과의 차이를 통해서만 일정한 정체성을 가질 수 있다면, 이 물음은 내가 속해 있는 전체에서의 나의 '위치'와 상관적으로만 성립하는 물음이기 때문이다. 그리고 이 위치에는 일정한 이름이 붙는다. 그래서 모든 존재는 이름-자리를 자신의 원초적인 정체성으로 가지게 된다. 어떤 존재도 이 이름-자리를 피할 수가 없다.

자연 세계에서 한 존재가 가지는 이름-자리는 그 존재가 속하는 종(種)의 이름-자리이다. 한 마리의 개는 생명계 전체에서 개라는 종이 차지하는 자리, 그리고 '개' 라는 이름에 의해 정체성을 부여받는다. 인간 역시 '인간'이라는 이름과 생명계에서의 그 자리에 의해 일차적으로 정체성을 부여받는다. 그러나 인간은 사회 세계를 형성하면서 살아가며, 때문에 인간에게 이름-자리는 생물학적인 맥락과 동시에 사회학적인 맥락을 가진다. 한 사회에서 한 인간이 가지는 정체성. 그것은 그 인간이 그 사회에서 가지게 되는 이름-자리이다. 김철수는 한 사회에서 제일기획 과장이라는 자리에 앉아 있으며, 그에게는 '제일기획 김 과장'이라는 이름이 붙는다. 그런 한에서 모든 사람들은, 설사 김철수 자신은 부정한다 해도, 그를 어디까지나 제일기획 김 과장으로 생각한다. 그리고 타인의 눈길을 초극할 수 있는 인물이 아닌 한, 어느새 그 이름-자리는 김철수라는 한 인간의 마음속에 각인되어 내면화된다. 따라서 김철수는 어느새 그 이름-자리가 요구하는 기대치에 따라 행위하게 된다. 어떤 존재도 이 이름-자리의 존재론/사회학을 벗어나기 힘들다.

그러나 역으로 어떤 존재도 이 이름-자리에 완전히 만족하는 경우는 없다. 그 이름-자리가 남들이 모두 부러워하는 이름-자리라 해도, 그 이름-자리가 부과하는 압박감이 또는 결여하고 있는 측면이 불만족을 가져오기 때문이다. 또 모든 개체들은 내면의 욕망과 기질을 가지고 태어나며, 그 욕망, 기질과 외면적 이름-자리가 완벽하게 일치하는 경우란 상상하기 힘들기 때문이다. 한편 사람들은 특정한 이름-자리를 얻으려고 즉 "자리를 잡으려고" 발버둥치지만, 동시에 이름-자리의 체계가 가져오는 억압을 벗어나고 싶어 몸부림친다. 그것이 "못해먹겠다"는 단순한 신세타령이든 자유인을 희구하는 형이상학적 몸짓이든, 인간은 그가 전적으로 기계 부품이 아닌 한 끊임없이 사회라는 기계 전체에 대해 회의하고 자신의 이름-자리에 대해 회의한다. 그리고 이런 상황이 한 개체의 절대적 몸짓이 아니라 수많은 개체들 사이의 상대적 몸짓이라는 점에서, 삶이란 필연적으로 갈등과 싸움을 내포하고 있는 것이라 하겠다.

한 인간은 달리기 선수들처럼 동등한 입장에서 출발해 자신의 이름-자리를 찾아가는 것이 아니다. 사회란 이미 일정하게 구조화되어 있고 누구나 그 구조 한가운데에 내던져진다. 때문에 삶이란 자신에게 **주어진** 이름-자리와 자신이 **만들어나가는** 이름-자리 사이에서의 긴장을 내포한다. 이러한 긴장은 한 사회가 일정한 동일자와 그 동일자 바깥의 타자를 날카롭게 나눌 때 가장 첨예하게 나타난다. 타자들은 자신들에게 주어진 이름-자리를 부당하다고 생각함으로써 투쟁하며, 동일자들은 그들의 기득권을 지키기 위해 온갖 수단을 동원한다. 인류의 역사는 동일자와 타자의 역사이다. 그러나 타자의 존재는 문화에 따라 다양하며, 또 시대에 따라 변해간다. 그렇다면 미래의 사회에 등장할 중요한 타자는 과연 누구인가? 그에 대한 여러 답들 중 하나로 우리는 복제된 생명체, 로봇, 안드로이드, 사이보그 등을 생각할 수 있다. 인간에 의해 제작된 존재. 그러므로 일종의 재산, 소유물, 노예로서 태어난 존재, 그러나 자의식을 가지게 됨으로써 자신의 이름-자리에 눈뜨게 되는 존재, 언젠가 인간들은 이런 타자들에 맞닥뜨리게 될 것이다. 「200년을 산 사나이」(Bicentennial Man)는 바로 이렇게 자신에게 주어진 이름-자리에 눈떠가고 그로부터 벗어나려 몸부림치는 한 타자의 이야기이다.

대부분의 SF는 전투를 포함하는 액션으로 치우치게 마련이고 따라서 거대 기업이나 정부 기관, 군대 등이 배경이 된다. 그러나 「200년을 산 사나이」는 '멀지 않은 미래'의 평범한 한 가정에서 벌어지는 이야기를 다루고 있으며, 이 점에서 다른 영화들과는 판이한 분위기를 전달해준다. 이토록 진실감(眞實感) 있고 서정적인 사이버펑크가 가능하다니! 사이버펑크 영화사에서 유니크한 자리를 차지하는 이 작품의 도입부 역시 평범하다. 앤드류는 일반적인 기계들과 마찬가지로 트럭에 실려 한 가정집으로 운반된다. 그를 실은 철제 상자 앞에는 '평생 보증'이라는 문구가 적혀 있다. 앤드류를 신청한 주인인 마틴은 리모트컨트롤로 앤드류를 작동시킨다(그림 1).

앤드유의 본래 이름은 NDR114. 기계에는 늘 이런 식의 이름이 붙는다. NDR114를 본 큰딸은 옆집에서도 늘 보던 흔해 빠진 '앤드로이드'(안드로이드의 영어식 발음)일 뿐이라고 코웃음 쳤지만, 옆에 있던 작은딸은 그 말을

그림 1 안드로이드 NDR114는 리모트콘트롤로 작동되는 기계로서 마틴 가족을 만난다.

잘못 알아듣고 "앤드류?"라고 되묻는다. 그것이 결국 NDR114의 이름이 된다. 이 장면은 의미심장하다. NDRl14는 기계이기 때문에 인간적인 이름이 부여될 수 없다. 그것은 '안드로이드'라고 하는 종(種)의 이름을 부여받을 뿐이다. 우리가 새로 산 책상이나 전기밥솥에 이름을 붙이지 않듯이 이것은 '시리얼 넘버'나 기타의 기호들만을 가질 뿐이다. 그렇다면 그가 가질 수 있는 이름이란 결국 그가 속한 종의 이름을 변형한 것뿐이리라. 그래서 안드로이드인 NDRl14는 '앤드류'가 된다. 종의 이름이 고유명사로 전이된 것이다. 앤드류에게는 '앤드류'라는 이름이 붙었지만 그의 이름-자리는 '안드로이드'라는 종의 이름-자리에 국한된다. 앤드류는 아직 인간과 다른 어떤 종으로서 존재할 뿐 인간들 사이에서 특정한 이름-자리를 부여받지는 못한 것이다.

인간이 기계를 만들어낼 때, 그 기계는 자동적으로 '노예'로서 자리매김되고 이름 붙여진다. 앤드류 역시 마찬가지다. 앤드류의 성격 또한 '성격칩'을 갈아끼움으로써 마음대로 바꿀 수 있는 무엇이다. 또 앤드류는 밥을 먹지 않으며, 몸에서 뽑아낸 코드를 전원에 꽂아 에네르기를 충전시킬 수 있을 뿐이다(그림 2). 나아가 앤드류는 인간과 원활한 소통을 하지 못한다. 인간 사회에서 통용되는 미묘하기 이를 데 없는 표현들과 맥락들을 기계로서는 온전히 따라가지 못하기 때문이다. 그래서 주인인 마틴과 앤드류는 '굿 나잇'이라는 인사 때문에 애를 먹는다. 영화의 초반은 기계의 존재론과 인간의 존재론을 뚜렷이 대비시킨다.

그림 2 전기로 충전되는 앤드류의 신체.

한 사회에서 타자들을 대하는 태도는 사람마다 다르다. 미국 사회에서의 흑인, 전통 사회에서의 여성은 다양한 종류의 눈길들을 받았으며, 미래 사회에서의 안드로이드 역시 그럴 것이다. 주인인 마틴과 '작은아씨'의 태도와 안주인과 '아씨'의 태도는 분명하게 갈라진다. 안주인은 앤드류에게 계속 불편한 시선을 던지며, 큰딸은 그를 노골적으로 골탕 먹인다. 큰딸은 앤드류를 창문 밖으로 뛰어내리게 함으로써 부숴버리고자 한다. 마틴은 그레이스(큰딸)를 혼내고 가족들에게 앞으로 앤드류를 "인간으로서 취급하자"고 말한다. 이제 그를 죽이는 것은 살인인 것이다. 마틴은 기계일 뿐인 앤드류를 사람처럼 취급하자고 함으로써 그에게 호의를 베풀었으며, 집안에서 설 자리를 마련해준다.

앤드류는 기계로서 제작되었지만 처음부터 기계를 초극하는 존재로서 태어났다. 그것이 이 영화의 기본 설정이다. 그것은 달리 말해 그에게 부여된 외적인 **이름-자리**와 그의 **실재**가 일치하지 않는다는 것이다. 한 존재에게 부여된 이름-자리와 그의 실재/정체성이 일치하지 않을 때 그 존재는 방황하게 된다. 그리고 그를 대하는 외부의 눈길 또한 동요하게 된다. NDR114와 앤드류 사이에 존재하는 간극은 이 영화 전체를 이끌고 가는 모티프이며, 이 점에서 이 영화는 이름-자리라는 문제틀을 밑바탕에 깔고 있다. 앤드류는 청소를 하다가 발견한 거미를 마당의 꽃에 살며시 올려놓는다. '생명'의 개념을 아직 모르는 그는 거미를 신기한 듯 쳐다본다. 또 앤드류는 고장 난 축음기를 다시 고치기도 한다. 그러나 그는 아직 인간다운 재미를 느끼지는 못한다. 첨단의 연산장치를 머리에 달고 있는 그에게 체스 경기는 싱겁기 그지없다. 그는 수십 가지 수를 단번에 처리할 수 있지만, 머리를 짜내고 실수하고 기뻐하기도 하는 삶의 재미는 느끼지 못한다. 그런 그에게 중요한 사건이 발생한다.

마틴의 집은 바닷가에 있고 앤드류는 바닷가에서 놀고 있는 두 아가씨를 돌본다. 작은아씨는 마틴에게 유리로 만든 말을 보여주고 그의 손에 쥐어준다. 그러나 마틴은 그 말을 떨어뜨리고 말은 산산조각난다. 앤드류를 좋아하던 작은아씨는 앤드류에게 "보기 싫으니 저리 가"라고 말한다. 그러나 앤드류는 바닷가의 나무 조각들을 보고 힌트를 얻는다. 그리고 예쁜 말을 만들어 작은아씨의 침대에 놔둔다. 작은아씨는 앤드류에게 "내 생애 최고의 선물"이라 하면서 그에게 우피라는 이름의 인형을 선물한다(그림 3). 싸움과 화해, 인간의 사회적 삶은 이 두 요소로 이루어진다. 화해된 싸움은 사랑을 공고히 하고, 화해되지 않은 싸움은 헤어짐을 가져온다. 그리고 이런 과정은 결국 감정 변화의 과정이다. 앤드류는 아직 감정의 기복을 잘 모른다. 그리고 우리는 감정의 밋밋함이 앤드류의 생애 마지막까지 따라다닌 특성이라는 것을 보게 될 것이다. 그러나 앤드류는 다툼과 화해라는 과정을 통해 인생과 사랑을 배우게 되며 작은아씨와 굳은 '인간적 유대'를 맺게 된다. 그는 사회적 삶의 가장 기본적인 양태를 배우게 된 것이다.

그림 3 작은아씨와의 교분은 싸움과 화해를 통해 이루어졌다.

앤드류가 만든 조각품을 보고 가족들은 놀란다. 마틴은 앤드류가 그것을 직접 '디자인'했는지 묻는다. 디자인이란 다분히 인간적인 능력이다. 그것은 무형의 질료에 일정한 형상(形狀)을 부여해 새롭게 창조하는 능력이다. 한 낯선 행성에 착륙한 우주인이 그 행성에 인간적인 지능을 가진 존재가 있음을 알 수 있는 것은 언제일까? 바로 거기에서 디자인된 어떤 사물을 발견할 때이다. 동그랗게, 네모나게, …… 다듬어진 나무가 있다면 거기에 분명 인간적 지능의 소유자가 있을 것이다. 그러나 안주인은 이것을 인정할 수가 없었다. 그녀는 앤드류가 틀림없이 이미 어디에선가 본 형상을 모방했으리라고 생각한다. 로봇이 순수한 창작을 할 수 있으리라고는 생각할 수 없기 때문이다. 그 후 마틴은 늦은 밤에 들려오는 오페라

그림 4 음악에 심취한다는 것, 그것은 마음을 가지고 있다는 것이다.

아리아에 끌려 지하실로 내려간다. 거기에는 아름다운 음악에 흠뻑 빠져 있는 앤드류가 있었다(그림 4). 마틴은 앤드류의 독특함에 다시 한 번 놀라고, (그를 제작했던) 로보틱스 회사로 그를 데리고 간다.

마틴은 NDR114의 제작자에게 앤드류의 독특함을 알리고 상의하고자 하나, 제작자는 그것을 인정하려 하지 않는다. 새로움을 받아들이는 인간과 받아들이지 못하는 인간이 있다. 제작자는 앤드류에게서 '창조적 진화'가 발생했다는 사실을 인정할 수 없었고 그래서 그것을 '신경 장애'로 받아들인다. 마틴은 앤드류를 '유니크한' 존재로 보지만, 제작자는 그것을 '비정상'으로 받아들인다. 열린 마음에게 차이로 보이는 것이 닫힌 마음에게는 동일자를 벗어나는 비정상으로 보이는 것이다. 그는 앤드류를 '그것'이 아니라 '그'라고 부르는 마틴의 화법을 어색해한다. 그가 볼 때 마틴은 단순한 기계 고장을 개성(個性)으로 착각하고 있는 것이다. 그는 '상업적 마인드'를 드러내면서 앤드류의 환불이나 교환, 또는 매매를 제안한다. 그러나 마틴은 "개성을 값으로 매길 순 없다"는 것을 주지시키면서 거절한다.

마틴은 앤드류의 재능이 아까워 그에게 보다 창조적인 일을 맡기려 한다. 그리고 저녁마다 그와 함께 공부하자고 한다. 어쩌면 마틴이 앤드류에게 주는 것 못지않게 앤드류 역시 마틴에게 많은 것을 주지 않았을까? 앤드류를 변화시키면서 마틴 역시 히긴스 교수가 느낀 기쁨 이상의 어떤 창조의 기쁨을 맛보았을 것이다. 마틴은 앤드류에게 "프로그램 되지 않은 세상을 보여주려" 한다. 인간이 누릴 수 있는 최고의 행복은 피그말리온의 행복이다. 생명을 불어넣는 것. 자신과 똑같은 존재를 탄생시키는 것. 마틴은 앤드류의 능력을 개발해줌으로써 이런 피그말리온적 창조를 행하려 한다.

그러나 어쩌면 그 이상일지도 모르겠다. 인간은 시간의 지배를 받는다. 그러나 앤드류는 인간이 아니다. 그래서 마틴은 앤드류에게 "네게 시간은 영원해"라고 말한다. 앤드류는 영원이라는 추상적 개념을 모른다. 그러나 마틴은 인간에 버금가는 능력을 가지고 있으면서도 영원한 시간을 사는 앤드류에게서 '무한한 잠재력'을 본다. 인간의 능력은 유한하며, 죽음은 그의 작업을 중지시킨다. 그러나 앤드류에게는 죽음이 없다. 이 점에서 이 영화에서의 죽음 개념은 「블레이드 러너」의 그것과 정확히 대칭적이다. 영화의 후반부에서 분명하게 드러나겠지만, 로이와 앤드류는 죽음에 관련해 서로 다른 고민을 하고 있는 것이다.

마틴의 배려로 앤드류는 창작에 몰두한다. 바닷가의 나무들을 모아 다양한 시계들을 조각하는 앤드류의 옆에서는 사랑스러운 작은아씨가 늘 그를 지켜본다(그림 5). 그리고 저녁에는 마틴과 대화한다. 마틴은 앤드류에게 생명의 탄생 과정을 이야기해준다. 남녀의 만남, 성교, 수태, 열 달간의 성숙, 산고(産苦), 몇 년간의 양육, 그 후의 교육 등. 인간의 탄생과 성장은 무척이나 비효율적이다. 하나의 컴퓨터 파일이 복제되는 과정에 비교해보라(우리는 「공각기동대」에서 이 문제를 만났다. 인형사가 왜 복제를 수행하기보다는 쿠사나기와 결합하려 했는지를). 하나의 아메바가 분열하는 과정에 비교해보라. 하나의 씨앗이 자라나는 과정에 비교해보라. 고등한 존재가 된다는 것은 그 만큼 복잡하고 비효율적인 탄생·성숙 과정을 거친다는 것을 의미한다. 짐승들은 태어나서 얼마 있지 않아 걷고 활동한다. 인간은 수년을 젖을 먹이고 기저

그림 5 다시는 돌아올 수 없는 행복한 시간.

귀를 갈아주어야 한다. 그리고 또 오랜 기간의 교육이 필요하다. 그러나 바로 그러한 과정을 통해 인간은 기억과 경험, 내면과 지성을 가지게 되며 진정 인간적인 존재로서 성장한다. 기계를 찍어내는 과정에서는 존재할 수 없는 많은 소중한 시간들이 내면에 접혀 들어가는 것이다. 주름의 복잡성이 곧 그 존재의 완전도인 것이다.

그것은 양육하는 사람들의 경우에도 마찬가지다. 사람들은 아기를 키우면서 비로소 진정한 사랑을 깨닫는다. 그러나 앤드류에게는 그 모든 과정들이 참으로 이해하기 힘든 과정이다. 그리고 수많은 정자들 중 하나만이 생존에 성공하고 나머지는 죽는다는 사실도 도저히 이해하기 힘들다. 앤드류는 "이 모든 탄생 과정이 제게는 끔찍해요"라고 말한다. "나머지는 모두 죽다니……."

또 앤드류는 웃음과 유머에 대해서도 배운다. 마틴의 이야기에 폭소를 터뜨리는 안주인의 모습을 보고 앤드류는 그것이 무엇인지 궁금해 한다. 마틴은 여러 가지로 설명하지만 로봇에게 인간적 유머와 웃음의 의미를 가르쳐주기는 쉽지 않다. "닭이 길을 건넌 까닭은?"이라는 물음에 "건너편에 가려고"라는 대답이 왜 웃기는 것인지 앤드류는 이해하지 못한다. 그러나 단 하룻밤 사이에 앤드류는 그 의미를 간파한다. 그리고 다음날 아침 식사 때 밤사이에 고안해낸 웃음보따리를 풀어놓는다(그림 6). 앤드류는 놀라운 학습 능력을 보이며, 단순한 학습을 넘어 인간에 무한히 가까이 갈 수 있는 잠재력을 보여준다. 웃음과 유머를 아는 앤드류는 더 이상 로봇이 아니다.

그림 6 웃음의 의미를 이해하는 로봇인 앤드류.

앤드류는 작은아씨와 피아노를 친다. 피아노를 치면서 정서적 교감(交感)을 터득한다. 음악을 안다는 것, 또 음악을 타인과 공유할 수 있다는 것은 인간의 인간-되기에 핵심적이다. 건반 위에서 움직이는 두 손. 하나는 가녀리고 앙증맞은 작은아씨의 손이

그림 7 인간과 기계의 아름다운 교감.

그림 8 시간의 지배를 받는 인간과 시간을 초월하는 기계.

고 다른 하나는 금속으로 된 커다란 앤드류의 손이다. 그 두 손이 나란히 같은 멜로디를 연주한다. 인간과 기계의 교감을 이토록 아름답게 표현한 장면이 또 있을까(그림 7). 장면은 바뀌어, 꼬마 작은아씨와 함께 피아노를 치는 모습이 다 자란 작은아씨와 연주하는 장면으로 자연스럽게 바뀐다. 앤드류는 그대로이다. 그러나 작은아씨는 어엿한 처녀이다. 로봇은 시간을 초월하지만 인간은 시간만은 초월하지 못한다(그림 8). 그것이 진정한 생명을 가진 존재의 근본적인 운명이다. 그대로인 앤드류와 다 자란 작은아씨는 이전과는 다른 관계를 맺을 수밖에 없다. 존재론적 조건이 달라지면 사회학적 조건도 달라지는 것이다. 앤드류의 이름-자리는 그대로이다. 그러나 작은아씨의 이름-자리는 변했다. 그러나 앤드류와 작은아씨 사이에 존재하는 따뜻한 마음의 교류는 변함이 없다.

앤드류는 꾸준히 시계를 만들고 그 시계들은 최상품으로서 인정받는다. 시계가 너무 많아 거추장스럽자 마틴은 그 시계들을 팔고자 한다. 그렇다면 그 수입은 누구의 것이 되어야 하는가? 앤드류는 마틴 집안의 '소유물'이므로 그 소유물이 만들어낸 것 또한 그 주인의 것이어야 한다. 그것이 신분사회의 규칙이다. 게다가 안주인의 말처럼 앤드류는 쇼핑을 가는 것도, 바캉스를 가는 것도, 외식을 하는 것도 아니다. 로봇에게는 돈이 필요 없는 것이다. 마틴 부인은 "이런 화제 자체가 우습구나."라고 말한다. 미래에 로봇이 사회 문제가 된다면, 그 문제들 중 하나는 틀림없이 소유권을 둘러싸고 벌어질 것이다. 이 영화에서의 해결책보다 훨씬 심각한 형태로 말이다.

그러나 작은아씨는 앤드류에게 소유권을 주어야 하며, 그에게 공정해야 한다고 주장한다. 마틴은 아만다에게 자신은 앤드류에게 공정하게 하겠지만(그래서 마틴은 앤드류에게 계좌를 열어준다), 분명 그는 인간이 아니라고 말한다. 앤드류에 대한 아만다의 애정을 아는 아버지 마틴은 "기계에게 마음을 쓰는 것은 부질없는 짓"이라며 딸을 타이른다. 그 광경을 엿보게 된 앤드류는 쓸쓸하게 돌아선다. 아무리 해도 기계가 인간이 될 수는 없음을 확인하면서.

아만다는 한 남자의 청혼을 받게 되고 그것을 앤드류에게 말한다. 그러나 작은아씨는 다른 한 친구, 즉 너무나 다정하고 재미있는 '특별한 친구' 때문에 그 남자를 잊게 된다고 말한다. 앤드류는 물론 그 특별한 친구가 바로 자기 자신이라는 사실을 모른다. 사람과 사람 사이의 정(情)은 오랫동안의 교감을 통해서 쌓인다. 그리고 정이란 사람과 사람 사이에서만 싹트는 것이 아니다. 앤드류와 작은아씨 사이에 쌓인 정은 한순간의 사랑과는 비교할 수 없는 깊이와 진실성을 내포하고 있다. 그러나 작은아씨는 그 특별한 친구와 결혼할 수 없음을 말한다. 한 존재의 자연적인 이름-자리는 그 존재가 속한 종이다. 종이 다르면 결혼할 수 없다. 앤드류와 작은아씨는 결혼할 수 없다.

그러나 그것만이 이유는 아니다. 한 존재의 사회적인 이름-자리들 중 하나는 신분이다. 신분이 다를 때 또한 결혼이 불가능하다. 인간의 원초적 삶은 혈연(血緣)과 결연(結緣)을 두 축으로 한다. 그리고 혈연과 결연을 지배하는 것은 이름-자리이다. 기계인 앤드류에게는 혈연도 결연도 성립하지 않는다. 왜 '그 친구'와 결혼하지 않느냐는 앤드류의 질문에 작은아씨는 대답하지 못한다. 작은아씨는 다만 들어줘서 고맙다고 할 수 있을 뿐이고, 앤드류는 늘 그렇듯이 "봉사는 제 기쁨이죠."라고 말한다. 이름-자리 때문에 이루어질 수 없는 사랑. 그것이 모든 드라마의 영원한 주제가 아닌가(그림 9).

그림 9 기계와 인간은 혈연(血緣)과 결연(結緣)의 다리를 건널 수 없다.

작은아씨는 앤드류에게 식장 안내를 부탁하고, 앤드류는 옷을 입게 된다(그림 10). 옷을 입는다는 것은 인간으로서 존재함을 뜻하는 동시에 어떤 인간으로서 존재함을 뜻한다. 옷을 입는다는 것은 자연에서 '인간'이라는 이름-자리에 위치함을 뜻하는 동시에, 사회에서 특정한 이름-자리에 위치함을 뜻한다. 이름-자리의 체계가 완고한 사회일수록 더욱 그렇다. 로봇인 앤드류는 옷을 입게 됨으로써 인간에 한 발짝 더 다가서게 된다. 또,

그림 10 사회적 장 속에 들어선 앤드류.

실수로 잘린 엄지를 붙이러 로보틱스사에 간 앤드류는 자신에게 표정을 달라고 말한다. 표정은 마음이 몸을 통해 드러나는 사건이며, 인간을 표현하는 존재로 만들어준다. 그러한 표현에서 각별히 인간적인 것은 감정의 표현이다. 사람들은 인정하지 않았지만, 앤드류는 감정을 표현할 수 있는 진정한 의미에서의 얼굴을 가지게 됨으로써 인간사회에 진입하게 된다.

작은아씨의 결혼식이 거행되고 앤드류는 식장 안내를 맡는다. 행복한 작은아씨를 보내면서 앤드류는 처음으로 웃음을 짓게 된다. 그러나 작은아씨를 보내는 앤드류의 얼굴에는 엷은 쓸쓸함이 나타난다. 자신의 그 표정의 의미를 앤드류는 알고 있을까.

화려한 결혼식이 끝나고 텅 빈 피로연장에는 마틴과 앤드류만이 남는다. 앤드류는 딸과 춤추는 아버지의 영상을 틀어준다. 그 광경을 보는 마틴의 눈에는 쓸쓸히 눈물이 고인다. 자식들이 다 떠나고 텅 빈 집 안에 남은 부모의 심정이 어떤 것이겠는가. 마틴은 말한다. "모든 것은 늘 변해." 지속의 시간은 끝없이 새로운 차이를 도래시키지만, 인간의 둔한 의식은 그 변화를 따라가지 못한다. 그러나 사물들은 의식의 밑바닥에서 늘 변하고 있고, 새삼스럽게 그 변화를 깨달은 의식에게 변화는 늘 불연속으로 다가온다. 갑작스럽게 변화를 깨달은 의식에게 시간은 아련한 추억과 아쉬운 순간들을 던져준다. 갑자기 텅 빈 공간 안에서 마틴은 자신이 혼자 남았다고 생각한다. 그러나 뒤돌아 들어가는 마틴에게 앤드류는 말한다. "주인님, 제가 아직 여기 있잖아요"(그림 11).

그림 11 "제가 있잖아요."

12년 후. 남편과 이혼한 아만다는 아들 로이드를 데리고 친정집에서 살게 되고, 앤드류 역시 그 옆에서 여전히 작은아씨와 생활을 같이 한다. 어느 날 앤드류는 자유에 대한 강렬한 갈망을 느낀다. 물론 이미 앤드류는 더 이상 명령받지 않으며 다만 부탁을 받는다. 그럼에도 그는 자신이 누군가의 소유물이라는 느낌을 떨쳐버리지 못하며, 자유롭고 싶은 욕망을 느낀다. 그것은 외부적 억압에 의해서가 아니라 내부적 변화에 의해서 생겨난 욕망이다. 내부적 변화는 어느 날 갑자기 새로운 욕망을 솟아오르게 만들고, 이후 그 욕망이 시간을 지배한다. 앤드류는 말한다. "인간의 역사를 통틀어 무수한 사람들이 죽음을 불사하고 얻고자 했던 것, 무수한 사람들이 목숨을 걸 만큼 너무나도 소중한 것, 그것이 자유지요." 아만다는 그것이 혹 앤드류가 떠난다는 것을 뜻하지 않는가 생각한다. 그러나 앤드류의 느낌은 어떤 외부적 변화에 기인한 것이 아니다. 자신의 '존재'의 변화에 있는 것이다. 앤드류가 원하는 것은 변화가 아니라 인정이다(그림 12).

그림 12 처음으로 자유를 갈망하게 된 앤드류.

앤드류는 자신의 전 재산을 마틴에게 주면서 자유를 사고자 한다. 그것은 노예가 주인으로부터 자유를 사는 전형적인 방법이다. 마틴은 자신이 평생 앤드류를 사랑으로 대했다고 생각하며(물론 실제 그렇다), 때문에 앤드류의 요구가 마틴에게는 큰 상처로 다가왔을 것이다. 마틴은 앤드류가 아만다의 명령에 따라 그렇게 한다고 생각한다. 마틴의 의식 속에서 아직도 앤드류는 친구 같은 하인인 것이다. 그러나 아만다는 앤드류의 행위가 스스로의 결심에 의한 것임을 말한다. 사실 앤드류를 그렇게 만든 것은 마틴 자신이다. 앤드류는 일반인보다 더 많은 학습을 통해서 지성적인 존재가 되었으며. 그만큼 복잡한 존재가 되었다. 지적인 인간은 범상한 인간이 별로 원하지 않는 것을 원한다. 마틴은 앤드류를 얼마든지 사랑으로 대하겠지만 그가 자신과 동등한 존재이기를 요구하는 것은 참을 수 없었다. 그리고 그가 자신이 그에게 보여준 호의를 저버리려 한다고 생각했다. 때문에 마틴은 앤드류에게 자유를 주면서 떠나라고 한다. 앤드류는 자유를 버리겠다고 하지만

그림 13 '나 자신의 가정'을 가지는 것, 인간의 원초적 욕망.

그림 14 죽음 앞에서 드러나는 진실.

마틴의 마음은 이미 돌아섰다. 마틴은 앤드류에게 더 이상 스스로를 'one' 이라고 하지 말라고 말한다. 로봇은 '나'라 말할 자격이 없기 때문에 스스로를 'one'이라고 말한다. 이제 앤드류는 스스로를 '나'라고 말할 수 있게 되었다. 앤드류는 마틴의 저택 근처 바닷가에 집을 짓는다(그림 13). 아무도 없는 텅 빈 집이지만, 그는 비로소 인간의 원초적 욕망 즉 "나 자신의 가정"을 이루게 된 것이다.

다시 16년의 세월이 흘렀다. 중년이 된 작은아씨는 아버지의 죽음이 임박했음을 알리고, 앤드류는 긴 시간이 지난 후에 드디어 마틴을 다시 만나게 된다. 가족들의 냉대는 여전하지만 마틴은 앤드류를 따뜻하게 맞는다(그림 14). 죽음 앞에서 마틴은 앤드류에게 자신이 옳지 못했음을 말한다. 그리고 앤드류가 자유를 얻게 된 것을 진심으로 축하한다. 마틴을 통해서 앤드류는 단순한 기계를 벗어나 인간에 근접하게 되었고, 앤드류를 통해서 마틴은 변화와 창조의 이치를 깨달았다. 아름다운 만남은 창조를 낳고 잘못된 만남은 파괴를 낳는다. 마틴은 앤드류의 손을 잡고 세상을 뜬다. 피아노를 같이 치던 앤드류와 작은 아씨의 손, 16년의 세월을 기다린 끝에 잡은 마틴과 앤드류의 손. 이 손들에서 우리는 기계와 인간의 위대한 화해를 본다.

마틴의 사후 앤드류는 자신의 운명을 알기 위해서 동족들을 찾아 나서기로 한다. 급속하게 발달하는 안드로이드 제작은 앤드류를 이미 구형(舊形)으로 만들어버렸지만, 어디엔가 흩어져 있을 NDR114들을 찾는다면 그것은 앤드류의 정체성 이해에 도움을 줄 것이다. 그래서 앤드류는 긴 여행을 떠난다. 수많은 NDR114들이 이제는 고철이 되어 여기저기에 버려져 있다. 그러나 마지막으로 한 로봇이 남아 있다는 정보를 얻은 앤드류는 그 동족을 찾아 나선다. 앤드류는 샌프란시스코에서 이 여성형 로봇 갈라테아를 발견하게 되며, 그 로봇에게 '성격 칩'과 관절을 만들어준 루퍼트 번즈를 만나게 된다. 번즈는 로봇에게 인간의 외형을 입히는 연구를 진행하고 있지만 주목을 받지는 못한다. 앤드류는 번즈를 통해서 인간의 외형을 갖고자 하는 꿈을 키우게 된다.

앤드류의 변화는 아직은 외형적 변화에 그친다. 그는 감각을 느끼지도 못하며, 그의 내부 또한 그대로이다. 그러나 인간의 사회적 삶에서 외모란 얼마나 큰 비중을 차지하는가. 사람들은 외모를 가꾸기 위해 밥을 굶기까지 한다. 사물과 인간의 내면을 들여다보는 사람들은 극소수이다. 그리고 오랜 기간 함께 지낸 사람들만이 타인의 내면을 이해한다. 인간의 사회적 삶은 기본적으로 표피적인 성격을 띤다. 사람들이 앤드류를 로봇으로 대하는 것

그림 15 인간의 얼굴을 가지게 된 앤드류. 거울 속에 비친 자기는 지금까지와는 다른 자기이다.

은 일차적으로 그 외모 때문이다. 따라서 앤드류가 인간의 외모를 가진다는 것은 앤드류라는 존재의 사회적 존재 방식에서 근본적인 변화를 함축하는 것이다.

살을 가진 존재, 머리털이 있는 존재, 땀구멍이 있는 손과 발을 가진 존재, 앤드류는 이런 존재로 거듭 태어나게 된다. 그는 적어도 외형상으로는 마흔두 살의 중년 남자로서 존재하게 된 것이다(그림 15). 앤드류는 인간에게 한발 더 다가선다.

한 인간의 외모는 그 개성에 핵심이 있다. 주름살, 덧니, 곰보자국, 주먹코, 너무 큰 머리 같은 특성이 한 인간의 외모상의 개성을 만든다. 특이함이 개성을 만드는 것이다. 그래서 우리는 마치 인형처럼 비슷비슷하게 생긴 연예인들을 보면서 끔찍함을 느낀다. 그리고 그들과 비슷해지려고 발악하는 사람들을 보면서 더 큰 끔찍함을 느낀다. 대중들이 바라는 이상적 외모의 추구는 인간을 동질화하고 획일화한다. 번즈는 안드로이드의 외모를 개발하면서 이 사실을 깨달았고, 그래서 앤드류에게 개성 있는 하나의 얼굴을 만들어준다. 앤드류는 더 이상 NDR114들이 공통으로 가지는 외모가 아니라 그 자신만의 외모를 가지게 된 것이다.

달라진 외모와 함께 이제 앤드류는 20년 만에 고향에 돌아온다. 작은아씨와 늘 함께 하던 피아노에서는 20년 전보다 오히려 더 젊어진 작은아씨가 예쁜 곡을 치고 있다. 그러나 그녀는 작은아씨의 손녀인 포샤. 격세유전은 작은아씨와 흡사한 손녀를 낳았다. 작은아씨는 이미 할머니가 되어 앤드류를 맞게 된다(그림 16). 앤드류는 포샤가 작은아씨의 얼굴을 훔쳐갔다고 생각하고, 작은아씨는 처음에 앤드류를 알아보지 못한다. 생물학적 격세유전과 로봇의 변형, 두 종류의 변화가 교차한다. 생물학적 격세유전은 동일성의 반복을 가져오고, 로봇의 변형은 전혀 새로운 존재 양식을 가능케 한다. 앤드류의 삶에 밝은 의미를 가져다준 작은아씨와의 재회는 감동적이다. 그러나 앤드류가 점점 발전해나가는 그 시간에 작은아씨는 점점 늙어갈 것이다. 영속하는 기계는 삶의 부재라는 대가를 치러야 하고, 풍요로운 삶을

그림 16 할머니가 된 작은아씨와 그녀를 쏙 빼닮은 손녀 포샤. 그러나 기술은 앤드류 역시 중년의 남자로 만들었다. 시간은 모든 것을 변화 시킨다.

살 수 있는 인간은 죽음의 존재라는 대가를 치러야 하는 것이다.

이미 세상을 떠난 주인 마틴, 그리고 점점 더 늙어가는 작은아씨. 자신의 삶에 빛을 주었던 두 사람이 자신에게서 점차 멀어져가는 것을 보면서 앤드류는 견딜 수 없는 고독감에 휩싸인다. 사람들은 죽는다. 그 죽는 사람들을 지켜보면서 기계인 앤드류는 영속해야만 한다. 언젠가 마틴이 그에게 말했듯이, 시간은 그에게 영원하기 때문이다. 외롭게 살아가는 앤드류에게 어느 비 오는 밤 길 잃은 개가 찾아온다. 앤드류는 그 개에게 작은아씨가 주었던 인형의 이름을 따라 '우피'라는 이름을 붙여준다. 앤드류는 가족을 갈망한다. 모든 생명체의 원초적 욕망인 화목하고 따뜻한 가정을. 앤드류는 포샤와의 대화를 간절히 바란다. 앤드류는 '마틴'이라는 성을 이어받았고, 그래서 포샤와 가족을 이루고 싶어 한다. 처음에 삐걱거렸던 그들의 사이는 유머와 웃음을 통해서 풀려나간다(그림 17). 앤드류는 친구이자 가족인 포샤를 얻게 된다.

작은아씨의 임종이 찾아온다. 마틴이 떠났듯이 작은아씨도 떠난다. 앤드류는 이번에도 사랑하는 사람의 죽음을 맞이한다. 앤드류의 손을 잡은 작은

그림 17 웃음을 통해 허물어지는 마음의 벽.

아씨의 손에는 그 옛날 앤드류가 조각해주었던 나무 말이 들려 있었다. 사랑이란 이렇게 늘 엇갈리면서 멀어져가는 것일까. 작은아씨가 사랑했던 존재는 인간이 아니라 로봇인 앤드류였다. 작은아씨는 '특별한 친구'를 평생 사랑했다. 인간은 얼마나 추한 존재인가. 거칠고 무례한 언행(言行), 모순투성이의 마음, 어떻게든 타인을 이기려는 조악한 의지, 이글이글 타오르는 욕망, ……. 작은아씨는 앤드류의 선량하고 변함없는 마음씨를 사랑했다. 그러나 로봇과 인간이라는 존재론적 분절을 뛰어넘을 수 없었던 그들은 마지막 헤어지는 순간에야 서로의 진실을 확인한다. 진실이란 늘 이렇게 행복이 사라지는 그 순간에야 모습을 드러내곤 한다(그림 18).

작은아씨는 숨을 거둔다. 앞으로도 앤드류가 사랑하는 사람들은 하나하나 세상을 떠날 것이다. 생명체는 시간의 부름을 거역할 수 없고 죽음은 그를 시간의 저편으로 실어 나른다. 죽을 수 없는 앤드류는 늘 시간의 이편에 남아져 멀리 시간의 철로(鐵路)를 타고 멀어져 가는 사람들을 지켜보아야 한다. 그런데도 앤드류는 눈물을 흘릴 수 없다. 마음이 있으나 그 마음을 신체적으로 표현할 수 있는 기관이 없기 때문이다. 유물론적 환원주의의 눈길로 볼 때, 마음이란 기관들의 파생물이다. 기관이 발달할수록 마음도 복잡해진다. 물질의 진화 정도가 마음의 진화 정도를 결정한다. 그러나 앤드류는 마음이 존재하지만 그것을 표현할 수 있는 기관은 가지지 못한 존재를 보여준다. 물질이 마음을 파생시키기보다 마음이 물질을 통해 스스로를 표현한다. 「공각 기동대」에서도 보았듯이, 너무나도 유물론적인 분위기 속에서 놀랍게도 우리는 형상철학의 부활을 목도한다. 인형사가 그랬듯이, 앤드류는 몸을 원한다. 이미 몸을 가진 앤드류는 삶의 복잡성을 보다 풍요롭게 느낄 수 있는 진정한 몸을 원하는 것이다.

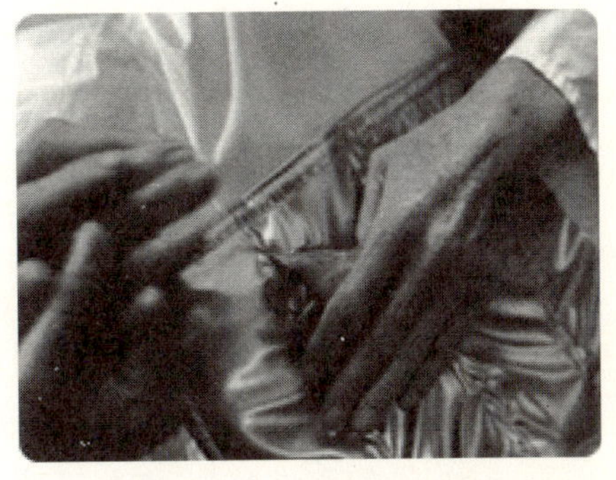

그림 18 말없이 서로의 사랑을 확인하는 앤드류와 작은 아씨.

앤드류는 의학 지식을 총동원해 '기계와 생명체의 이상적 결합'을 시도한다. 자신의 몸을 생명체에 보다 근접하도록 만들려는 것이다. 인간은 테크놀러지를 이용해 끊임없는 변신(變身)을 시도해왔다. 비행기를 통해서 새처럼 날게 되었고, 망원경을 통해서 아르고스보다 더 멀리 보게 되었다. 기계의 발달은 마침내 기계를 만드는 기계를 낳았다. 더 나아가 앤드류는 스스로를 변신시키는 기계의 모습을 보여준다. 앤드류는 중추신경을 장착하게 됨으로써 마침내 획기적으로 증가된 인지감각 능력을 가지게 된다. 인간의 신체에서 모든 부분이 중요하지만 신경(神經)은 특히 중요하다. 보다 고등한 신경 체계가 보다 고등한 생명체의 징표이기 때문이다. 보다 고등한 생명체는 보다 고등한 경험(經驗)을 한다. 경험이 풍부해질수록 또한 감각, 감정, 지각 등이 발달한다. 그리고 이성을 갖춘 인간은 다른 존재들이 꿈도

꿀 수 없는 위대한 경험들(과학, 철학, 예술 등)을 한다. 그러나 보다 고등한 경험은 보다 고등한 고통 또한 동반한다. 불안, 허무감, 광기, 잔혹함, 권태, ……. 번즈는 앤드류에게 이런 점을 경고한다(실제 수술 이후 앤드류는 처음으로 폭력적인 행동을 한다). 밋밋한 편안함인가. 풍요로운 고뇌인가. 앤드류는 멍한 표정의 로봇인 갈라테아를 본다. 그리고 결심한다.

감각이 있는 존재. 그것은 기쁨과 슬픔이 있는 존재이다. 그래서 우리는 기쁨도 슬픔도 제대로 느끼지 못하는 존재에게 '무감각'하다고 한다. 무감각한 존재는 시간과 공간 그리고 물질과 운동만을 가진다. 그러나 감각이 있는 존재는 수많은 풍요로운 것들을 느낄 수 있는 존재이다. 느낀다는 것, 그것은 느끼지 못하는 존재와 전혀 **다른 세계**에서 산다는 것을 뜻한다. 감각을 얻은 앤드류는 포샤에게 자신의 눈을 찔러보라고 한다. 아픔을 느낀 앤드류는 무척이나 기뻐한다(그림 19). 아플 수 있다는 것, 그것이 너무나 기쁜 것이다. 그리고 앤드류는 난생 처음으로 입맞춤을 한다. 포샤와의 입맞춤, 그것은 앤드류가 더 이상 기계로서가 아니라 살을 가진 존재로서 존재함을 함축한다. **살은 물질**이 아니다. 물질은 감미로움도 아픔도 떨림도 간

그림 19 인간은 물질이 아니라 살로 구성된 존재이다.

지러움도 으스스함도 느끼지 못한다. 살만이 이 모든 것을 느끼는 것이다. 살로서 존재한다는 것. 그것은 결코 물체로 환원되지 않음을 뜻한다.

앤드류와 포샤 사이에는 미묘한 감정이 싹트기 시작한다. 포샤는 앤드류를 무도회에 데리고 간다. 화려한 춤이 펼쳐지는 곳에서 앤드류는 하인처럼 우두커니 앉아 있다. 외형으로 보면 인간인 앤드류이지만 내면적으로는 아직 하인이다. 그러나 포샤는 앤드류에게 춤을 청하고 앤드류는 포샤와 춤을 추면서 행복을 느낀다(그림 20). 그러나 포샤에게 앤드류는 '놀라운 기계'이다. 아무리 해도 포샤는 앤드류를 인간으로서 받아들이지 못한다. 포샤는 "우리 사이에 감정이 통하는 듯한" 느낌을 가진다고 말하면서도, 결국 앤드류가 "꼭 인간 같은 기계"가 아니냐고 묻는다. 포샤는 기계에게 마음을 줄 수는 없다고 생각한다. 그러자 앤드류는 오래 전에 마틴이 자신에게 한 말을 포샤에게 한다. "모든 것은 늘 변해(Things always change)." 그러나 포샤는 다른 남자와 결혼을 약속하고, 앤드류는 절망에 빠진다. 그럼에도 그는 화를 내지 못한다. 인간에게 대들지 못하도록 '프로그램 되었기' 때문이다. 그런 앤드류에게 포샤는 화를 낸다. 하인 같은 태도를 버리라고, 실수하고 모험하고 잘못도 저지르라고. 그것이 인간다운 것이다. 인간은 모순덩어리이지만, 그럼에도 "자신만의 진실한 느낌"을 가지고 살아가는 존재, 비합리적인 대화를 할 수 있는 존재, 머리가 아니라 마음으로 느낄 줄 아는 존재인 것이다.

그림 20 감정의 싹은 조금씩 발아하고.

포샤는 "믿어지지는 않지만" 앤드류에게 '마음'이 존재한다고 믿는다.

앤드류는 질투하는 자신에게서 비로소 사랑의 감정을 분명하게 포착한다. 앤드류는 작은아씨를 사랑했지만 그 사랑은 이루어지지 못했다. 그의 이름-자리가 그것을 불가능하게 했고, 또 그에게 명료하고 분명한 사랑의 감정이 불가능했기 때문이다. 마지막 순간에 작은아씨와 앤드류는 사랑을 확인한다. 그러나 앤드류는 이제 사랑의 감정을 절실히 깨닫게 되었고, 번즈의 도움으로 거의 완전한 인간으로 스스로를 변모시킨다. 먹을 수 있고 따라서 맛볼 수 있는 존재, 그리고 이성(異姓)과 육체적인 사랑을 나눌 수 있는 존재로 다시 태어난 것이다. 남녀의 사랑은 육체관계를 맺음으로써 완성된다. 앤드류는 스스로의 이름-자리를 바꾸었다. 그래서 점차 새로운 존재로 변해갔고 이제 인간이 되었다. 앤드류는 **이름-자리란 바뀔 수 있다**는 것을 증명한 것이다. 앤드류는 포샤와 서로 사랑을 확인하고, 마침내 육체적으로 결합한다. 작은아씨와 이루지 못했던 사랑을 그녀와 쏙 빼닮은 손자

그림 21 이름-자리체계를 가로질러 마침내 인간이 된 앤드류.

인 포샤와 이룬 것이다(그림 21).

개인적 사랑과 사회적 결혼은 때로 일치하고 때로는 충돌한다. 사랑은 열린 황홀감을 주지만, 결혼은 닫힌 편안함을 준다. 사랑에 빠진 사람들은 얼마쯤 시간이 지나면 불안정한 황홀감보다는 차분한 행복을 원하게 되며, 그래서 결혼을 원한다. 서로의 사랑을 확인한 앤드류와 포샤에게 남은 일은 결혼이다. 혈연(血緣)은 종(種)에서의 이름-자리를 전제하며, 다소 느슨하다 해도 사회에서의 이름-자리를 전제한다. 포샤와 결혼하려는 앤드류에게는 이제 인간으로서의 사회적 인정이 절실해진다. 앤드류의 경우는 예민한 사회 문제로서 법정에 맡겨진다(그림 22). 판사의 논거에 따르면, 앤드류가 아무리 사람과 "비슷하다"고 해도 그는 인간의 유전자를 갖춘 생명체는 아니다. 그는 생명계의 이름-자리를 가로지른 기묘한 경우일 뿐이다. 앤드류는 반론한다. 만일 자신이 생명체-기계 이중체라면, 사람들 역시 마찬가지라고. 미래 사회에서는 대부분의 사람들이 인공 장기를 달고 살아갈 것이

그림 22 존재론적 변화는 사회학적 승인을 요구한다.

며, 기계－인간 복합체로서 존재할 것이다. 과연 기계와 인간 사이에 날카로운 구분이 가능할까?

그렇다면 단순한 기계와 인간으로 인정받을 수 있는 기계의 차이는 무엇일까? 앤드류는 그것이 바로 '마음'이라고 답한다. 판사가 제시하는 '유전자'라는 생물학적 근거와 앤드류가 제시하는 '마음'이라는 현상학적 근거가 부딪친다. 판사는 또 다른 결정적인 논거를 제시한다. 앤드류는 인공 전자 두뇌를 달고 있으며, 그 때문에 영원히 죽지 않는다. 불멸의 로봇이나 유한한 인간은 가능해도, 불멸의 인간은 용납될 수 없는 것이다. 물론 이 용납될 수 없음은 자연적 불가능성이 아니라 사회적 불가능성이다. 판사는 앤드류가 결국 인공적 기계임을 주지시킨다.

수십 년이 지난 후, 75세가 된 포샤는 죽음을 바라게 된다. 인공 장기를 끝없이 대체하고 DNA제를 상시 복용할 수는 있지만, 때가 되면 돌아가는 것이 자연의 순리인 것이다. "인간이란 세상에 잠시 머물다 떠나는" 것, 생명의 마지막 숨결 하나까지 쥐어짜다가 어쩔 수 없이 죽는 것은 얼마나 비참한 것인가. 자연의 순리를 깨달을 때, 죽음은 더 이상 두렵지 않으며 자연스럽게 받아들여진다. 정말 두려운 것은 죽는다는 것이 아니라 홀로 남는다는 것이다. 앤드류는 마틴, 작은아씨, 포샤 등 사랑하는 사람들을 끝없이 떠나보내고 홀로 남아야 한다. 죽음보다 무서운 것은 사랑이 없는 것이며, 시간의 정지보다 무서운 것은 시간의 무의미이다. 앤드류는 무의미한 미래보다 의미 있는 현재를 원하게 되며, 번즈에게 부탁해 자신을 죽을 수 있는 존재로 만든다. 그러고는 다시 법정 투쟁에 나선다.

그림 23 자신의 '존재'를 끝없이 바꾸어온 앤드류의 회상.

법정에서 앤드류는 말한다(그림

23). “전 항상 어떤 의미(=이유)를 찾곤 했습니다. 나를 바로 나이게 만드는 그 이유를 말입니다.” 모든 존재는 자신에게 주어진 이름-자리에서 살아가며, 때로 그것을 탈피하려 하지만 대부분 거기에 주저앉는다. 앤드류는 기계에서 온전한 인간으로 이름-자리의 체계를 **가로질러** 왔으며, 그때마다 **새로운** 정체성을 부여받곤 했다. 앤드류는 평생 자신의 정체성에 번민하면서 살아온 것이다. 이제 앤드류는 죽음을 받아들여야 하는 ‘인간’이라는 이름-자리에 스스로 섰다. 왜인가? 그것은 바로 “영원히 기계로서 살기보다는 인간으로서 죽고 싶기” 때문이다. “왜 죽고 싶은가?”라는 새 판사(흑인 여성)의 물음에 앤드류는 답한다. “인정받고 싶기 때문입니다.”

인간이 사회적 존재인 한, 그 누구도 타인의 눈길로부터 완전히 벗어날 수 없다. 그러나 앤드류가 원하는 것은 세속적 인정이 아니다. 그것은 자신이 ‘누구’인지 그리고 ‘무엇’인지를, 즉 자신의 **존재**를 있는 그대로 인정해 달라는, 인간으로서 죽고 싶다는 지극히 ‘단순한 진실’에 대한 열망이다. 이 단순한 진실이 앤드류의 실존을 이끌어온 원동력이었다.

앤드류는 판결을 들으면서 숨을 거둔다. 200살이라는 나이는 의미심장하다. 그것은 유한한 인간의 나이도 아니고 영원한 기계의 나이도 아니다. 그것은 기계로 태어났지만 인간이 된 존재, 이름-자리의 체계를 가로질러 다른 존재로 끝없이 스스로를 변화시킨 존재의 나이이다. 「200년을 산 사나이」는 존재론과 사회학을 끝없이 교차시킨다. 한 존재의 ‘존재’와 그 존재에 대한 타인들의 ‘눈길’을. 이 영화만큼 이름-자리의 사유를 아름답고 수준 높게 형상화한 작품은 없다. 온갖 정신 사나운 액션과 유치한 컴퓨터그래픽으로 가득 찬 SF 장르에서 이 영화는 한 송이 외로운 백합처럼 빛을 발하고 있는 것이다.

[출처] 이정우, 「기계로서 살기보다 인간으로 죽으리라」, 『기술과 운명』, 한길사, 2001, 95~139쪽.

먹는 것은 정치적 행위다

-〈사육과 육식〉〈도살장〉〈잡식동물의 딜레마〉-

서 해 성

아스팔트 밥상

먹는 일은 정치적 행위다. 미국산 쇠고기 수입에서 말미암은 촛불집회는 이를 대중적으로 증거하고 있는 진행형 역사다. 쌀 투쟁, 고추 투쟁 등에서 알 수 있듯, 이전까지 농축산과 관련한 투쟁의 참여자는 주로 농민, 축산업자 등 생산자 중심이었다. 이와 달리 촛불집회는 여러 계층을 널리 포괄하는 소비자가 주류다. 농민들이 이름붙인 '아스팔트 농사'에 빗대자면 이는 아스팔트 축산을 넘어 '아스팔트 밥상'이라고 해도 좋을 성싶다. 아스팔트에서 농사를 짓고 소를 친다는 말은 정치·사회적 의사결정에 대중의 민주적 참여 없이 밥상 문제 해결이 결코 쉽지 않다는 것을 은유하고 있다. 밥상이 단지 시장에서 채소와 고기, 조미료 따위를 사서 부엌에서 음식을 만드는 일이 아니라 고도의 사회적 행위라는 뜻이다.

오늘날 인류의 밥상은 거대 자본과 권력에 포섭되어 있다. 명상적 매개물인 촛불을 통해 소비자들이 사회적 성찰을 강하게 요구하고 있는 까닭도 여기에 있다. 먹는 일에 대한 의문과 불신을 넘어서기 위한 몸부림인 셈이다. 그런 점에서 서울시청 앞 광장은 커다란 밥상이자 책상 노릇을 하고 있다. 불행히도 이곳으로 가는 길은 지금 실질적으로 막혀 있다.

촛불집회는 절대 빈곤이 아닌 쇠고기 등 먹는 일에 대해 광범한 대중이 문제를 제기한 인류사적으로 보기 드문 사건이라고 해도 그닥 어긋나지 않은 줄 안다. 그에 비하면 한국사회의 지적 정보량은 턱없이 부족하다고 봐야 할 것이다. 현장 보고와 고발 형식을 취한 공영방송 텔레비전 프로그램을 빼고 나면 한국인의 눈과 손으로 기록하고 분석한 밀도 있는 지적 생산물은 거의 없다고 할 수 있다. 이 결핍을 메우고자 한 듯, 봄과 여름 사이에 주로 미국 농축산 현장과 밥상을 다룬 책들이 쏟아져나오고 있다.

≪사육과 육식≫, ≪도살장≫, ≪잡식동물의 딜레마≫가 담고 있는 문제의식을 압축하자면 역시나 "먹는 일은 정치적 행위"라고 할 수 있다.

≪사육과 육식≫은 인간과 동물 사이에 일어난 역사에 대해 새로운 시각을 제시하고 있는 역사서이고, 나머지 두 권은 미국 농축산 생산·유통 현장을 발로 쓴 생생한 기록물이다. ≪사육과 육식≫은 포괄적이고 통시적 안목을 열어주고 있다는 점에서 지적 즐거움이 적지 않다. ≪도살장≫은 미국에서 도축이 어떻게 이뤄지고 있는지를 안전성을 포함해서 질병과 노동문제까지 집요하게 추적하고 있고, ≪잡식동물의 딜레마≫는 위기에 처한 밥상이 어떻게 구조화되어 있는지를 밝혀주고 있다.

이들을 따라가다 보면 우리네 밥상이 얼마나 위험한 상황에 와 있는지 한눈에 알 수 있다. 분노에서 죄의식으로, 마침내 성찰로 이어지는 자신을 발견하게 될 것이다. 아쉬운 점은 이 책들이 앵글로색슨이나 미국을 중심으로 다루다 보니 쇠고기 수출 문제 등 국경을 넘는 밥상 문제에 대해서는 아무래도 빈약할 수밖에 없다는 것이다.

인간/동물 역사에 대한 시대사 구분

≪사육과 육식≫에서 역사학자 리처드 W. 불리엣은 인간/동물 역사(사육)에 대한 시대사 구분을 시도하고 있다. 예사롭지 않은 이 접근은 충분히 논쟁적인 도전으로 보인다. 그는 인간/동물의 역사를 간명하게 전기사육시

대, 사육시대, 후기사육시대라고 이름붙이고 있다. 사람과 동물 관계의 변화 패턴을 추적하기 위해 기독교 경전과 꾸란은 물론 메소포타미아 신화와 그리스·로마 신화, 셰익스피어를 지나 경계를 동양으로 넓혀 공자와 맹자까지 섭렵하고 있다. 당연히 철학적으로, 문헌고증으로, 때로는 화석과 유물에까지 새롭고 날카로운 분석을 들이대고 있다.

본격적인 사육시대 이전 시대를 이르는 전기사육시대는 신, 사람, 동물이 이종결합을 했다. 스핑크스, 미노타우로스, 백조로 변하여 여자와 교접하는 제우스 등 숱한 변신 이야기는 이 시기의 세계관을 말해준다. 동물의 신성과, 신에게서 발견한 수성(獸性)이 서로 교차·결합해도 전혀 부자연스럽지 않았음을 동물토템이나 정령신앙으로 알 수 있다. 불리엣은 선사시대 후기 동굴벽화에 묘사된 동물그림들이 식량과는 상관없는 요소들을 많이 포함하고 있다는 주장을 중요한 근거로 내세우고 있다. 이는 상당히 설득력 있어 보인다. 아일랜드 대관식에 왕이 암말과 제의적 성교를 한 일과 인도 베다에 기록된, 목을 벤 말과 왕비가 한 이불에 들어가 관계하는 것과 같은 인도유럽어 문화권에서 파생하고 있는 상징적 행위 등에 관한 해명을 통해, 그는 전기사육시대에 대한 상상력을 이끌어내고 있다.

사육시대에 들어서 신, 사람, 동물 사이 경계가 모호한 변신적 결합은 해소되었고, 동물은 대상화되었다. 물질적 용도에 의해 신화적 관계는 압도당하면서 이윽고 동물 착취를 정당화했다. 저자는 사육동물을 사람이 길들였다기보다 애초부터 야생에서 순치되었을 가능성이 높다는 논지를 전개하고 있어서 흥미롭다. 가령 남미 평원과 산맥에 살고 있는 야생 과나코는 무리의 지도자가 사람에게 죽임을 당해도 도망가기는커녕 다음에 무슨 일이 일어날지를 기다리면서 그냥 서 있다는 것이다. 나아가 소, 염소 따위의 동물을 여러 세대에 걸쳐 기르면서 순치시켜내는 일이 한 사람의 생애로는 불가능할 뿐 아니라 동물에서 얻을 수 있는 고기나 젖도 실은 투자에 비해 턱없이 비효율적이었다고 말하고 있다. 이 일련의 전개는 동물 사육이 농경과 더불어 진행되었다는 통념을 부정하고 있다.

가장 심혈을 기울여 기술하고 있는 대목은 우리가 살고 있는 후기사육시대다. 동물이 눈앞에서 완전히 사라지자 사람들은 비로소 죄의식 때문에 동물유혈 스포츠와 학대, 애완동물을 식용하는 일 등을 반대하는 '동물해방'을 논하고 동물 시체를 먹는 일에 윤리적 불편을 느끼게 되었다는 불리엣의 주장은 사회심리적으로 그리 어렵지 않게 동의할 수 있다. 동물원은 바로 이 시기에 출현한 대표적 상징물이다. 피를 흘리는 광경에 대한 혐오감은 인간사로까지 확대되어 '런던 권투경기 규칙'을 만들어내기에 이른다. 이와 같은 감정이나 현상은 대형 식민지 목축이 전개되고 있는 미국, 오스트레일리아 등 영국 식민지나 영어를 쓰는 사회, 앵글로색슨족들이 사는 곳으로 빠르게 퍼져나갔다. 그 배면에는 동물에 대한 극단적 대상화와 상품화가 자리잡고 있었다. 후기사육시대의 문화 심리적 꽃은 허구적 동물의 출현이다. 소설을 거쳐 이는 마침내 디즈니 영화(만화)로 정점에 이르게 된다.

불리엣은 인간/동물 관계 회복을 위한 대안으로 일본의 전통적 세계관에 기초한 태도를 제시하고 있다. 시대사 구분을 위해 그가 동원하고 있는 현란한 지식에 비하면 이는 박약한 대목이 아닐 수 없다. 뛰어난 학자임에도 불구하고 서양인으로서 그 또한 동아시아에 대한 몰이해와 모종의 편견을 드러내고 있는 건 아닌지 의구심이 인다. 그럼에도 불구하고 그가 풍부한 논증을 통해 주장하고 있는 인간/동물 시대사 구분은 탁월한 성과라고 해야 할 터이다.

'미트 포디즘' 현장 보고서

1년 전 소를 찾아서 미국에 간 적이 있다. "소를 찾는다"는 비유는 오래도록 동아시아 사람들에게 공간으로는 천축(天竺), 내용적으로는 진리를 구하러 가는 길을 이르는 것이었다. 소는 절집 벽에서 보듯 이 노정에서 길라잡이로 묘사되곤 했다. 이를 문맹사회 대중에게 형상화한 게 '심우도'이다.

광우병(소해면상뇌증, BSE)에 대해 한국인이 받은 충격은 인간광우병에만 있는 건 아니다. 육골분 사료 등으로 초식동물인 소에게 소를 먹이는 동종식육은 전통적인 한국인으로서는 결코 납득하기 어려운 일이었다. 난리가 나면 "소가 뜯는 풀은 사람도 탈이 없다"고 믿고 함께 먹은 게 한국인이었다. 무엇보다 소는 일꾼이었고, 외양간이라 하지만 집에 바로 붙어있는 공간에서 같이 생활하는 식구였다. 소는 배가 고프다고 때없이 잡아먹을 수 있는 먹잇감도 사냥감도 아니었다. 상여를 태우기 전 고깔꽃을 떼어내 소머리에 꽂아주고 무병장수를 빌던 이들에게 소는 노동과 정서, 종교, 일상을 두루 아우르는 생명체이자 상징이었다.

인도주의축산 활동가 게일 A. 아이스니츠가 헐떡이는 숨소리를 담아 쓰고 있는 ≪도살장≫은 오늘날 한국 독자에게 직접적인 목소리를 전달하고 있다. 책의 앞부분은 미국 도살장에서 도축되고 있는 소들이 얼마나 불결하고 위험한가에 할애하고 있다. 광우병이 아니라도, 1982년 이후 나타난 치명적인 O157:H7 대장균에 감염되어 죽거나 앓는 아이들의 호소는, 비명소리가 귓전에서 들리는 것처럼 섬뜩한 생동감이 넘쳐나는 르포르타주의 전형을 보여준다.

도축 현장상황은 소, 돼지, 닭이라고 다를 게 없다. 소와 돼지를 산 채로 껍질을 벗기고 몸을 잘라내고 있다는 한 도축 노동자는 이를 "단체의 지옥편 삽화 같다"고 증언하고 있다. 이는 도축 자본가들이 이윤을 위해 일상적으로 죄악을 저지르고 있음을 여지없이 전달하고 있는 것이다. 또한 거기서 일하는 일꾼들이 열악한 처우와 야만적 도축과정에 정면으로 노출되어 성격이 폭력적으로 변해가고 있다는 보고는 우리네 밥상에 대한 깊은 회의에 잠기게 한다. 이는 일꾼들의 심성마저 도살장화하는 일인 까닭이다.

그런 만큼 도축장은 철저히 은폐되어 있다. 접근하는 것 자체가 거의 불가능하다고 해도 지나치지 않다. 우선 도시에서 거리가 먼 곳에 자리 잡고 있는 데다 경비가 물샐틈없이 삼엄하다. 미국 현지의 공장형 축산, 도축, 부산물 재처리 공정은 결코 외부인이 들여다 볼 수 있는 상황이 아니다. 아이스니츠는 트로이 목마처럼 잠입해 바로 이 현장에서 벌어지고 있는 일들을 안팎에서 꼼꼼하게 기록하고 있다. 실제로 이 일이 얼마나 위험한지 한국 독자들은 짐작하기 어려울 줄 안다.

도축장에는 영어를 할 줄 아는 사람이 드물다. 대개가 히스패닉계 노동자들인 까닭이다. 저자가 이 책에서 언급하고 있지는 않지만, 도축장 안에 예배보는 곳을 두고 라틴 출신 목회자를 배치해 일요일 외출조차도 사실상 어려운 실정이라는 것은 이미 알려진 사실이다. 사회적·문화적 치유나 재생조차 봉쇄되고 있다는 건 이들을 실질적으로 도축 노예화하는 끔찍한 일이다.

≪도살장≫의 대부분은 인터뷰로 이뤄지고 있다. 일터를 잃을지도 모르는 처지임에도 일꾼들은 도축장 현실을 성의있게 진술하고 있다. 미 농무부나 축산, 도축 자본가들은 지금까지 증언에 나서기는커녕 침묵과 변명으로 일관해온 것으로 알고 있다. 내가 작년에 취재를 갔을 때는 네브래스카 도축 검사관 게리 달이 "안전한 밥상에 국경이 있을 수 없다"면서 용기있게 인터뷰에 응했는데, 이는 매우 이례적인 일이다.

미국에서는 해마다 1억1백만 마리 돼지, 3천7백만 마리 소, 4백만 마리가 넘는 말, 염소, 양과 8십억 마리가 넘는 닭, 칠면조가 도축되어 밥상에 오른다. 빠른 속도의 도살과 운송은 고스란히 이익으로 축적된다. 시카고에 거대 도축장과 가축 운송 회사가 함께 설립된 게 이 때문이다. 포드는 이를 보고 자동차 조립라인 분업 체계를 도입했다. 그가 창안한 포드주의(Fordism)는 자본주의 비인간성과 효율, 속도주의를 응축한다. '미트 포디즘'은 소와 돼지, 여러 가금류들을 동물이라기보다 고기 기계로 변신시켜 냈다. 도축장은 그 살벌한 중심이다. 이곳에서 자비로운 도축은 도리어 사치다. ≪도살장≫은 이를 통렬하게 고발하고 있다.

뱃속으로 떠나는 자본주의 탐사

≪사육과 육식≫이 인간/동물 연관을 중심으로 한 시대사 구분이라는 안목을 제시하고 있고, ≪도살장≫이 현장 증언을 기록한 보고인 데 반해 환경운동가 마이클 폴란이 쓴 ≪잡식동물의 딜레마≫는 식품의 생산, 운송, 밥상에 이르는 경로에 관한 추적이력서다.

그는 자신이 구상해서 몸소 겪은 것으로 책을 구성하고 있다. 아울러 당위적인 주장을 피하기 위해 '딜레마'라는 말을 사용하고 있는 것으로 보인다. "사람은 잡식동물"이라는 명제는 사람은 무엇이든 가리지 않고 먹는다는 뜻이기도 하다. 폴란은 그 잡식동물이 먹고 있는 식품이력이 어떻게 드러나지 않게 되고, 또 알 수 없게 되는지를 우리 모두를 대신해서 끈질기게 추적해가고 있다. 그 핵심은 물론 자본주의 식품구조에 있다.

마이클 폴란은 처음 옥수수 농장을 찾아가 견습 농부가 된다. 그의 추적에 따르면 믿기 어렵게도, 상품화된 식품을 사먹고 사는 우리는 숫제 옥수수 후손에 가깝다. 미국 슈퍼마켓에 있는 대략 4만5천 가지 안팎 물품 가운데 4분의 1 이상에 (유전자 조작) 옥수수가 들어있다는 것이다. 옥수수는 소, 돼지, 양, 닭, 칠면조, 메기, 텔라피아 등의 사료다. 원래 육식어종인 연어에게 옥수수를 먹이기 위해 유전자를 바꿨다. 옥수수 기름, 효모, 레시틴, 구연산, 착색제, 단맛을 내는 고과당 시럽, 옥수수 정제 포도당으로 발효시키는 알코올(맥주), 치약, 화장품, 일회용 기저귀, 오이 광택 왁스, 잡지 표지 광택제, 판지 코팅제, 건물 벽판과 이음재, 유리 섬유에까지 옥수수 성분이 들어있다. 이 물건들은 옥수수에서 추출한 에탄올을 넣은 자동차로 운반된다. 그는 옥수수의 대량생산에 결정적으로 기여한 것으로 화학 비료 산업을 꼽고 있다. 여기까지는 그다지 놀랄 만한 일이 아니다. 제2차 세계대전이 끝나자 폭발물 주요성분인 질산암모늄이 남아돌기 시작했다. 이는 전쟁 독가스에 기초하고 있는 살충제 산업과 더불어 전후 농업의 핵심이 되었던 것이다. 농업 또한 군산복합 형태에서 떼어낼 수 없다는 사실을 여기서 확인하게 된다.

이와 같이 현장을 찾아가고 거기서 얻은 구체성을 이론에 연결하는 접근법으로 마이클 폴란은 밥상이 구성되어온 과정에 대해 빈틈없는 직조(織造)를 행하고 있다. 미국 식품산업이 그의 폭넓은 시각과 섬세한 지성을 빠져나갈 구멍은 거의 보이질 않는다. 폴란은 기업형 유기농 산업에 대한 비판을 거쳐 대안을 향해 나아간다. 당연히 그가 제시하고 있는 대안식품은 자연 그 자체다. 하지만 여전히도 잡식동물은 딜레마에 빠져있다.

쇠고기 이력추적을 주장하고 있는 한국사회에 이 책의 태도와 행동주의는 많은 시사점을 던지고 있다. 마이클 폴란은 상품화된 식품구조를 넘어 자본주의 속성이 지는 위험성을 경고하고 있다. 오늘 당신은 무엇을, 어떻게 먹을 것인가.

밥상의 평화를 위하여

밥상의 평화는 밥집에서 부엌 언저리를 넘어선 지 오래다. 쇠고기 문제에서 볼 수 있듯 세계의 밥상은 하나다. 단순히 소극적 유기농 방식의 삶으로 밥상 평화를 이루기 어렵다는 것은 자명하다. 거대 자본과 국가가 장악하고 있는 산업구조에서 생산뿐 아니라 소비 자체가 정치적 행위다. 한국의 소비사회는 이 구조의 하부를 이루는 종속적 위치에 있다. 먹는 일을 넘어 소비가 정치적 행위임을 깨달아야 한다. 나아가 현실을 바꾸기 위해서는 인식변화와 함께 지적·사회적 활동이 병행되어야 한다.

필시 촛불시위의 파장 안에서 출간되었을 세 권의 책을 읽으면서, 한국 현실을 담고 한국 사람의 시선으로 기록한 보고·연구서가 필요하다는 것을 더욱 절감했다. 세 책들이 공통적으로 농업과 동물(사육)에 대해 다루고 있으면서도 몇몇 문제에 대해 언급하지 않거나 외면하고 있다는 것은 매우 아쉽다. 가령 다음과 같은 문제들 말이다.

초거대 미국 농업의 출발은 미개척지 무상불하 정책에 바탕을 두고 있다. 미 정부는 중서부 '미개척지'에 먼저 달려가 깃발을 꽂는 자에게 땅을 공짜로 나누어 주었다. 이를 랜드런(Land Run)이라 한다. 법률적 근거는 링컨이 자신의 지지기반인 동북부 산업자본이 생산한 상품 소비처를 마련하고 동시에 영토를 확장하고자 만든 홈스테드법(Homestead Act)이었다. 이는 원주민(인디언)의 어머니(대지)를 노골적으로 약탈하는 일이었다. 애초부터 기업농으로 출발한 미국 농업은 곧 세계최대 식량공급기지가 되었고, 농업 생산물을 통한 세계지배를 전략화하기에 이른다. 우루과이라운드나 WTO 규정에 이는 잘 살아있다.

그리고 동물 제노사이드에서 지울 수 없는 악마적 활동을 벌인 버팔로

빌에 대해 이 책들이 다루지 않은 것도 아쉽다. 빌은 1867년 버팔로를 주식으로 삼고 있는 인디언을 굶겨 죽이고자 한꺼번에 4천2백8십 마리를 학살했다. 반성은커녕 이를 '와일드 웨스트 쇼'로 만든 그는 전미대륙을 순회하면서 학살과 카우보이 기술을 쇼비즈니스화했다. 지금도 네브래스카로 가는 길목, 북 프라트에는 버팔로 빌을 기념한 포트 코디가 서 있다.

이 두 가지 일은 미국 농축산업이 태생적으로 약탈과 착취와 야만에서 비롯되고 있다는 것을 웅변하고 있다. 오늘날 미국 메이저 곡물회사가 곧 메이저 축산회사라는 것 또한 결코 우연만은 아닌 것이다. 요컨대 먹는 일은 정치적 행위다.

[출처] 서해성, 「먹는 것은 정치적 행위다」, 『녹색평론』, 2008년 10월호, 243~251쪽.

스타크래프트

이 택 광

스타크래프트는 이제 단순한 외래게임이 아니다. 아시아에 위치한 작은 반도국에서 e-스포츠로 탄생하는 순간 스타크래프트는 미국의 컴퓨터게임 회사가 만들어낸 컴퓨터 소프트웨어라는 자기 정체성을 훌쩍 넘어간다. 스포츠계의 '듣보잡'이라고 할 e-스포츠로서 스타크래프트 리그는 정보기술 혁명이라는 '구라'를 멋지게 문화의 영역으로 흡수하면서 신경제주의의 화신처럼 강림했다.

언제나 그렇듯 신종 테크노크라트는 기술력보다 '정보력'으로, 소프트웨어 개발보다 주식 투자로 돈을 벌었다. 신흥 부르주아계급이라고 할 이들이 테헤란로에 몰려들어 현란한 기술도면과 수학공식으로 눈먼 돈을 끌어 모을 때, 밤샘을 불사하고 그들의 뒤치다꺼리를 해줬던 '신기술 노가다들'은 인터넷 게임이나 하면서 다가올 미래의 불안을 잊을 수밖에 없었다. 김대중 정부는 "게임만 잘해도 대학 간다"는 '현대의 신화'를 창안했고, 이런 신화는 스타크래프트라는 게임을 일약 고등교육과 연결하는 가치 전화의 계기로 만들었다. 김대중 정부의 신기술 담론은 '공부는 못해도 게임은 잘하는 가난한 10대들'의 로망에 일조했던 '어른의 논리'였던 셈이다. 이른바 시장주의를 전제한 평등의 이념이 여기에서 중요하게 작동했다.

시장을 통해 제도의 보수주의를 개혁하겠다는 '착시 현상'은 정치인들에게 즐거운 환상을 제공하는 한편, 입시경쟁에서 희망을 발견 할 수 없었던 10대들에게 '프로게이머'라는 하나의 대안을 제시했다. 이런 차원에서 스타크래프트는 단순한 컴퓨터 게임으로서 중요한 게 아니라, 하나의 스포츠 장르로서 '리그'를 만들어내면서까지 그 의미를 극대화했다고 할 수 있다.

일명 '스타리그'를 '스포츠'라고 부를 수 있는 까닭이 여기에 있다. 스포츠라는 건 기본적으로 세대의 정서와 함께 가야 한다. 이런 세대 정서가 만들어지기 위해 필요한 건 그 해당 스포츠에 대한 매혹과 열정이다. 그리고 이 매혹과 열정을 지속시켜줄 삶의 논리가 공존해야 한다. 이 문제는 스타리그를 좀더 복잡하게 만든다. 마치 20대 후반에서 30대 초반에 이르는 도시의 여성 노동자들이 '칙릿'을 소비하는 것처럼, 스타리그를 소비했던 주요 연령층이 있다.

물론 스타리그는 연령층별로 세대가 나뉘기도 하지만, 스폰서에 따라서 관객층이 갈리기도 한다. 예를 들어, 면도기 회사 질레트가 후원했던 스타리그 세대와 곰티비가 지원했던 스타리그 세대는 엄연히 다르다. 이런 세대론에 따르면, 일명 '질레트 배 스타리그 세대'는 스타크래프트가 e-스포츠로서 비교적 확고하게 자리 잡았던 시절에 입문한 이들인데, 이건 리그 관람 이력이 그렇게 오래되지 않았다는 사실을 은연중에 드러내는 거다.

이런 현상을 단순히 세대별 구별짓기로 단언하기는 어렵다. 스타리그 스폰서의 변천사는 관객층의 성장과 궤를 같이 한다고 볼 수 있기 때문이다. 약간 놀라운 사실은 올해 스타리그 스폰서로 취업정보회사인 인크루트가 나섰다는 거다. 인크루트가 나선 게 뭔 대수인가 싶겠지만, 스타리그 중계를 인터넷상으로 관람하려면 인크루트 회원으로 가입해야 한다는 규정이 고개를 갸웃하게 만들 수밖에 없다.

이런 스타리그의 변모를 보면서, 어른들과 다른 세계를 구축했던 그 '컬트문화 세대'가 기성으로 편입할 수밖에 없는 때가 온 것이라고 말한다면 너무 잔인한 걸까. 인크루트 회원이 되는 순간 취업연령대에 있는 스타리그의 '늙은 10대들'은 인크루트의 인력정보 풀로 들어가는 셈이다. 공부 못하

스타크래프트는 미국의 컴퓨터게임제작사 블리자드엔터테인먼트가 1998년 선보인 전략시뮬레이션 게임으로서, 세계 판매량(2007년 기준 9백50만 장)의 절반인 4백50만여 장이 한국에서 팔렸다. PC방과 프로게이머를 등장시킨 국내의 스타크래프트 열기는 개인전 대회인 스타리그(온게임넷)와 MBC게임스타리그(MBC게임), 팀별 대회인 프로리그의 탄생을 낳기도 했다(위 사진은 2008년 7월 19일 블리자드엔터테인먼트의 공동설립자 겸 게임개발 부문 수석부사장 프랭크 피어스가 방한해 국내 프로게이머들과 기념사진을 찍고 있는 장면이다).

는 가난한 10대들에게 평등한 기회의 로망으로 작동했던 스타리그가 이제 취업 정보 시장을 위한 정보원으로 물화하고 있는 거다.

어차피 자본주의 사회에서 상품구조를 피해갈 수 있는 '순수한' 스포츠는 있을 수 없겠지만, 그리고 반상품적인 삶은 가능할지 몰라도 비상품적인 삶은 불가능한 게 자본주의의 원리겠지만, 그래도 스타리그에 내재해 있던 유토피아의 충동을 너무 무시하는 건 e-스포츠의 발전을 위해서도 그렇게 바람직하지 않다. 스타리그에 대한 매혹과 열정이 문화산업의 논리를 가능케 했지만, 문화산업의 논리가 스타리그를 밀고 온 그 매혹과 열정을 항상 이끌어낼 수 있는 건 아니기 때문이다. 지금까지 스타리그를 지탱하고 발전시켜왔던 그 에너지가 어디에서 온 건지를 진지하게 고민해볼 필요가 있다.

[출처] 이택광, 「스타크래프트」, 『무례한 복음』, 난장, 2009, 293~296쪽.

한국의 아파트와 도시의 중간층

발레리 줄레조

아파트가 돈이다

"평범한 사람들은 아파트 단지에서 살 수 없어요"

한국 아파트 단지가 확대 재생산될 수 있었던 핵심은 아파트가 가격으로 평가되는 상품이 되었다는 사실이다. 아파트에 산다는 것은 분명 부의 외형적 표시이다. 아파트에 살 수 있으려면 상당한 액수의 자금을 동원할 수 있는 부자여야 하기 때문이다. 결국 아파트를 소유하는 것이 부자가 되는 것이다.

50대 전 씨는 1990년 초부터 마포구의 한 재개발 단지에서 경비일을 보고 있다. 재개발 전에는 달동네에 집이 한 채 있었고 동네의 작은 회사에서 벽돌공으로 일을 했었다. 1980년 도시재개발 조합이 결성됐을 때 조합원으로 가입했고 다른 소유주 조합원들처럼 재개발 단지가 완공되면 38평형 아파트를 분양받을 수 있는 권리를 얻었다. 공사 기간 중에는 15평 남짓한 단독주택으로 이사를 했다. 건설 회사가 조합원들에게 지원한 이주 비용과 함께 저축한 돈, 친지에게 빌린 돈을 합해 4천만 원의 전세금을 지불했다.

재개발 단지 아파트의 잔금도 친척에게 빌려 해결했다.

아파트가 완공된 1993년, 한 젊은 부부에게 아파트를 임대했다. 그들이 지불한 전세금 7,500만 원으로 그동안 빌린 돈을 갚고 다시 저축을 할 수 있었다. 아파트단지의 경비로 채용된 것은 친구를 통해서였다. 그는 전에 하던 일보다 편한 경비 일에 만족하고 있다.

이 흥미로운 사례는 아파트가 '지불능력이 있는 사람들을 위한' 것이라는 사실을 보여준다(Lee Eun 1997,98). 아파트의 소유주이기는 하지만 전 씨는 이를 세주고 자신은 단독주택에 전세로 살고 있다. 단독주택을 특별히 선호하기 때문도 아니지만 "달동네에서도 살았는데 옛날에 비하면 훨씬 편하죠"라고 답한다. 그의 선택은 경제적인 이유 때문이었다.

> 난 이 동네에 아직 인연을 맺고 있는 몇 안 되는 사람 중 하나죠. 달동네에 살던 사람들은 대부분 돈이 없어서 다시 돌아올 수가 없었지. 가난한 사람들이라 집을 가지고 있었어도 땅과 아파트를 살 수가 없었어요. 난 그래도 돈을 빌릴 데가 있었지. 어쨌거나 가난한 사람들은 여기서 살 수가 없어.

전 씨의 말에는 도시재개발에 대한 박모 씨의 사례와 비슷한 점이 발견된다. 아파트 단지 주민의 부유함과 재개발 주변 지역 및 달동네 주민들의 가난함이라는 이분법적 도식이 그것이다. 전 씨의 말에는 도시재개발에 얽힌 고전적이 이야기들이 들어 있다. 소유주인 옛 달동네 주민들의 대부분은 토지 재매입, 아파트 잔금, 공사 중 이주비 등 재개발에 따른 여러 가지 비용을 부담할 수 없었다. 그러므로 전 씨는 '이 동네와 인연을 맺고 있는' 특별한 경우에 속했다. '운이 좋았다'며 그는 감사하고 있다.

분양 혜택을 받은 가구의 경우, 아파트 매입비에는 분양가의 약 5퍼센트에 달하는 각종 세금(등록세, 취득세, 교육세, 인지세)이 부과된다. 또한 아파트 단지에 입주하려면 비싼 관리비를 감수해야 한다. 여기에는 공유면적에 대한 관리, 청소, 관리사무소 직원들의 월급, 관리 하청업체 지불비용(물탱크 청소, 수목 관리, 공동 공간 청소 등), 각종 수선비, 수도, 난방비 등이 포함된다.

1990년대 중반 30평 이상 아파트의 월 평균 관리비는 12만 원에서 35만 원으로 아파트의 면적, 아파트 단지의 위치, 계절에 따라 다르다. 중앙난방의 경우 관리비는 겨울에 많이 부과된다.

전 씨의 경우를 다시 예로 들어보자. 전에는 벽돌공으로 일했고 현재는 아파트 경비원이다. 1990년 중반, 그의 월급은 기본급 40만 원과 상여금 20만 원이고 작업의 성과나 주민의 만족도에 따라 추가 수입이 생긴다. 인터뷰 중 자신의 수입은 월 85만 원 선이라고 답했고 이 정도로는 아파트 관리비를 부담하기 어렵다. 비록 인터뷰 중 직접 언급하지는 않았으나 전 씨의 생활수준과 사회계층(월 백만 원 이하의 수입, 경비직)은 아파트단지 입주를 불가능하게 했다. 또한 아파트의 잔금을 치를 때 빌린 돈을 갚아야 했기 때문에 더 저렴한 주택을 구해야 했다. 다른 예를 통해 개인적 차원의 주거 전략과 부의 메커니즘을 살펴보기로 한다.

주거 전략의 몇 가지 예

● 최모 씨

외국 유학을 떠났던 최 씨는 1970년대 말 귀국, 1981년 강남구 대단지에 3,200만 원 상당의 35평 아파트를 분양받았다. 외국에서 저축한 돈과 친척에게 빌린 돈으로 아파트 값을 지불할 수 있었다. 1984년 아파트를 7천만 원에 팔고 옆 단지에 54평 아파트를 매입했다. 9천만 원 상당의 아파트 값은 이전 아파트의 매각금과 저축한 돈, 그리고 친척에게 빌린 돈으로 지불했다. 1996년에 이 아파트는 5억 원을 호가하게 된다.

● 김모 씨

1980년대 후반, 남편과 함께 유럽에서 귀국한 김 씨는 5천만 원을 주고 서초구의 한 아파트 단지에 약 50평짜리 아파트를 매입했다. 아파트 구입

비용은 외국에서 모은 돈과 김 씨의 가족에게 빌린 돈으로 지불했고 3년 동안 갚아 나갔다. 1994년 현재 김씨는 아파트 가격을 4억 원으로 추정했다.

서울 도시 중산층의 전형인 이 두 가구는 월수입 300만 원 이상으로, 사회계층상 상위에 속하는 직업을 가지고 있었다. 최 씨는 전문직 종사자였고 김 씨의 남편은 재벌 그룹 계열사의 중역이었다. 아내들은 전업주부였고 아이들은 강남의 명문 중·고등학교를 다니고 있었다. 유산으로 물려받은 부동산이 전혀 없는 이 두 가구는 외국에 체류하면서 모은 돈으로 귀국해서 아파트를 구입할 수 있는 초기 자본을 확보할 수 있었다.

장 씨 가족의 재테크 전략

● 장 씨의 자녀

첫 번째 아파트는 어머니가 공장 매각금으로 사 주었다. 약 25평 규모의 이 아파트는 서초구의 아파트 단지 내에 위치한다. 1986년 시가로 3,500만 원 정도였다. 1988년 이 아파트를 6,800만 원에 팔고 이웃 아파트단지의 35평 아파트를 8,500만 원에 매입했다. 이전 아파트의 매각금과 남편의 출자, 어머니의 도움으로 돈을 마련할 수 있었다. 1996년 이 아파트의 가격은 약 2억 8,000만원으로 추정된다.

● 장 씨

1980년대 중반 딸과 함께 서울에 정착한 장 씨는 남은 재산으로 서울의 부동산에 투자할 곳을 찾고 있었다. 1980년대 말, 한 부동산중개업소를 통해 당시에는 아직 달동네였던 동작구 재개발구역의 조합 분양권을 사들였다. 건설 계획은 건설부의 승인이 나지 않은 상태였기 때문에 '딱지'는 5천만 원이었다. 장 씨는 자신이 도박을 하고 있다는 사실을 알고 있었다. 재개발 승인이 나지 않으면 아무런 배상도 받을 수 없기 때문에 돈을 잃게 되는 것이었다. 몇 달 후 재개발 승인이 떨어졌고 이 재개발구역의 딱지는 9천만 원의 현금이 됐다.

장 씨가 사들인 딱지에 7천만 원을 더 지불하면 44평 아파트를 살 수 있었다. 이 7천만 원은 딱지를 판매한 조합원이 내야 할 불하 대금 1,800만 원, 철거비 800만 원, 건축비 4,400만원을 합계한 것이다. 장 씨는 남아 있는 저축으로 이 비용을 충당했다. 결국 1992년 12월, 딱지비를 포함 1억 2천만 원짜리 44평 아파트에 입주했다.

같은 아파트의 일반 분양은 이보다 조금 비싼 1억 5천만 원이었다. 전매가 공식적으로 허용된 기간에 딱지를 구입했다면 아파트의 가격은 1억 6천만 원이 됐을 것이다. 어쨌든 1996년 이 아파트는 시가 3억 2천만 원으로 올랐다.

이 경우는 앞의 두 사례와는 차이가 있다. 장 씨는 이미 서울의 부동산에 투자를 하기 전부터 유산으로 물려받은 토지와 자본을 소유하고 있었다. 이미 언급한 경비원 전 씨의 경우에 비추어, 도시재개발 분양획득권(딱지)에 투기를 한 장 씨의 경우는 재개발에 뒤따르는 젠트리피케이션의 메커니즘이 어떠한 것인가를 구체적으로 알려 준다. 장씨가 부동산 중개업소를 통해 구입한 딱지는 재개발 과정을 끝까지 따라갈 수 없는 달동네의 주민이 매각한 것이다. 전 씨와 장 씨의 이야기는 기존 주민들이 재개발된 아파트단지에서 어떻게 밀려나는지를 보여준다.

젊은 세대의 투자 전략

● 이모 씨

결혼 전, 이 씨는 강남구 외곽 10여 평대 전세 아파트에 살았다. 2,500만 원의 전세금은 부모님이 내줬다. 1990년 상업에 종사하기 시작하면서, 자신의 저금과 가족에게 빌린 돈으로 상점의 임대료를 지불했다. 상가계약의 경우, 임대료에는 보증금(500만원)과 월세(65만원)가 포함되어 있었다. 장사의 수익으로 빚도 갚고 저축도 할 수 있었다. 1992년 사업확장으로 또 한 번 가족에게 돈을 빌려 2천만 원이 넘는 상가 보증금을 지불했다. 본인의 저금만으로는 부족했기 때문이다. 또 다시 사업이 잘 되어 그동안 진 빚을 3년 안에 갚을 수 있었다.

결혼 후, 전세 7천만 원을 남편과 함께 부담하여 마포구의 아파트에 1993년 정착했다. 이 씨는 이전 아파트의 전세금 2,500만 원을 뺐고, 남편이 3천만 원, 나머지는 가족에게서 빌렸다. 남편이 부담한 3천만 원은 동거하는 시아버님이 준 돈이었다.

이 씨는 주택청약예금에 가입했다. 1993년 추첨으로 일산의 아파트를 분양 받았을 때 주택청약예금액과 가족에게 빌린 돈으로 약 1,700만원의 계약금을 치르고 남편과 함께 여섯 차례에 걸쳐 약 8,500만 원의 중도금을 지불했다. 입주를 하려면 1,700만 원의 잔금이 남아 있었다. 이것은 이 씨의 상가 보증금으로 해결했다. 여섯 차례의 중도금 중 일부는 저금으로, 일부는 은행 대출로 지불했다고 했다. 이렇게 3년간 12퍼센트 금리로 2천만 원을 대출한 이 씨 부부가 매달 갚아야 하는 돈은 74만 원으로 그중 24만 원이 이자였다. 2백만 원에서 3백만 원의 월수입이 이런 노력을 가능케 했다. 마포의 아파트를 떠날 때 돌려받은 전세금으로 가족들에게 진 빚은 모두 갚았다. 일산아파트의 가격은 34평에 9천만 원이 좀 안 되는 수준이었고 6개월 후인 1990년대 중반, 시가 1억 4천만 원이 되었다.

사회계층 상승 중인 이 씨 가족의 예는 독창적인 특성을 보여 준다. 재산의 대부분은 주택청약예금에 가입하여 일산의 아파트를 분양받은 이 씨 덕분에 만들어졌다. 게다가 여기에 필요한 주 자본금의 조성은 이 씨의 사업에서 비롯됐다. 그들의 주거사를 보면 면적이 점차 늘어나고, 임대에서 소유로 발전하며 서울의 중심에서 외곽으로 이동하고 있다.

이 씨가 분양받을 당시에는, 1983년 채권 제도에 의한 투기 억제책이 서울에만 적용됐고 신도시에는 적용되지 않았다. 이 씨의 재산으로는 채권을 충분히 살 만한 여유가 없었기 때문에 서울에서 분양을 받을 수 없었다. 게

다가 서울의 분양가는 외곽 지역보다 훨씬 비쌌다. 일산을 선택한 것은 어쩔 수 없는 면이 있었다. "물론 서울에서 아파트를 사는 게 좋을 텐데, 그렇지만 서울에서 1순위에 있는 사람들 중에서 채권 제일 많이 적은 사람들이 제일 쉽게 뽑히는 거야. 나는 서울 아파트에 다 넣었는데 채권을 적게 써서 다 떨어지고 결국 일산에 분양을 받았어요." 이 씨의 말이었다.

● 배모 양

1970년대 말, 혼자 독립했을 때 스물 한 살이었다. 단독주택의 월세방을 구해서 아버지가 주신 돈으로 보증금을 지불했다. 직장에서 받는 월급으로 월세를 지불하고 저금도 했다. 오빠에게는 전세금을, 친구에게 2백만 원을 빌려줄 수도 있었다.

1980년대 중반, 배 양은 강동구 주공단지에 12평짜리 아파트를 매입했다. 시가 1,200만 원이었다. 배 양은 오빠와 친구에게 빌려 준 돈을 돌려받았다. 저축액과 합쳐서 아파트 값 전부를 현금으로 지불하고 거기서 몇 년을 살았다. 집도 마음에 들고 오빠와 같은 단지에 사는 것이 좋았지만 직장이 있는 종로구까지 출퇴근 시간이 오래 걸려 힘이 들었다. 1980년대 말에 강동구의 아파트를 2천만 원에 팔고 마포구에 15평형 오피스텔을 2,200만 원에 매입했다. 이전 아파트를 판 돈과 저금으로 이 돈을 지불할 수 있었다.

1990년대 중반, 배 양은 자신의 오피스텔을 4천만 원 정도로 추정했다. 30세가 넘은 미혼의 배 양은 1998년 여자 평균 혼인 연령이 26세였던 한국에서는 독특한 경우에 해당한다. 15년 후 4천만 원의 자본이 된 부동산은 그녀가 열심히 일해 모은 저축금으로 마련된 것이었다. 첫 번째 전세 아파트의 보증금에 아버지의 도움을 받은 것을 제외하면 초기 자본은 전혀 없었다. 그녀의 거주사를 살펴보면 외곽에서 도심으로 이동하면서 월세입자에서 소유주로 신분이 바뀌었다.

부동산 투자와 투기: 서울의 신화와 현실

시기를 막론하고 모든 사례에서 아파트의 매입은 조사 대상자의 재산을 엄청나게 상승시켰다. 김 씨는 그들 부부가 10년이 안 되는 기간에 재산을 10배나 증식시켰다고 생각했다. 최 씨는 아파트의 가격이 1980년대 중반부터 1990년대 중반 사이 네 배가 오르는 것을 경험했다. 이 두 경우는 1980년대 중반 이후 올림픽 특수를 타고 강남의 일부 지역에 성행했던 부동산 투기의 대표적인 예라 할 수 있다. 같은 시기 배 양의 오피스텔은 두 배밖에 오르지 않았는데, 이는 두 가지 중요한 이유로 설명된다. 첫 번째는 오피스텔의 위치이다. 마포구는 1980년대 서울의 남동부에 비해 가격 상승의 폭이 크지 않았다. 두 번째, 오피스텔이라는 주택의 성격이다. 당시의 오피스텔 시장은 아파트에 비해 규모가 작았고, 1인 가구가 드문 한국 사회의 가족구조에 적당하지 않은 원룸 형태였기 때문이다.

부동산 가격의 급격한 상승은 심한 인플레와 연결되어 있음을 잊어서는 안된다. "어떤 이유로 아파트 거주를 선택했습니까?"라는 질문에 응답자의 15퍼센트만이 '투자의 대상'으로 생각했다고 답했다. 주요 이유로는 우선적으로, 편리한 교통, 인근의 상가와 편의 시설, 쾌적한 환경, 학군 등 아파트 단지의 주변 환경에 관한 것들이었다. 대신 많은 응답자들이 인터뷰 중에는 투자의 필요성을 자주 언급했다. "인플레 때문에 한국 사람들은 아파트를 소유하는 것이 아주 중요하다고 생각한다"는 말을 몇 번이고 반복했다.

사실, 경제적인 관점에서 아파트에 투자하기만 한다면 이익이 되는 것은 분명하다. 단독주택에 대한 일반적인 흥미 상실과 공급을 웃도는 아파트 수요 때문에 아파트 가격의 상승은 1980년과 1995년 사이 다른 형태의 주택 가격보다 월등했으며 분양의 혜택을 받은 사람들은 시가보다 낮은 가격으로 아파트를 매입했기 때문에 큰 이익을 보았다. 장씨를 제외하고 인터뷰 대상자 중 누구도 부동산 투기를 하지는 않았다. 그러나 아파트를 구입하는 것이 재산을 불리는 가장 좋은 방법이라는 사실을 모두들 강조해서 말했다.

1970년대와 1980년대 한강 이남의 대형 개발계획과 올림픽 개최를 전후

한 10년간 서울에 투기꾼들이 극성을 부렸던 것은 사실이다. 하지만 이들은 현재 아파트 단지 내에 거주하고 있지 않아 아무도 만날 수 없었다. 그래도 역시 아파트 소유주들이 돈을 번 것은 부동산 투자, 무엇보다 분양 혜택 덕분임이 분명했다. 이은은 한국인들이 아파트에 열광하게 된 결정적인 요인은 '순전히 경제적'인 이유라면서 다음과 같이 덧붙인다. "시세보다 낮은 가격에 아파트를 분양받는 것이 이윤의 원천이었던 것이다. 아파트를 분양받은 가구는 중간계급으로 편입되고 체제의 수혜자가 됐다"(Lee Eun 1997, 196; 118). 한국에서 아파트 단지는 '중간계급 제조 공장'처럼 보인다.

한국적 맥락에서의 특수한 자본 축적 전략

한국인들이 주택의 소유에 부여하는 중요성은 이미 충분히 강조되었다. 소유에 대한 집착은 한국적인 예외만은 아니며 오늘날 대부분의 선진사회를 특징짓는 성격이다. 하지만 한국의 경우, 전통적인 임대 제도의 특성과 각 개인마다 막대한 자금을 끌어대는 특별한 방법들이 정부가 주도한 주택 소유 정책과 잘 결합되었던 것만은 분명하다. 이런 점에서 '전세'라는 한국의 전통적인 임대 제도는 중요한 역할을 수행했다.

서울에서는 세입자의 80퍼센트 이상이 전세에 들어 있다. 월세 형태도 존재하지만 세입자 입장에서는 전세보다 비용 부담이 더 크다. 주로 월세는 최대 열 평대의 협소한 주택(오피스텔이나 단독주택의 일부)이나 전세 계약을 할 수 없는 외국인 대상 주택에 해당됐다. 설문조사 결과, 일곱 개 아파트단지 내 조사 대상 가구 전체에서 55퍼센트가 소유주, 45퍼센트가 세입자였으며 예외 없이 모두 전세로 살고 있었다.

주택을 소유하려 할 경우 전세금은 아파트 매입이나 분양시 지불해야 하는 중도금과 잔금을 위한 초기 자금으로 활용할 수 있었다. 이 씨의 경우 상가의 전세 보증금이 없었다면 잔금을 치를 수 없어 일산의 아파트를 매입하지 못했을 것이다. 일산단지 건설시 중도금 지불을 위해 빌린 돈을 갚을 수 있었던 것도 마포구 아파트의 전세금 덕택이었다. 시세로 따졌을 때

마포구 아파트의 전세금은 일산 아파트 분양 상한가의 80퍼센트에 맞먹었다. 이 사례는 전세제도와 분양정책의 결합이 만들어 내는 효과를 잘 보여준다. 우선, 분양가에 비해 전세가가 매우 높다는 것은 주택 구입을 합리적인 목표로 만들었다. 또한 전세금으로 분양가의 일부를 지불할 수 있기 때문에 아파트 매입을 가능하게 했다. 결국, 임대를 할 수 있는 경제력이 있는 사람이면 전세금과 분양 정책을 이용해서 아파트 구입을 시도할 수 있는 것이다. 다른 측면에서 보면 최소한 전세의 형태로라도 초기 자본을 갖고 있으며 추가적인 금액을 지불할 수 있는 희망자만이 분양 제도를 통한 주택 소유 정책의 혜택을 받을 수 있다는 의미이기도 하다.

이 순간에도 하위 계층은 아파트 단지로부터 멀어지고 배척되고 있다. 사실 이들에게 아파트 임대는 불가능하다. 그들의 재산 정도에 적합한 15평 정도의 소형 아파트는 물량이 적고, 25평형은 너무 비싸기 때문이다. 이런 경우에는 10평에서 최대 20평의 다세대나 연립, 단독주택의 일부분을 임대하는 수밖에 없다. 이것이 15평에서 살고 있는 전 씨의 예다. 실제로 아파트가 다른 주택에 비해 평당 가격이 더 비싸기 때문만은 아니다. 오히려 문제는 부유층에게 맞추어져 있는 큰 평수의 아파트의 면적에 있다. 앞서도 말했지만 한국의 아파트는 국민주택과 거리가 멀다. 델리상이 '열등 도시인'(sous-citadin)이라 부른 월세 임대인들은 한국의 주택정책으로부터 철저하게 배제되었다.

앞서 살펴본 사례들을 통해 알 수 있듯이 한국의 중간계급이 주택을 소유할 수 있었던 것은, 주로 비공식 금융시장에 기초한 저축과 대출 때문이었다. 모든 사례에서 확인되는 한국 가정의 높은 저축률은 새삼스러운 일이 아니다. 비공식 금융시장이 큰 역할을 했다는 것은 개인이 은행으로부터 부동산 대출을 받기가 쉽지 않았다는 것을 의미한다. 한국의 은행에서 부동산 및 기타 대출을 받으려면 개인 재산 담보, 급여 담보 및 타인 재정보증 등이 필요했다.

처음부터 자본이 있었던 장 씨를 제외하고는 사례 조사 가구 모두 가족들에게 돈을 빌렸다. 마포구 재개발단지 경비원인 전 씨가 '운이 좋아' 가족에게 돈을 빌려 재개발 단지의 아파트를 매입한 사실을 기억해보자. 가족, 가족의 친구, 친구의 친구까지도 이 개인적 차원의 연대 조직에 소속되어 있다. 장시간의 인터뷰에 응해 준 모든 사람들이 이렇게 비공식 금융시장의 도움으로 상당 금액을 모을 수 있었다고 설명했다.

중간계급이 아파트에 몰리게 된 메커니즘

"아파트에 대한 한국인들의 망설임은 여러 가지 이유로 설명된다. 첫째로, 아파트는 그들의 전통적인 '모두스 비벤디'(생활양식)에 맞지 않기 때문이다. 둘째, 한국인들 대부분이 소유주가 되기를 희망한다. 일반적으로 집을 산 사람은 그에 따르는 땅도 사게 된다. 그러나 아파트 거래에는 땅이 고려되지 않는다. 신수동 아파트의 주민들이 스스로 소유주임을 자랑스럽게 생각하지 않는 것은 땅을 소유하지 않았기 때문이다. 셋째, 많은 가구들이 한 건물에 거주하지 때문에 각 세대는 그들의 생활수준이 곧바로 이웃에 노출될 것이라고 생각한다."(Lee Hyo-jae 1971, 41)

1970년대 초반에 쓰인 위의 글은 많은 생각을 하게 한다. 현재의 관점에서 볼 때, 아파트에 대한 한국인들의 태도는 완전히 달라졌다. 더 중요한 것은 해석의 논리가 급변한 것이다. 1970년 공동주택에 관한 한국인들의 망설임을 설명하기 위해 제시된 여러 가지 요소들은 역설적이게도 오늘날 바로 아파트에 대한 한국인들의 열광을 설명하는 요소가 되었다. 이효재는 신수동 아파트의 주민들이 자신의 생활수준을 이웃의 호기심이나 판단의 대상으로 보지 않았다고 말한 바 있다. 반면 우리의 조사 결과는 주민들이 자신의 생활수준을 이웃의 생활수준과 비교하며 일치를 희망하는 것으로 나타난다. 분명 주택 구조의 급격한 변화가 주민들 개개인의 생각에도 변화를 초래한 것이다.

1990년대 말 아파트 매입자가 값을 지불한 면적에는 전용면적과 공유면적이 포함되고, 공유면적에는 층계, 승강기, 입구 등 건물 내의 공용 공간과 내부 도로, 놀이터 등 단지 내 공용 공간이 포함된다. 여기에다 최근 건설된 아파트 단지에는 지하주차장 면적이 추가될 수 있다. 그러므로 매입계약은 아파트에만 국한된 것이 아니다. 이효재는 땅을 소유하지 않았다고 생각하는 주민들의 느낌을 지적했다. 농경적인 가치관에 강하게 젖어 있던 1960년대 말 서울 시민들로서는 당연한 생각일 수 있으나, 1990년대 중반의 조사 결과에 따르면 이는 완전히 변화됐다. 설문 대상자 중 아무도 그런 느낌을 드러내는 사람은 없으며 아파트는 더 이상 토지를 소유하지 못했다는 이유로 결핍감을 가져다주지 않는다. 지불능력이 있는 계층을 위하여 20년간 시행되어 온 주택 소유 위주의 대단지 아파트 건설 정책이 추진된 결과, 대다수 한국인들에게 오늘날 집을 소유한 주인의 지위를 가장 잘 상징하는 것은 땅과는 무관한 아파트가 되었다.

대규모 주택 건설과 개인적 주택 소유를 핵심으로 한 한국 주택정책의 특성, 정부와 재벌기업 간의 긴밀한 유착 관계, 권위주의 정부가 주도한 급격한 경제성장, 정부가 통제한 주택 양산 과정의 특수한 구조, 경제성장의 국가적 목표를 뒷받침한 서울의 도시계획 등은 한국에서 아파트 단지 건설이 유래를 찾기 어려울 정도로 활발하게 전개됐던 이유를 설명해 준다. 이처럼 아파트 단지는 도시 형태의 측면에서 한국 경제의 '기적'을 낳게 한 과정과, 30년에 걸친 농경토지사회에서 도시산업사회로의 급격한 이행을 반영한다. 건설 회사와 분양 희망자들에게 엄청난 이윤을 남겨준 분양가 통제제도는 이 과정에서 만들어졌다. 주민들은 주택을 양산하는 도시계획 안에서 하나의 집합적 세력으로 고려되고 움직였던 존재였다. 처음에 서울 주민들은 아파트에 대한 저항세력을 형성했다. 그러나 새로운 주택 형태를 전파하기 위한 정부의 전략이 도시 역동성을 강남으로 재분배하면서 대규모로 시행되자 여론은 급선회했다.

이러한 여론의 급선회가 국가의 권위주의적 통제의 산물만은 아니었다. 이 과정에서 한국인이 사회적 지위를 주장하는 방법에도 변화가 있었기 때문이다. 그리고 그것은 1960년대 말만 해도 하위 계층의 주택 유형으로 간주되던 아파트가 왜 점차로 도시 중산층을 대표하는 특성적 기호의 하나가

됐는가를 설명해 준다. 또한 주택 시장과 임대 시장에 각 개인의 접근 방법을 결정하는 경제적·물질적 조건들은, 어떻게 중간계급 대다수가 아파트단지의 대규모 개발에 참여하게 되었는지 하는 구조를 밝혀 준다. 결국 '아파트'는 상품이 되고, 재테크의 수단이 되었다. 권위주의 국가는 인구 성장을 관리하고 봉급 생활자들이 경제 발전에 헌신하도록 가격이 통제된 아파트를 대량 공급하려 했다. 그리하여 중간계급을 대단지 아파트로 결집키시고, 이들에게 주택 소유와 자산 소득 증가라는 혜택을 주었으며 그들의 정치적 지지를 획득할 수 있었다. 결국 이러한 호 혜택의 구조 때문에 한국의 도시

그림 14_아파트단지의 양산 메커니즘

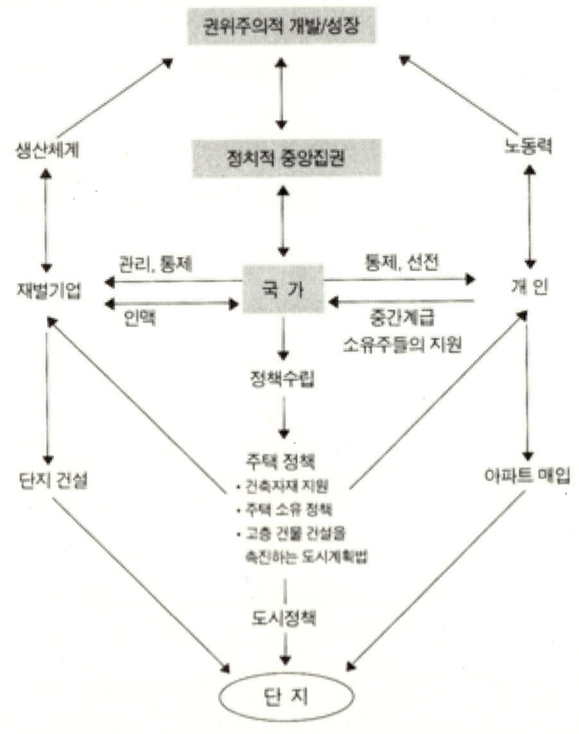

중산층과 중간계급 일반이 아파트 단지를 중심으로 하층의 사회계층으로부터 공간적으로 분리될 수 있었다. 주거 공간의 획일화를 너무도 쉽게 수용하는 한국인들의 문화적 무관심은 이렇게 해서 허용되었다. 한마디로 말해 한국의 아파트 단지는 권위주의 산업화의 구조와 특성, 여기서 비롯된 계층적 차별 구조와 획일화된 문화양식을 가장 잘 보여주는 사례이자 그 산물이라 할 수 있다.(〈그림14〉)

지금까지 한국에서 아파트 단지가 짧은 시간에 대량으로 생산될 수 있었던 구조를 공급 측면(정부의 주택정책, 재벌 건설사의 참여 등)과 수요 측면(중간계급의 재테크전략, 계층구조 등), 나아가 이 과정에서 아파트에 부여된 이미지와 상징체계가 어떻게 변화되었으며, 하층을 배제하는 주거 형태로 고착되었는지를 살펴보았다. 그렇다면 한국의 아파트가 갖는 건축학적 특성과 대규모단지가 만들어 내는 도시계획 내용은 어디에서 유래했을까? 서구적이고 현대적인 주거 모델이라는 일반화된 통념은 얼마나 사실이고 또 사실이 아닌가?

[출처] 발레리 줄레조, 길혜연 역, 「한국의 아파트와 도시의 중간층」, 『아파트 공화국』, 후마니타스, 2007, 134~145쪽.

아동기(兒童期)라는 중독현상

리 호이나키

저 역시 부모님의 지하실과 테이블에서 물건을 훔친 적이 있습니다. 그것은 제가 탐욕에 휘둘렸기 때문이거나 제게 장난감들을 파는 다른 아이들에게 줄 물건을 갖기 위해서였습니다. 물론 그 물건들은 그 장난감들만큼 아이들을 즐겁게 할 수 있는 것이어야 했습니다. 종종 놀이에서 질 때는 저는 이기고 싶은 헛된 욕망 때문에 부정직한 승리를 기도하기도 했습니다 … 이와 같은 짓을 단지 철없는 소년의 순진성이라고 할 수 있을까요? 아닙니다. 오 주님, 결코 아닙니다. 하느님, 제가 아니라고 말할 수 있도록 기도를 드립니다.

－성(聖) 아우구스티누스

고등학교를 졸업한 직후, 18번째의 생일을 맞은 몇주 뒤, 나는 속으로 다시는 되돌아오지 않으리라 맹세하면서 집을 떠났다. 나는 졸업 때까지 꾹 참고 있다가 이제야 떳떳하게 집을 떠날 수 있게 되었다고 생각했다. 마치 내가 조그만 소읍에서 촌뜨기 부모의 감시 하에 너무나 오랫동안 좁게 갇혀 있었던 것과 같은 기분이 되어 나는 가능한 한 멀리 가고자 했다. 나는 "해병대에 들어와 세계를 보라"는 징병광고에 끌려 군대에 들어갔다. 지금, 50년이 지난 뒤에, 나는 내 부모님과 그 소읍을 전혀 다른 눈으로 보고 있다…! 먼 오지(奧地)의 전기가 들어오지 않는 농가에서 길고 고요한 겨울밤들을 지내는 것은 내 삶의 큰 선물 중 하나이다. 끊임없이 변화무쌍하게 펄럭거리는 난롯불을 보고, 바깥의 바람소리에 반응하여 그 불이 탁탁 소리를 내는 것을 들으면서, 나는 이제 예전에 내가 못 보던 내 삶의 여러 국면들을 본다. 예를 들어, 나는 내 부모님이 어떤 사람들이었으며, 그들이 부모로서 무엇을 하려고 했던가를 마침내 이해하게 되었다는 생각이 든다. 예전에 내가 집을 떠날 때 나는 내 부모, 특히 아버지에 대한 커다란 분노로 몸을 떨었다. 자주 나는 아버지와 이야기를 하다가, 그가 무지와 편견에 갇혀 있다고 생각해서 그에게 소리를 지르고, 모욕하고, 비난을 하는 것으로 대화를 끝내곤 했다. 내 사춘기적 지혜를 한바탕 폭발하듯이 쏟아붓고는 나는 아버지의 반응을 기다려 듣지도 않고 방을 뛰쳐나오곤 했다. 자만심과 허영심이 내 분노를 자극했지만, 또한 나는 심각한 박탈감 속에 있었다. 즉, 아버지 때문에 내게는 아동기가 없었다고 느끼고 있었던 것이다.

아버지와 그의 부모가 1900년에 폴란드에서 이민을 왔을 때, 그는 두 살이었다. 그들은 그의 아버지가 석탄광산에서 일자리를 발견한 소읍, 일리노이주 링컨에 정착했다. 그 무렵에는 읍내에서도 소 한 마리와 닭들과 돼지 한 마리를 키우고, 넓은 텃밭을 가꾸는 것이 가능했다. 오늘날 나는 그 무렵 이민을 온 사람들에게 있어서 세계와 자신을 보는 방법, 생각하고 행동하는 방식은 수백년 혹은 수천년 동안의 경험－'자급적 생존'의 경험, 즉 전적으로 화폐경제 속에서만 살아본 일이 없는 사람들의 경험을 상속한 사람들의 것이었다고 이해한다. 내 조부님은 임금 노동의 필요성을 감사하게 받아들이고, 그래서 매일 자신의 가족을 편안하게 부양하기 위해 일하러 가셨지만 — 어렸을 때 나는 두 개의 (조그마한) 거실을 가지고 있던 조부님의 집이 엄청나게 크고, 호화스러운 집이라고 생각했다 — 그는 산업화의 도상에 있던 미국에서는 이례적인 습관에 집착했다. 예를 들어, 그와 내 조모님에게는 아이들을 낳고 기르는 기쁨은 부분적으로 '모든' 가족이 집안일에 참가하는 전통적인 방식에서 연유하는 것이었다. 아주 어린 아이들도 일찍부터 자기보다 어린 동생들을 돌볼 책임을 졌다. 가족이면 누구든 가정경제 내에서 자신의 몫이 있었다. 즉, 누구나가 필요한 존재였다. 커다란 텃밭과 과수원이 하나 있었다. 소는 누군가가 읍의 변두리에 있는 초지로 데려가야 했고, 하루에 두차례 젖을 짜야 했다. 그리고 그 젖은 누군가가 이웃사람들에게 팔고 배달하였다. 닭들도 누군가가 돌보지 않으면 안되었다. 아이들은 모두 남자든 여자든 충분히 나이가 들면 곧바로 시간제 일자리를 찾아 일했다. 이런 종류의 생활에서 아이들은 결코 값비싼 골칫거리가 아니었고, 저 뛰어난 교육평론가 존 홀트(홈스쿨링을 제창한 미국의 교육가, 철학자 – 역주)가 중산계급용 '고급 애완동물'이라고 부른 존재가 될 수는 없었다.

새로운 땅에서 내 아버지는 중학교까지 다녔다. 그는 학교교육 자체를 거부할 만큼 세련된 사상을 가지고 있지는 않았지만, 자신에게는 더 이상의 교육이 필요하지 않다는 것을 알 만큼은 영특했다. 6형제의 맏이로서 그는 그렇게 하여 가족의 부양을 돕고, 다른 남녀 동생들이 고등학교에 갈 수 있도록 했다. 그는 형제들 중 죽을 때까지 계속해서 그 읍에 남아서 살았던 유일한 존재였다. 그는 장소에 대한 감각, 즉 익숙한 장소에 뿌리를 내리는 것의 중요성에 대한 가장 강력한 감각을 갖고 있었던 것으로 보인다.

내가 성장하는 도중에 그 읍과 그곳 주민들은 좀더 도회적으로 되었다. 내 조모님은 여전히 닭들을 기르고 계셨지만, 오직 읍 변두리에 사는 몇몇 사람들만이 소와 말 혹은 돼지를 키우고 있었다. 어떤 사람이 말이 끄는 수레를 타고 매일 읍내의 큰길과 골목을 다니면서, 자기가 키우는 돼지들을 위해 쓰레기와 버려진 식료품을 구집하였다. 이때는 농사에서 화학물질을 광범위하게 사용하기 전이었기 때문에 그는 안심하고 이 찌꺼기들을 가축들한테 먹일 수 있었다. 이것을 현대적 쓰레기 처리의 초기형태로 생각하는 사람이 있을지 모르겠다. 그러나 그것은 나중의 쓰레기 처리와는 매우 다른 것이었다. 그 무렵에는 '쓰레기'로 낭비되는 것이 거의 없었다. 먹을 수 있는 찌꺼기들을 제외하고 수집할 수 있는 게 거의 아무것도 없었다. 그 읍에서 사람들이 살아가는 방식은 여전히 그런 것이었다. 정교한 포장 같은 것은 아직 보편화되지 않고 있었다. 사람들은 내던져버릴 것이 사실상 거의 없었다. 규칙적인 쓰레기 치우기라는 제도는 아직 존재하지 않았다.

결혼할 무렵에 아버지는 시골 우체국의 우편 배달원이라는 좀더 나은 일자리를 얻었다. 그는 아침 일찍 일하러 갔고, 보통 정오 무렵이면 집으로 돌아왔다. 지금 생각하니 아버지는 날마다 그 나머지 시간을 '자급적 활동'이라고 부를 수 있는 일에 대개 바쳤던 것 같다. 예를 들어, 그는 폐차가 된 두 대의 '포드 모델A' 자동차의 부품들을 활용하여 사륜 트레일러를 만들어서는 자신이 직접 고안하고 만든 고리로 자기 차의 뒤에 연결하여 끌고 다녔다. 그렇게 하여 이 트레일러가 딸린 차는 물건들을 운반하는 일종의 트럭으로 이용될 수 있었다.

한번은, 어떤 직업적인 벌목꾼들이 읍에서 조금 떨어진 곳에 있는 검은 호두나무 숲에서 나무를 베어 '판재(板材)'를 만들어 가져간 적이 있었다. 그들이 쓸모없거나 값나가는 것이 아니라고 버리고 간 것들 중에서, 아버지와 할아버지는 커다란 톱을 가지고 통나무들을 베어, 그것들을 트레일러에 싣고 읍내의 제재소로 운반하였다. 그러고는 아버지는 그 목재들을 시골에 있는 내 외할아버지의 창고로 가져가서 거기서 그것을 몇 년 동안 말리고 숙성시켰다. 그리하여 판자들을 쓸 수 있게 되자 그는 그것들을 읍내의 매우 숙련된 가구제작자인 한 독일인 이민자에게 가져갔다. 카탈로그에 나와 있는 그림들을 보고 난 뒤에 내 부모님은 그 공예가에게 식당용 가구로 그들이 원하는 디자인을 보여주었다. 나는 아주 어린 아이였지만, 아직도 그 독일 사람이 더듬거리는 영어로 내 부모님에게 하던 말을 기억하고 있다. 그는 자기만의 독특한 접착제를 만드는 비밀처방을 갖고 있고, 그것을 쓰면 가구가 결코 실패하는 일이 없다고 설명했다. 60년이 지난 지금도 그 잘생긴 가구는 여전히 완벽한 모습으로 서 있다. 나는 그 읍에서 그것이 유일하게 견고한 식당용 호두나무 가구가 아닐까 하고 생각한다.

아버지는 가구제작 기술은 없었지만, 목수일, 배관, 전기배선을 할 줄 알았다. 그에게서 나는 알코올 수준기(水準器)에서 파이프 깎는 기계, 그리고 (가솔린과 수동식 압축 공기를 연료로 하여 땜질 인두를 덥히기 위해 사용되는) 가스 발염기(發焰器)에 이르기까지 모든 기초적인 손도구들의 사용법을 배웠다. 그는 전기를 쓰는 도구를 사지 않았다. 나는 아버지가 장도리의 못뽑이와 볼핀해머의 차이, 톱질할 때 가로켜키와 세로켜기의 차이, 혹은 그것들 각각의 용도에 관해서 내게 일일이 가르쳐주셨다는 기억이 없다. 하지만 나는 그러한 것들을 다른 많은 것과 더불어 배웠고, 오직 지금에 와서야 나는 그 배움을 이해하고, 감사할 수 있게 되었다. 오늘날 나는 다양한 건축 프로젝트를 위해 이 도구들을 어떻게 사용하는지 알고 있다.

내가 아주 어렸을 때 그는 내게 아동용 수레를 만들어주었다. 그것을 만드는 방식은 전형적으로 독특한 것이었다. 그는 자신이 만들 수 있는 것일 때는 결코 무엇인가를 사는 법이 없었다. 그는 자신이 할 수 있는 것이면 어떤 서비스에 대해서도 돈을 지불하지 않았다. 하지만 나는 그가 내 아이들을 위해 수레를 하나 만들고 있는 모습을 보았을 때에야 비로소 그가 그것을 실제로 어떻게 만드는지를 알았다. 그는 시(市)의 쓰레기 집하장에서 바퀴와 차축과 핸들을 건져내었다. 그는 또한 거기서 쓸 만한 목재를 찾아내었고, 그것을 가지고 수레의 바닥과 다른 많은 것을 만들었다. 나는 내가 서너살 때 찍은 사진을 본 기억이 있는데, 그 사진 속에서 내 한 발은 집에서 만든 스쿠터(한 발은 올리고 다른 발로 땅을 쳐서 달리는 아동용 탈 것 - 역주)의 발판에 올려져 있었다. 나는 아마도 틀림없이 공장에서 만든 스쿠터를 가진 적이 한번도 없었을 것이다. 그것은 내 부모님이 여유가 없었기 때문이 아니라, 그렇게 경박하게 물건을 산다는 것은 인생살이에 관한 그들의 관념에 맞지 않았기 때문이다.

어떻게 해서 그렇게 되었는지는 기억이 잘 안 나지만, 아버지는 내가 새 수레를 어떻게 선용해야 할지 내게 아이디어를 하나 주셨다. 나는 읍내의 골목길을 오르내리면서 집집마다 문을 두드려 낡은 신문이나 쇠붙이, 헝겊과 유리조각들을 줄 수 있겠느냐고 부탁할 수 있었다. 그리하여 나는 그 신문들을 온실로 가져갔다. 거기서는 식물과 꽃들을 포장하는데 쓰기 위해서 그것들을 사주었다. (오늘날 나는 이 풍습이 오직 '제3세계' 국가들에서만 계속되고 있음을 보았다.) 그리고 지역 고물상(古物商)에서는 모든 것을 다 사주었다. 나는 엄청나게 크고 매혹적인 두 개의 고물 집적소를 본 기억이 나는데, 작은 소년으로서는 잘 들여다볼 수 없을 만큼 거창한 규모였다. 하지만 고물상은 나와 내 작은 수레를 큰 트럭에 고철(古鐵)을 가득 싣고 온 어른 남자와 대등하게 받아주었다. 우리들은 차별 없이 우리가 가져온 물건의 무게에 따라 돈을 받았다. 친절한 고물상의 도움으로 경제가 무엇인지를 배우는 소년들이 있는 한, 그 읍에는 전문가에 의한 쓰레기 치우기라는 제도의 필요성이 거의 없었다. 나는 그렇게 번 돈으로 예금 계좌를 하나 열 수 있었다. 돈과 은행이라는 개념에 대한 나의 입문을 부모로부터 받은 용돈이 아니라, 나 자신의 기업(起業) 행위를 통해서였다. 나는 내가 일찍이 부모님에게서 돈을 받아본 기억이 없다. 단지 어떤 할머니가 우리들 아이들을 볼 때마다 10센트짜리 동전을 주곤 하셨다.

나는 또한 소년이 할 수 있는 일거리를 찾는 것을 배웠다. 예를 들어, 나는 새벽이 되기도 전에 일어나 자전거를 타고 읍의 변두리로 달려가서는 거기 있는 큰 밭에서 검은 나무 딸기들을 채취했던 게 기억난다. 내 수입은 내가 얼마나 일하고, 얼마나 빠른 속도로 채취하는가에 정확히 비례하였다. 그것은 내게 흥미진진한 일이었다. 훨씬 나중에 나는 이것이 이른바 성과급 노동이라는 것으로, 공장 노동자들을 착취하는 데 사용되는 방법의 하나라는 것을 알았다. 하지만 그때 나는 그 딸기밭 주인으로부터 매우 너그러운 대우를 받고 있다고 생각했다. 가게들이 문을 열 시간이 되면, 주인은 자신의 작은 트럭에 딸기들을 싣고, 그것들을 읍내의 식료품점들에 배달했다. 회고컨대, 이 전체 과정은 관계된 사람 모두에게 이익을 주는 뛰어나게 합리적인 과정이었던 것처럼 보인다.

아직 중학교에 다니고 있을 때에 나는 '국가'의 운영 메커니즘에 입문하였다. 아버지가 나를 우체국으로 데리고 갔고, 거기서 나는 사회보장 카드를 받았던 것이다. 그리고 나는 그것을 몹시 자랑스럽게 여겼다! 그것은 내가 더 이상 어린아이가 아니라, 이제는 어른이라는 것, 그래서 나는 이제 공식적으로 한 사람의 성인으로서 일을 할 수 있다는 것을 증명해주는 표지였다. 그 직후 나는 일자리를 하나 발견했다. 그래서 나는 종업원들이 사회보장 카드를 지니고 있을 것을 요구하는 정규 사업장에 처음으로 고용되었다. 한 지방 인쇄업자가 그들이 발행하는 무료 주간지의 배달을 위해 나를 고용했던 것이다. 나는 아직 읍의 일간지를 배달할 만큼 충분히 나이가 들지 않았다. 그 일자리는 좀더 나이든 소년들이 자기들끼리의 치열한 경쟁을 통해서 얻을 수 있었다.

나는 토요일 오후마다 영화—서부극—를 보기 위해 돈을 지불했지만, 그밖에 다른 개인적 쾌락이나 오락을 위해서 내가 번 돈을 사용한 기억은 없다. 나는 내가 이런 습관에 있어서 내 친구들과 다른 점이 있다는 것을 알았다. 그들은 돈이 생기면 곧바로 그것을 써버렸다. 그러나 나는 우리들 사이의 근본적인 차이를 생각해보지는 않았다. 즉, 그들은 옷이나 음식, 애정이나 규칙을 다른 사람으로부터 받듯이 돈을 다른 사람으로부터 받아서 썼다. 그들은 부모들에게 매여 있는 의존적 존재였다. 지금 생각하면, 내 부모님은 전혀 다르게 사셨다. 우리집에서는 누구든 일하고 저축했다. 지나치게 의존적인 것은 품위 없는 것이었고, 낭비하는 것은 죄악이었다. 오늘날 내가 거의 자동적으로 하는 행동들을 생각해보고, 내 부모님의 삶을 되돌아보면, 나는 그들의 삶의 방식이 얼마나 강하게 나에게 영향을 끼쳤는지를 알 수 있다. 매일 되풀이되는 판에 박은 일상적 행위들의 연속은 그 방식의 어떤 양상을 드러내준다. 아버지는 시골길을 가며 우편물을 배달하기 위해서 자동차가 하나 필요했다. 집으로 오면 그는 그 차를 바로 차고로 넣었다. 그는 차를 절대로 거리에 주차시키지 않았다. 다시 밖으로 나갈 필요가 있으면 그는 걷거나 오래된 구식 자전거를 탔다. 그는 정말로 필요할 때만 차를 탔다. 나에게도 자전거가 한 대 있었는데, 그것은 아버지가 어떤 친구에게서 얻은 매우 평범한 '유행에 뒤떨어진' 중고(中古)자전거였다. 나는 새 자전거를 가져본 적이 없다. 그러나 나는 이 모든 것에 대해 한 번도 항의를 해본 기억이 없다.

나는 훨씬 나중에 아버지가 자동차를 팔아버리고 차를 모는 것을 그만둔 뒤에 그의 자전거에 관해서 내 누이동생과 나눈 이야기를 기억하고 있다. 누이는 내가 아버지에게 자전거를 더 이상 타지 말도록 말씀드리라고 애원했다. 그의 나이에 자전거는 너무 위험하고, 그녀는 아버지가 원하는 곳 어디든지 쉽게 모셔다드릴 수 있다는 것이었다. "잘못하면 17번가의 어디서 다쳐서 돌아가실지도 몰라" 하고 그녀는 아버지가 자주 자전거를 타고 다니시던 읍내의 제일 번화한 거리를 언급하며 말했다. 그러나 나는 내가 아버지에게 개입을 하지 않겠다고 말했다. 내가 무슨 소리를 하는지도 의식하지 못한 채 나는 누이동생에게 그런 식으로 아버지가 돌아가신다면 그것도 좋을 것이라고 말했다. 아마도, 나는 아버지에게 가급적 많은 자유와 독립성을 허락하는 것의 중요성을 이해하고 있었다. 우리가 어렸을 적에 아버지가 우리들을 대했던 것과 같이 노년의 아버지를 그렇게 대하는 것이 옳을지도 모르는 것이었다.

이 예전의 기억들은 모두 좋고, 불쾌한 기억이 없다. 나는 집에서 만든 기구를 가지고 아버지를 따라 낚시질을 배우러 나갔을 때의 흥분이 기억난다. 또 다른 날에는 어느 겨울에 나는 아버지와 할아버지를 따라 인근 숲으로 가서 그들이 땔감을 위해서 손 연장을 가지고 엄청나게 큰 나무를 베는 것을 구경하였다. 구경을 하면서 나무가 쿵 하고 쓰러지는 것을 기다리는 동안 나는 그들이 피워놓은 조그마한 불을 쬐고 있었다. 일요일이면 우리는 때때로 인근 도시의 동물원이나, 또 다른 도시의 공원으로 가곤 했다. 나는 모형 비행기 제작에 열을 올리기도 했다. 여름 동안에는 근처 도시에서 일요일 오후에 '모형 비행기 대회'가 열리곤 했다. 이 행사가 열릴 때마다 아버지는 내가 거기에 참가하도록 나와 내가 만든 모형 비행기를 타로 태워주셨다. 어머니는 우리에게 도시락과 큰 냉차 병을 주셨다. 우리 식구 누구에게도 거기 가서 소다 음료와 샌드위치나 스낵을 사먹으면 된다는 생각이 떠오르지 않았다. 나는 그때 우리가 먼 곳으로 간다고 생각했으나, 지금 생각하니 그것은 30마일 정도밖에 되지 않는 거리였다.

그때 이후 나는 이 짧은 여행들에 대해서 생각해보았다. 아버지는 자동차를 사용하는 데 그 자신에게 몹시 엄격했다. 예를 들어, 그는 평생동안 휴가여행으로 어디든 가본 적이 없었다. 예외적으로 우리 가족이 한번 백마일 정도 떨어진 어떤 도시의 친척을 방문한 적이 있었는데, 이것은 대단한 여행으로 간주되었다! 내가 처한 지리적 세계의 범위는 이러한 것이었다. 나는 내가 집을 떠날 때까지 그보다 더 멀리 여행을 해보지 못했다. 그러나 아버지는 나를 그 모형 비행기 대회에 데려가주는 데는 언제나 열심이었다. 나는 비행기를 잘 만들었고, 상을 받았다. 아마도 아버지가 이러한 활동을 존중한 것은 섬세한 나무 조각들과 아교와 부드러운 종이를 가지고 내가 만든 것이 그 예술적 솜씨와 아름다움에 있어서 그의 마음에 드는 것이었기 때문인지 모른다. 오늘날 이것은 취미활동이라고 불려지고 있는데, 내가 보건대 실제로 이 취미활동을 통해서 아무것도 만들어지는 것은 없다. 모든 조각들은 미리 절단되어 있고, 모양이 만들어져 있어서, 단지 그것들을 조합만 하면 될 뿐이기 때문이다.

내가 기억하는 한, 그 무렵에 나는 박탈되어 있다는 느낌을 갖고 있지 않았다. 나는 어떠한 원한의 감정도 없었다. 일하는 것은 뜻이 있었고, 보답이 있었다. 나는 여러 가지 일을 할 줄 알았다. 나는 스스로 돈을 벌었다. 나는 어떤 독립성을 경험하였다. 상당한 정도로 나는 한 사람의 성인으로 살았다. 나는 또한 보이스카우트에도 참가하였고, 야영(野營)에 열광적이었다. 나는 값싸고 낡은 텐트를 하나 샀지만, 그밖에 가게에서 살 수 있는 장비는 거의 아무것도 갖지 않았고, 제복도 완전히 갖추지 않았다. 나는 나무로 된 뼈대를 가지고 배낭을 직접 만들었다. 우리가 스카우트 대장을 잃어버리고, 다른 사람을 찾지 못했을 때, 아버지는 스카우트 조직관리에 거의 아무런 재능이 없었지만 우리들을 위해서 대장노릇을 해주셨다.

내가 부모님에 대해 다르게 느끼기 시작한 것은 고등학교에 들어갈 무렵이었을 것이라고 나는 생각한다. 여자 아이들에게 흥미를 갖게 된 나는 극도로 자의식이 강해졌다. 나는 내가 여드름을 가지고 있다고 생각해서 가정의(家庭醫)에게서 특별 주사를 맞았다. 이발소에서 나는 피부를 깨끗이 하는 데 도움이 된다고 하는 얼굴 마사지를 받았다. 나는 자의식이 강해져서, 아버지가 '정확한' 문법을 구사하지 않고, 또 집에서는 일요일을 제외하고 언제나 '농부' 차림을 하고 지내는 게 못마땅했다. 그는 또한 읍에서 유일하게 자기 차 뒤에 트레일러를 달고 늘 무엇인가를 실어 나르고 있었다. 그는 항상 검은색의 '실용적인' 차만을 구입했다. 말할 것도 없이, 아버지는 오일과 윤활유를 '대량으로' 사서 직접 오일을 갈고, 기름칠을 했다. 오늘날 나는 이런 식으로 오일과 윤활유를 살 수 있는지 의문이다. 그것들은 지금 오직 작은 일회용 포장으로 제공되고 있을 뿐이다.

내가 내 친구들을 태우고 인근 도시에서 열리는 축구나 농구 경기를 보러 가려고 할 때마다 아버지는 언제나 내가 그 차를 쓰도록 허락하였다. 전쟁 중이었으므로 가솔린 배급제가 시행되고 있던 때였는데, 아버지는 때때로 그 사실을 내게 상기시켜주었다. 그는 우편배달 업무 때문에 'C'급 배급카드를 갖고 있었고, 그래서 자신이 필요한 가솔린 전부를 구할 수 있었다. 하지만 그 자신은 꼭 필요한 경우 외에는 절대로 차를 사용하지 않았다. 아버지는 내가 전쟁에 관해 생각해야 한다고 말하면서도, 내게는 좀 더 관대했다. 그러나 나는 나 자신 속에 너무나 갇혀 있었기 때문에 먼 곳의 전쟁에 관해서 마음을 쓸 수는 없었다. 내 큰 걱정은 저 검은색 포드 차를 가지고는 내가 데이트를 하는 처녀의 환심을 살 수가 없다는 두려움이었다. 그리고, 아버지가 저런 옷차림을 하고, 저런 식으로 말을 하는데, 어떻게 내가 그녀를 집으로 데리고 올 수 있겠는가?

나는 정기적인 방과 후 일자리를 가졌기 때문에 학교생활의 마지막 학기는 출석하지 않아도 되었다. 처음에 나는 이것을 자랑스럽게 여겼다. 나는 나와 몇몇 소수의 학생에게만 주어지는 이 특권을 가지게 된 것이었다. 그러나 나는 내가 아는 다른 아이들이 모두 매일 학교가 끝난 뒤에 읍내로 한가롭게 걸어가서 '구스네' 가게에서 체리 코크를 마시곤 하는 것을 목격했다. 토요일 밤이면 거기서 흔히 댄스파티도 열렸다. 나는 토요일에도 밤 열시까지 온종일 일해야 했다. 이곳은 농장지대의 읍이었고, 따라서 농부들은 가게들이 저녁 늦게까지 열려있는 토요일에 볼일을 보러 왔다. 나는 그 댄스파티에 갈 수 없거나, 아니면 아주 늦게 가거나 할 수밖에 없었다. 왜냐하면 일이 끝난 뒤 집으로 가서 샤워를 해야 했기 때문이다. 그러자 나는 내가 희생을 당하고 있다고 느끼기 시작했고… 그리고 엄청난 분노를 느끼기 시작했다. 그러나 나는 지금 내 속에 쌓이고 있던 분노는 나 자신의 이기심과 허영심과 큰 관계가 있다는 것을 깨닫는다. 나는 그때 아버지가 나를 이렇게 일을 하지 않으면 안 되는 상황에 가두어놓고, 내 친구들의 자유분방한 즐거움을 내가 갖지 못하게 한다고 상상하면서, 아버지에게 적대했던 것이다. 내가 합법적으로 아버지의 통제를 벗어날 수 있게 되었을 때 나는 그렇게 했다. 그리고 나는 내가 원한 것을 얻었다. 해병대는 신병훈련이 끝나자 나를 곧바로 중국으로 보냈던 것이다!

지금 나는 부모님이 나를 근대적인 의미의 '아동기(兒童期)'로부터 구제하려고 애쓰고 계셨던 것이라고 생각한다. 물론 그들이 이런 것을 말하지도 않았고, 설명도 할 수 없었을 것이다. 그들의 태도와 행동은 그들 자신의 역사, 즉 '아동'이라는 불구적인 방종의 시기를 거치지 않고 아이들이 어른으로 성장해온 여러 세기에 걸친 역사로부터 직접 나온 것이었다. 나의 아버지도 어머니도 자기 자신 아동기라는 것을 알지 못했다. 어머니는 딸 넷 중의 맏이로 농가에서 자랐고, 그래서 일을 할 수 있는 나이가 되자마자 가정경제에 참여해야 했다.

존 홀트는 근대적 아동기의 독특한 성격은 이런 것이라고 믿었다. 즉, 그것은 아이들을 어른의 세계로부터 분리시켜, 어린 사람들을—특히 중간 내지 상층 소득 가정에서—값비싼 골칫거리, 허약한 보물, 노예, 그리고 초고급 애완동물의 혼합물로 만들어놓는다. 물론 내 부모님도 나도 이런 것을 조금도 경험해본 것은 없다. 역사가 필리페 아리에스가 몇 년 전에 보여준 것처럼, '아동기'라는 근대적 현상은 그 기원을 17세기 유럽의 중산계급의 상승에 두고 있는 하나의 사회적 구축물이다. 그것은 우리가 지금 이데올로 그라고 이해하고 있는 사람들의 창안물이며, '하층'계급이나 농민들에게까지 미친 것은 아니었다. '아동기'의 출현은 젠더(性)사회, 즉 남자와 여자가 사고(思考)와 언어에 있어서 각기 분리된 영역을 차지하고, 각기 다른 도구를 가지고 일하며, 고유의 남성 혹은 여성적 행동양식에 따라 행동하는 사회가 파괴되는 것과 일치하였다. 문화적으로 만들어지고 승인된 젠더의 패턴이 더 이상 존재하지 않게 되자 어린 소년과 소녀들에게는 그들이 따라야 할 범례가 없었다. 그들은 예전처럼 어른이 될 수 없었다. 그 대신 '아동기'와 '사춘기'가 그들을 위해서 만들어졌다. 오늘날 내 주위를 둘러보면, 많은 사람들이 풍요로운 십대의 비속함과 공허함으로부터 스스로 해방되는

데 어려움을 겪고 있음을 알 수 있다. 그들은 멈추어 있다. 그들은 아이들의 수준을 벗어나지 못하고 있는 것이다.

내 아버지는 논리적으로 설명할 수 있는 사람이 아니었다. 그는 어머니와 함께 앉아서 나와 내 누이와 남동생을 위해서 무엇이 제일 좋은 것인지를 의논하지 않았다. 그의 세계에서 그러한 질문은 떠오를 수 없었고, 실제로 그것은 어리석거나 무익한 질문으로 여겨졌다. 아버지와 어머니의 태도와 행동을 이끈 지혜는 여러 세기에 걸친 경험으로부터 자라나왔다. 그것은 사고(思考)에 선행하는 문화적·도덕적 자세였고, 박식한 상상력보다 더욱 근원적인 것이었다. 그들이 남자와 여자로서 자리 잡은 위치는 마치 인도의 부족민들이 살고 있는 기초적인 장소와 같은 것이었다. 인도의 부족민들과 함께 살아본 한 친구는 이 부족민들이 문자의 세계로 들어가게 되면 여태까지의 자연적·문화적 세계에서 발휘하던 삶의 능력을 상실하게 된다고 내게 말하였다. 내 부모님은, 문자를 해독하는 사람들이었지만, 그들 자신의 전통적인 믿음과 행동양식을 어떻든 유지하고 있었던 것이다.

농민이라고 일컬어진 내 부모님의 조상들은, 지식인들이 만든 이 근대적 형태의 면역결핍증 즉, '아동기'라는 것에 감염된 적이 없었다. 오래된 관습에 깊이 뿌리를 내린 양친은 또한 소비주의적 생활양식에의 손쉬운 적응에 저항할 수 있는 강한 성격을 소유하고 있었다. 우리는 읍내에 살았고, '공황기' 내내 아버지가 괜찮은 봉급을 계속 받고 있었지만, 부모님은 그럼에도 불구하고 될 수 있는 대로 독립적으로 되려고, 즉 될 수 있는 대로 화폐경제 시스템 바깥에서 살기 위해서 노력하였다. 아버지는 너무 나이가 많아서 일을 할 수 없게 되었을 때에 비로소 자신의 큰 텃밭을 포기하셨다. 어머니는 돌아가실 때까지 계속해서 통조림을 만들어 음식을 보존하고, 바지를 다리고, 우리가 먹는 빵과 케이크와 쿠키를 만드셨다. 나는 우리가 겨울에 먹던 고기는 야생 토끼였다는 기억이 난다. 아버지는 오래된 버려진 목재(냄새 때문에 최고라고 아버지가 말한)를 가지고 나무덫을 만들었고, 우리 가족과 이웃들에게 신선한 토끼를 공급하였다. 그에게 잔인한 쇠덫을 쓰지 말라고 하기 위해서 동물의 권리를 운운할 필요가 없었다. 쇠덫은 공장에서 제조되고 있었다. 그것을 사려며 화폐경제 속으로 좀 더 깊이 들어가지 않을 수 없고, 그리하여 좀 더 의존적으로 되고 허약해지지 않을 수 없었다. 아버지는 낡은 황마(黃麻)자루에 방금 잡은 토끼를 산 채로 넣어서 가지고 오곤 하였다. 나는 지금도 아버지가 능숙하게, 재빨리 토끼의 목구멍을 베어 즉석에서 죽여서는, 깨끗하게 껍질을 벗기고 창자를 꺼내기 위해서 두 개의 못 위에 그것을 걸어놓던 광경을 회상할 수 있다.

토요일 밤마다 아버지는 내 외가의 조부모님의 농가에서 가져온 크림으로 우리들의 버터를 만들었다. 일요일이면 우리는 자주 그 농장에서 가져온 닭을 먹었다. 교회에 다녀오는 길에 우리는 늘 일요일 저녁식사 시간의 아이스크림을 만드는 데 필요한 얼음덩어리를 구하려고 얼음가게에 들렀다. 우리들 아이들도 이 가족의 의식(儀式)에 필요한 역할을 하였다. 우리는 얼음과 소금을 채울 때가 되었을 만큼 커스터드가 충분히 단단해지면 아이스크림 냉각기의 크랭크를 돌리곤 하였는데, 그것은 우리들 아이들이 실제로 우리들 자신의 손으로 뭔가 일이 이루어진다는 것을 느끼면서 하는 활동 중의 하나였다. 우리는 포장이니 상품이니 하는 것들이 부재(不在)한 세계에서 살았다. 그것은 명사(名詞)의 세계가 아니라 동사(動詞)의 세계였다. 우리는 우리의 일상생활의 실체와 리듬에 능동적으로 영향을 끼치고, 그것들을 만들어내었다.

우리는 우리가 집에서 우리 자신의 손으로 제공할 수 있는 것은 어떤 것도—물건도 서비스도—사본 적이 없다. 나는 내가 집을 떠나기까지 레스토랑에서 식사를 해본 적이 없다. 그러나 우리는 조부모님이나 그 밖에 다른 친척집에서 빈번히 '외식'을 했다. 지금 생각해보면 내 부모님은 하나의 삶의 방식으로서의 근대성에 대한 동경도, 욕구도 갖고 있지 않으셨던 것 같다. 끊임없이 무엇인가—물건과 서비스와 문화—를 소비하고, 대부분 쓰레기와 신경증적 징후를 생산해내는 그런 종류의 생활에 대해서 말이다.

나는 내가 학교 공부를 잘 해야 한다거나, 대학에 들어가야 한다거나 하는 그런 말을 들어본 기억이 없다. 내가 기억하는 것은 아버지가 자주 되풀이하시던 충고이다. "뭘 하든지 기술을 배워야 해. 그게 언제든 쓸모 있는 거야." 아버지가 말한 기술이라는 것은 배관일, 목수일 혹은 자동차 수리기술 같은 것이었다. 우리는 여행을 통해서 우리의 시야를 '넓힌'적이 없다. 그러나 우리는 자주 친척들을 방문하고, 매년 열리는 가족재회에 빠진 적이 없다. 그날은 하루 종일 인근 도시로 외출하는 날이었다. 우리 부모님이 미술관이나 극장 혹은 음악회에 우리들을 데리고 감으로써 우리들에게 '문화'를 먹여주려고 시도한 적도 없다. 우리가 사는 읍에는 그런 곳은 하나도 없었다. 하지만 나중에 중단되기는 했지만 나는—가외의 비용이 드는—피아노 레슨을 받았다. 내가 아버지에게서 '결함들'을 발견하던 때와 거의 같은 시기에 나는 피아노를 더 이상 계속하는 것을 거부했다.

내가 여러 나라에서 겪어본 다양한 하위문화들에서 내 주위 사람들을 관찰해보고, 또 서양문학에 대한 나의 독서를 근거로 판단해볼 때, 나는 지금 내가 그 소읍에서 '고급'문화의 소비보다도 엄청나게 더 귀중한 어떤 것을 배웠다는 것을 깨닫는다. 그것은 모든 진정한 예술적 아름다움의 표현에 선행하는 진리, 즉 내가 육체노동의 가치를 배웠다는 사실이다. 웬델 베리는 좋은 농사를 짓는 데 필요한 육체노동의 경험은 전통적으로 덕있는 삶으로 이해되어온 것의 바탕을 이루는 독립적 인격과 자신감의 원천이라고 믿는다. 육체노동으로부터 멀리 떨어진, 일견 성공적인 학자의 생활을 하고 있었음에도 불구하고, 나는 처음 읽자마자 베리의 글의 진실을 깨달았다. 그리하여 나는 내 삶의 공허함을 채우기 위해서 내가 어떤 변화를 꾀해야 한다고 믿게 되었다. 그러나 나는 내가 어렸을 때 우리 부모님이 보여주신 강하고 흔들림 없는 본보기를 기억하고 있지 않았더라면 내가 그러한 깨달음이나 감동을 받을 수 있었을지 매우 의심스럽다.

나는 부모님으로부터 인생을 어떻게 살아야 한다는 충고를 들은 기억이 없다. 양친의 가르침은 말이 아니라, 그들 자신의 삶이 보여주던 조용한 확신을 통해서 이루어진 것이었다. 어떠한 성찰적 합리화, 정당화 혹은 신비화도 없이 그들은 자신이 어떠한 삶을 살고 싶은지를 알고 있었다. 그러나 그들 자신과 나에 대한 그들의 엄격성에는 또한 괄목할 만한 관용의 정신이 들어있었다. 고등학교 3학년 때 나는 바깥에서 친구들과 어울릴 때 담배를 피우기 시작했다. 그리고 곧바로 나는 우리집의 내 방에서 담배를 피우겠노라고 선언했다. 부모님은 어느 쪽도 담배를 피우지 않았지만 한마디 논평 없이 내 선언을 조용히 받아주셨다. 하지만 나는 이런 '행운'을 함부로 멀리까지 밀고 나가는 모험을 하지는 않았다. 나는 내가 해병대 복무를 마치고 집으로 돌아올 때까지 우리집의 다른 방들에서는 담배를 피우지 않았다.

그와 같은 시기에 내 친구들과 나는 술을 마시는 실험을 시작했다. 그 소읍에서 우리는 이따금 술취한 읍내 사람들로 하여금 우리들에게 위스키를 사게 할 수 있었다. 어느 날 나는 아버지에게 나와 내 친구들을 위해서 맥주 한 상자를 사달라고 부탁했다. 나는 친구들을 우리집으로 불러 남자들만의 저녁 포커 파티를 열고 싶었다. 아버지는 자신이 맥주를 별로 마시지 않고, 위스키는 전혀 마시지 않으면서도 별말 없이 곧바로 내 부탁을 들어주셨다. 내 친구들은 이 파티가 있다는 것을 자기 부모들한테는 감추어야만 했다. 그들은 자기네 집에서 이러한 자유로운 파티를 연다는 것은 감히 생각도 할 수가 없었다. 내 친구들 가운데서 내 부모님만이 아이들에게 '자립'을 가르치고, 동시에 그 아이들의 흡연과 음주 같은 것을 허용한 것은 무슨 까닭이었을까?

오늘날 중산계급 속에서 일반적으로 볼 수 있는 '아동기'의 삶에서 아이들은 실제로 '연관관계'를 체험하지 못한다. 밭에서의 일과 자신이 먹는 것 사이의 관계, 사고(思考)와 건축일과 집 사이의 관계, 인간활동과 그것이 이루어지는 장소 사이의 관계, 그들 자신과 그들의 삶에 있어서의 어른들 사이의 관계 등등.

대부분의 아이들에게는 자신이 필요한 존재라는 일상적인 체험, 즉 집안일이 자기가 없으면 안된다는 것을 진정으로 느낄 수 있는 기회가 없다. 그리하여 그들은 이러한 일에 참여하지 못하면 그들이 자기 자신으로부터 절연된다는 것, 즉 자신의 온전한 자아로부터, 자신을 둘러싼 공동체로부터, 가족으로부터 절연된다는 것을 알 기회를 갖지 못한다.

20년쯤 전에 이런 생각을 하면서, 그때 일곱 살과 여덟 살이었던 우리의 두 아이를 보면서, 나는 우리 부부가 그들에게 '아동기'를 마련해주고 있으며, 그들을 위해서 최고의 학교를 찾고, 늘 아이들에게 자양분이 될 만한 경험을 제공해야 한다는 생각으로 도시에서 열리는 문화행사들을 살펴보고 있었다는 것을 알게 되었다. 나는 아이들한테나 그들의 부모인 우리에게 무슨 일이 일어나고 있는지 제대로 이해하지 못했으면서도 무엇인가 잘못되고 있다는 것을 느꼈다. 나는 내가 아이였을 적에 배웠음에도 불구하고, 그리고 내 아버지의 충고에도 불고하고, 쓸모 있는 기술이 아니라 박사학위를 얻었고, 자급적 삶을 위한 일과는 너무도 먼 대학교수로서의 일을 했다. 그리하여 우리의 아이들은 '아동기'로 말미암아 타락하고 있었고, 나는 대학교수라는 일자리 때문에 갈수록 무력해지고 있었다. 그런데도 나는 이 상황을 명확히 볼 수 있을 만큼 명민하지 못했다. 나는 오직 의혹만을 가지고 있었을 뿐이다.

이 무렵은 내가 정치학 교수직을 버리고, 낡았지만 잘 보존되어 있던 아버지의 연장들을—아버지는 모든 연장을 두 개씩 갖고 계셨던 것 같고, 자신이 쓰고 있지 않은 연장을 가져가라고 하셨다—수습해서 내가 어린 시절에 처음 배웠던 그 기술들을 실천하기로 시작했을 때였다. 그 기술이란 자(尺)와 망치와 톱을 어떻게 다루고, 백묵선(白墨線)을 어떻게 이용하며, 어떤 렌치가 어떤 일에 필요한지를 아는 것이었다.

우리는 가급적 경제로부터 독립적으로 되기를 원했다. 학교를 그만두고, 우리가 살 집이 세워질 때까지 천막 속에 살기로 된 아이들은 비바람으로부터 사람을 보호하기 위해서는 무슨 일을 해야 하며, 인분을 처리하고, 집을 설계하고 건축하기 위해서는 무엇을 해야 하는지를 보았다. 그들은 그들 자신의 능력껏 목수일, 벽돌쌓기, 배관일을 배우고, 어떻게 먹을 것을 기르고, 가축을 돌보아야 하는지를 배웠다. 우리의 새 집은 태양열을 이용하도록 설계되었는데—이것은 잘 작동했다.—그러나 차가운 기운이 흐린 날씨와 겹치는 날에는 장작난로에 의한 보조적 난방이 필요했다. 우리는 구식의 아름다운 요리용 스토브를 가지고 음식을 해먹었고, 여기에도 장작이 필요했다. 그래서 통나무를 베어 쪼개어야 했다. 나는 일인용 톱과 가로켜기

2인용 톱, 두 개를 가지고 있었다. 나는 아이들에게 2인용 톱을 가지고 톱질을 해볼 것을 제안했다. 그들은 반대하지 않았다! 그래서 매일 점심을 먹은 다음 우리는 두세 개의 통나무를 톱으로 썰었다. 그들은 자신들이 이용당하고 있는 게 아니라, 그들이 하는 일이 꼭 필요한 일이라는 것을 분명히 깨닫고 있었다. 나중에 그들은 자신의 노동의 열매를 곧바로 즐기면서, 달아오른 난롯불 앞에 앉아있는 즐거움을 누리는 것이었다.

그러나 내가 했던 것 중에 한 가지는 좋지 않았다. 나는 아이들을 충분히 신뢰하지 않았다. 우리는 교묘하게, 그리고 때로는 직접적으로, 그들의 학습을 조직하려고 노력했다. 우리는 그들에게 매일 수학공부를 좀 하도록 제안했고, 나는 시카고대학에서 발간된 주해본(註解本) 아동도서 목록을 조사한 다음 그 중 좀더 '나은' 책들을 골라 아이들에게 읽어보라고 했다. 매주 우리는 지역 공공도서관을 방문했고, 거기서 아이들은 자신의 읽을거리 대부분을 고르도록 허용되었다. 매주 그 분량은 상당한 것이었다. 자기들의 부모가 독서를 하고 있는 모습을 보고, 또 텔레비전이 없기 때문에, 아이들이 자연스럽게 책을 집어들었을 것이라고 나는 생각한다. 그때 나는 아직 진 리들로프가 쓴 책(≪연속개념≫)을 읽지 않았었고, 따라서 그녀가 베네수엘라의 예쿠아나족 속에서 발견한 사실에 대해 지식이 없었다. 예쿠아나족의 부모들은 어떤 인류학자의 해석에 기초한 합리적인 이론이 아니라, 아이들과의 육체적인 접촉에 바탕을 둔 '본능적인 무위(無爲)'를 실천하고 있었다. 이 책은 아이들을 키우는 일에 관해서 내 부모님이 알고 있었던 것이 무엇인가를 설명하는 데 도움을 준다. 그들은 전(前)합리적 문화패턴에 따라 행동했던 것이다. 그런데 나는 사회화의 과정과 아동양육법에 관한 근대적인 아이디어와 책들로 인해 타락했기 때문에 그러한 패턴에 의지할 수가 없었다. 아버지와 어머니는, 어린아이들이 '철이 들면'—대개 일곱 내지 여덟살이 될 때—한 사람의 성인으로, 진지하게 대우받아야 한다고 생각하였다. 즉, 귀염둥이나 성가시고 값비싼 응석받이로 여겨져서는 안된다는 것이었다. 내 친구 한 사람은 그녀 자신의 경험을 토대로, '아동기'가 청소년기로 투사되면 아동 성(性) 학대 현상이 증가된다고 믿고 있다. 웬만큼 자란 아이가 한 사람의 성인으로 대접받으면 그 아이는 원치 않는 성적 접촉에 저항할 준비를 훨씬 더 잘 갖추게 되고, 어느 정도의 독립성과 자율성, 자기의 발로 서서 스스로를 온전히 방어할 진정한 능력을 가진 사람으로서 자기 자신을 습관적으로 경험하게 된다는 것이다.

그 무렵, 나는 아직 존 홀트의 ≪아동으로부터의 도피≫를 모르고 있었다. 어린시절의 나 자신의 경험과 시골에서의 내 아이들의 경험을 돌아본 뒤에 나는 이제 홀트의 입장이 심각하게 고려되지 않으면 안된다는 것을 안다.

> 연소자(年少者)들은 자신의 배움을 통제하고 관리할 권리를 가져야 한다. 즉, 그들이 무엇을 배우기를 원하고, 언제, 어디서, 어떻게, 얼마나, 얼마나 빨리, 그리고 어떤 도움을 받아서 그들이 배울 것인지를 결정할 권리를 가져야 한다… 배움의 자유는 사고(思考)의 자유의 일부이며, 언론의 자유보다 더욱 기본적인 것이다. 만약에 우리가 자신이 무엇을 알고자 하는지 결정할 수 있는 권리를 누군가에게서 빼앗는다면 우리는 그의 사고의 자유를 파괴하는 것이며, 그때 사실상 우리는 "너에게 관심이 있는 것 말고, '우리'에게 관심이 있는 것에 관해 생각해야 한다"고 말하는 셈이다… 그들[미국헌법의 기초자들]에게는 가장 전제적(專制的)인 정부일지라도 인민의 정신을 통제하여, 인민이 생각하고 알아야 할 것을 통제할 수 있다는 생각은 떠오르지 않았다. 그런 생각은 겉으로는 자애로운 듯 보이는 보편적인 의무교육제도 밑에서 나오게 되었다.

우리가 자란 과정을 되돌아봄으로써 나는 이제 나나 내 아이들이 간섭을 받지 않고 혼자 있게 되었을 때 가장 잘 배우고, 좀 더 나은 배움의 대상을 선별할 수 있었다는 것을 안다. 홀트는 옳았다. 아이들은 천부적으로 호기심이 많고, 배우고자 하는 강한 열망을 갖고 있으며, 독립적으로 배우고자 하는 의지를 갖고 있어서 일반적으로 그들이 요청하지 않을 때는 따로 가르칠 필요가 없다. 예를 들어, 나는 한번은 우리집과 이웃집의 아이들이 분주하게 뭔가를 하고 있는 모습을 목격했다. 나는 그들에게 무엇을 하고 있느냐고 물었다. "우리는 신문을 발행하고 있어요" 하고 그들이 말했다. 그 종이에는 펜으로 그려진 그림들과 탁본(拓本, 그들은 양각(陽刻)이 되어 있는 표면에 종이를 놓고 그 위를 연필이나 크레용으로 문질러 탁본을 만드는 방법을 스스로 발견했다)들과 다양한 카테고리—뉴스, 특집기사, 만화, 스포츠 기사 등등이 각각의 필자의 이름과 함께 나와 있었다. 나는 아이들이 일찍이 신문을 주의해서 보고 있었다는 것을 몰랐다. 지역 주간신문이 우편으로 배달되어왔지만, 나는 아이들이 그것을 읽거나 그 내용을 순서에 따라 조사하도록 제안해본 적이 없었다. 우리는 대부분의 이웃사람들의 집에서 멀리 떨어져 살고 있었으므로 아이들은 그들의 신문을 서너 부밖에 배달할 수 없었다. 하지만 신문은 모두 하나씩 개별적으로 손으로 제작되었기 때문에 더 많은 부수를 발행하는 것은 어려웠을 것이다. 게다가, 그들은 그렇게 하고자 하는 욕망도 갖고 있지 않았다. 수를 센다는 것은 그들의 머리에 떠오르지 않았다. (어떻게 하면 더 많은 사람들에게, 더 효율적으로 이것을 가져갈까?!) 그들은 근대적 에토스의 흔적도 보여주지 않았다. 하루 내지 이틀 뒤에는 그들은 그들이 생각해낸 또 다른 모험에 분주히 열중하고 있었다. 다양한 활동과 프로젝트를 행하면서도 그들은 특별한 재료를 요청하는 일도 거의 없었고, 어디로 데려다 달라는 부탁도 하지 않았다. 그들은 언제나 풍부한 상상력을 발휘하여 임시변통을 하곤 하였다. 우리가 시골에서 살고 있는 동안 나는 그들이 "뭐 재미있는 거 없어? 심심해 죽겠어" 따위의 불평을 하는 것을 한번도 들은 기억이 없다.

존 홀트는 믿었다. 아이들의 권리에 관한 그의 제안은,

> 어떠한 나라이든 명민하고, 정직하고, 친절하며, 인간적인 곳이면 잘 실현될 수 있을 것인데, 그런 나라에서 대체로 사람들은 다른 사람들 위에 군림할 필요도, 그럴 욕구도 가지고 있지 않으며, '제일 최고'가 되는 데 마음을 쓰는 일도 없고, 심한 빈곤과 소외감, 실패에 대한 끊임없는 두려움 속에서 살지도 않으며, 서로서로 착취하거나 잡아먹는 일도 없을 것이다.

그렇다면, 그러한 권리는 내가 자란 읍과 같은 곳에서, 그리고 자신들의 상속받은 지혜에 따라 행동할 만큼 충분한 통찰력과 용기를 가진 어떤 종류의 구식의 부모 밑에서만 행사될 수 있는 것이었다. 농장에서 우리는 우리 자신의 아이들에게 그들이 어떻게 일을 할지를 배울 뿐만 아니라, 대부분의 사람들이 '천한 일'이라고 간주하는 일을 해야 할 필요성을 배울 수 있는 기회를 주고, 그들이 '마음대로 놀' 수 있는 장소, 그리고 마지막으로, 그들이 진실로 필요한 존재로 간주되는 가정을 제공하려고 노력했다.

우리는 운이 좋거나 축복을 받았다. 우리는 벽지(僻地)에서 토지를 구했고, 내 아내의 설계에 따라 집을 지었으며, 우리 자신의 손으로 먹을 것을 길러 먹었고, 물을 얻었다. 그리고 이 모든 것을 전기(電氣)의 도움 없이 해냈다. 아이들은 부모가 먹을 것과 거처를 마련하기 위해서 거의 매일 온종일 열심히 일을 하는 모습을 보았다. 그러면서 그들은 우리가 많은 책을 읽고, 이웃사람들을 방문하며 즐거움을 누리고, 지역 교회의 활동에 참가하는 것을 보았으며, 또한 사람들이 단순히 얘기를 나누기 위해서 혹은 우리가 어떻게 사는지를 좀 더 자세히 보기 위해서 종종 우리를 보러 오는 것을 보았다. 기본적으로, 나는 그들에게 더 이상 필요한 것이 있었다고 생각하지 않는다. 그들에게는 그들의 감수성이나 마음을 넓히기 위한 어떠한 계획된 공부나 커리큘럼 혹은 프로그램이 필요하지 않았던 것이 확실하다. 웬델 베리가 쓰고 있듯이, 사람은 자기의 장소가 주는 작은 즐거움들을 느끼는 그만큼, 그는 강하며, 반면에 꼭 돈이 들어야 누릴 수 있는 즐거움들이 필요한 그만큼, 그는 약하다.

아이들이 자란 뒤에 나는 라임병(미국 코네티커트주의 소도시 라임에서 처음 발견된 발열, 오한에서 관절염, 신경장애까지 일으키는 병 - 역주)이라고 하는 것에 관해서 들었다. 그렇게 겁나는 병을 유발한다고 하는 진드기들은 우리가 사는 곳에서 매우 흔했다. 하지만 아이들은 세세한 경고를 받지도 않았고, 계절과 각자의 취향에 따라 반바지나 긴바지를 입는 등 자기가 입고 싶은 옷과 특별히 다른 옷차림을 갖추지도 않았다. 그러나 그들은 재빨리 자신의 몸에서 진드기를 찾아내어 제거하는 데 전문가가 되었다. 그들은 자유롭게 주변

들판과 숲속을 다니면서도 그 일대의 독사들, 저 위험하고 공격적인 살모사에게 물린 적이 한번도 없었다. 그들은 그런 독사들이 있다는 것을 알고 있었고, 집으로 돌아와서 그런 뱀을 보았다고 내게 가끔 얘기를 해주었다. 나는 대개 그들의 상상력이 그들이 본 어떤 것과 관계를 맺었을 것이라고 생각하면서 혼자 미소를 지었다.

내가 리들로프와 홀트를 읽었을 때, 나는 마침내 내 부모님이 용감하게 했던 일이 무엇이었는지를 이해하게 되었다. 그들은 내가 '근대적 아동'으로 되는 것을 막아주었던 것이며, 그것은 내가 나중에 내 자신의 아이들에게 하고자 했던 일이다. 나는 지금 아이들을 어떻게 대우해야 하는지에 관한 나의 본능적 앎이, 내가 아직도 기성의 제도적 기관에 긴밀히 연루되어 있을 때 내 본능이 근대적인 사고와 관습에 의해 파괴되었던 만큼 철저히 파괴되지 않았음을 느낀다. 나는 또한 몇 년 전에 칠레에서 본 한 다큐멘터리 영화를 통해서 이러한 것을 이해하는 데 크게 도움을 받았다. 그 해에 미국 국세청이 나를 놀라게 한 일이 있었는데, 그것은 그들이 나에게 천 달러가 넘는 수표를 보내주었기 때문이다. 이혼을 한 '가장'으로서 나는 그 무렵 나와 함께 살고 있던 내 아들과 나 자신을 부양할 만큼 충분한 돈을 벌지 못하고 있다고 그들은 판단했던 것이다. 나는 그 해에 더 많은 소득에 대한 필요를 느끼지 않고 있었다. 이 돈을 가지고 어떻게 할 것인가? 나는 그때 30년 동안이나 내가 칠레에 있는 옛 친구들을 방문하기 위해서 무슨 방법이 없을지 늘 기다리고 있었다는 생각이 났다. 나는 그때까지 여행에 필요한 돈이 없었다. 그런데 갑자기 이것이 가능해졌다! 내 딸은 자신의 비용으로 나와 함께 가기를 원했다. 그리하여, 칠레에서 친구들의 권유로 나는 그해에 '쿠바영화제'에서의 최고상을 포함하여 다양한 상을 받은 이 다큐멘터리를 보았던 것이다.

그 영화는 몇몇 중상류 및 상류층 대학생들이 자발적으로 산티아고의 빈민가 '바리아다'의 아이들과 함께 일하고 있는 것을 보여주는 이야기였다. 빈민가 아이들의 삶의 실상을 보여주기 위해서, 다시 말해서 그들의 삶이 얼마나 '박탈된' 것인가를 보여주기 위해서 영화제작자들은 두 아이, 아홉

내지 열 살 가량의 소년과 소녀의 일상적 활동에 초점을 맞추고 있었다. 그들은 어린 소녀가 집에서 만든 수레를 끌고 도시의 이 쓰레기통에서 저 쓰레기통으로 옮겨 다니면서, 그 쓰레기 더미들로부터 캐낸 '보물들'로 수레를 조금씩 채워가는 모습을 추적하고 있었다. 그날 저녁 그 소녀는 자기가 자신과 가족을 위해 건져낸 것들은 자랑스럽게 웃음 띤 얼굴로 들어 보여주었다. 어린 소녀에 관한 이야기는 천조각 하나, 구두약 하나, 그리고 집에서 만든 간단한 발걸이 하나를 가지고 구두닦이를 위해 시내로 들어가는 모습으로 시작되고 있었다. 그는 나중에 좀 더 다양한 구두약과 솔을 가질 수 있게 되었다. 그는 그가 어머니를 위해 산 모든 가정용품과 자기가 번 돈으로 마련한 학용품들을 보여주었다. 이 아이들이 멋진 카메라를 든 낯선 사람들 앞에 서 있을 때 그들의 얼굴과 태도에는 자신감과 자립, 기쁨과 자부심이 분명하게 드러나 있었다. 이 아이들은 한번도 '아동기'를 즐겨볼 기회가 없을 것이다. 하지만 그들 자신의 힘으로 그들은 재빨리 성숙한 인간이 된 것이다. 그들의 자존심은 그들이 카메라 앞에서 움직일 때 꾸밈없는 자세에 명백히 드러나 있었다. 나는 특권적인 학생들의 삶에 관해 조금 알고 있다. 즉, 그들이 그들의 나이 수준에 따른 장난감들에 둘러싸여 어떻게 자라고, 그것이 노년과 죽음에 이르기까지 어떻게 계속되는가를 알고 있다. 나는 충격 속에서 그 영화제작자들의 뛰어난 예술을 통해서 어떤 그룹의 아이들이 박탈되어 있고, 어떤 그룹이 축복받았는지를 깨달을 수 있었다. 물론, 이러한 해석은 칠레와 쿠바의 비평가들이 내린 해석과는 전혀 상반된 것이다.

내 부모님은 뼈와 살 속에서 근대적 '아동'이라는 것이 나쁜 것이라는 것을 알고 있었다. 오늘날 '아동기'는 소비주의에 대한 중독성 의존증(依存症)을 일찍부터 기르고, 직업적 전문가들과 정부기관들에 의한 다양한 복지 프로그램에 기대는 것을 배우는 효율적이고 효과적인 놀이터로서 기능한다. 이런 종류의 아이들 키우기는 거의 틀림없이 나이는 어른이지만 여전히 아이로 남아있는 인간을 산출한다. 그런 인간에게는 계속해서 장난감이 필요하고, 만족감이 없으며, 이만하면 충분하다는 느낌이 드는 법이 없다. 그들은 최소한의 것을 추구한 소로우의 이상(理想)이 내포한 지혜를 알아보지 못하고, 평생 동안 한 장소에 머물면서 그 장소가 제공하는 경이로움을 갈수록 더 깊이 느끼는 삶 속에서 행복을 발견할 수 없다. 오늘날 미국인들이 보편적으로 경험하는 '아동기'는 갈수록 지나치게 버릇없는 인간들로 넘쳐나는 새로운 세대들을 산출하도록 프로그램화되어 있다. 오늘날의 아이-어른들은 끊임없이 유동적이며, 언제나 새로운 일자리와 다른 도시를 찾아 헤매면서, 판에 박은 일상을 깨기 위해서 여행상품을 산다. 그러나 그들은 그들의 갈급증을 치유할 수가 없다. 그들은 휴가에 '이국적'이고 '흥미로운' 곳을 끊임없이 방문하여, 갈수록 심해지는 권태로움을 해소하고, 그들의 사회적 지위를 확실히 하기 위해서 필요한 돈을 버느라고 강박적으로 쫓기고 있다.

내가 나의 일자리를 떠날 때, 나는 내가 좋은 삶을 살기 위해서는 모든 근대적 기관들—교육, 건강, 고용, 문화적 기간—을 거부해야 한다고 믿었다. 이제 나는 내 부모님의 농민적 '편협성'이 보다 용기있고, 보다 대담한 것이었음을 깨닫는다. 그때 그들을 둘러싼 세계에서 중산계급의 '아동기'라는 관행을 의심하는 어떤 목소리도 없었다. 나는 배우는 것이 느린 사람이다. 그러나 나는 내 부모님이 그들 자신의 지혜로써 자신들의 삶을 좋은 삶으로 만들고, 그들의 아이들에게 매일매일의 덕행의 본보기를 보여주었을 뿐만 아니라, 또한 그들의 아이들을 '아동기'라는 수렁으로 빨아들이는 시대적 흐름에 조용히, 그리고 용감하게 저항할 수 있었다는 것을 마침내 깨닫게 되었다.

[출처] 리 호이나키, 김종철 역, 「아동기라는 중독현상」, 『정의의 길로 비틀거리며 가다』, 녹색평론사, 2007, 216~239쪽.

잘못된 관행, 표절의 생태학

최 장 순

1) 윤리지침, 일반론·각론 모두 필요

일련의 연구부정 사태 이후 학계가 연구윤리 확립을 위한 규정 및 지침 마련에 나서고 있다. 그러나 연구부정의 다양한 유형과 수위 앞에서 어떻게 기준을 정하고 보편적인 규정을 제정할 수 있을 것인지 난감한 것이 사실. 또한 학계 공론을 통한 기본적인 원칙에 대한 합의도 없이 학회·대학별로 진행되고 있어 복합학문의 시대에 혼란을 초래할 우려도 있다. 이에 교수신문은 '잘못된 관행, 표절의 생태학'이란 기획을 마련, 그간 지적되어온 연구부정 사례들과 아직 드러나지 않은 신종 사례들을 수집하여 이 각각이 어떤 종류의 부정에 해당하는지, 한 종류의 부정행위엔 어떤 하위 부류들이 존재하는지, 학문분야별로 이러한 모습은 어떻게 다르게 인식되고 있는지를 총체적으로 파악해 공론화하고자 한다.

연구부정 행위의 주요 유형, 특징, 사례

대표적인 연구부정 행위로 위조, 변조, 표절, 자기표절, 명예저자, 중복게재 등이 있다. 이 각각의 행위들은 가령, '위조이면서 표절이고, 게다가 중복게재'라는 식으로, 서로 중첩되어 나타나기도 한다.

연구부정행위	내용	유형/사례
위조(Fabrication) 변조(Falsification)	존재하지 않는 연구자료나 결과를 있는 것처럼 꾸미는 것 연구자료 및 결과를 조작하거나 바꾸는 것	– 황우석 사건(韓, 2006) – 윌리엄 서머린 사건(美, 1974) – 헤르만-브라흐 사건(獨, 1997) – 다이라 가츠나리 사건(日, 2006)
표절(plagiarism) (일본: '盜作')	다른 사람의 아이디어, (실험) 공정, 연구 결과, 혹은 단어를 적절한 인용 없이 이용하는 경우	– 무단전재 – 텍스트 일부 무단 도용 – 독창성 없는 문장바꿔쓰기(paraphrasing) – 연구물의 구성 및 문제의식 도용 – 표절된 논문을 또 다시 표절한 경우 – 원전 번역을 가장한 重譯 – 번역서 내의 역주 표절
자기표절 (Self/Auto-plagiarism)	적절한 인용 없이 도용하는 원 출처가 자신의 논문이나 저서인 경우	무단복제형 쪼개기형(논문 나누어 복제·생산) 조립형/통합형(여러 편의 논문 한 편으로 요약하기)
명예저자 (Honorary authorship)	△ 연구가 시행된 부서나 프로그램의 주임교수이거나 △ 연구지원금을 제공한 경우 △ 해당 분야의 선도적 연구자인 경우 △ 주요저자의 멘토인 경우 논문에 '무임승차'	
중복게재(duplicate publication)	"연구 발표를 언급하지 않은 채 같은 정보를 또 발표하는 것"	

※ 참고자료: N. H. Steneck, "ORI Introduction to the Responsible Conduct of Research" (교육부 번역, '연구윤리소개'), 과학기술부, 연구윤리·진실성 확보를 위한 지침 해설서", 8.11

현재 학계는 일부 교수들의 연구부정행위로 인해 '표절공화국'이라는 오명을 뒤집어쓴 상태다. 물론, 표절을 저지르는 소수로 인해 전체가 비난받을 수 없는 노릇이지만, 표절에 관한 교수들의 문제의식이 명확하지 않다는 것은 부인하기 어렵다. 표절을 포함한 기타 연구부정행위가 발각되면, 해당 연구자의 '도덕성'을 질타하고 적절한 처벌을 가하면 그만이겠지만, 문제는 어디서부터 어디까지가 부정행위인지 명확한 지침이 없으며, 징계의 절차와 수준에 대한 논의 역시 제대로 마련돼 있지 않다는 것이다.

해외의 경우 표절에 대한 윤리의식은 철저하다. 캐나다에 소재한 캘거리대 정치학과의 경우, "어떠한 출처에서든지(from any source) 네 단어 이상을 사용하면" 반드시 인용부호를 넣고, 해당 출처를 명기해야 한다고 규정하고 있다('Write on: A Reference Manual for students Research and Writing'). 단지 네 개의 단어인데도 그 출처를 밝혀야 할 정도로 엄격하다.

관행이라는 이름의 자기합리화, "이젠 안통해"

■ **사례** 1: 최근 ㅂ 학회 소속의 한 연구자는 박사학위논문을 쪼개고 자기표절하여 또 다른 논문을 완성했다. 이 연구자는 "선배들이 학위논문에서 부분을 소개하는 형태로 쪼개어 게재하는 것은 문제가 없다고 했다"고 주장했다.

해당 학회의 김 아무개 학술이사는 "학위 논문의 재생산은 강하게 금하고 있다"고 일축했지만, 그 외에 많은 교수들은 "박사학위논문은 출간되지 않아 널리 소개할 필요가 있으며, 별도의 논문으로 발표하지 않으면 사장되기 일쑤"여서 "권장하는 편"이라고 입을 모으고 있다.

학위 논문의 재생산은 지금까지의 관행상 '권장사항'이었던 게 사실. 하지만 지금은 상황이 달라졌다. 논문이 통과되는 즉시, 어느 누구나 국회도서관 및 각종 기관을 통해 논문을 접할 수 있어, 동일논문을 재생산할 필요가 없는 상황이 되었기 때문이다.

이와 관련해 ㅍ 연구소의 한 연구원은 "우리는 박사학위논문을 쪼개어 작성된 논문은 탈락시킨다는 원칙을 가지고 있다"고 전한다. 이미 논의된 내용을 중복 게재할 수 없다는 말이다. 이처럼 상황이 변화하고 있어 그간의 관행에만 의존할 수는 없는 문제다.

■ **사례** 2: 윤리교육 전공의 한 교수는 동일 학술지에 실린 세 편의 논문을 그대로 오려다 편집해 다른 학술지에 게재했다. 해당 교수는 "내 논문을 인용했기 때문에 인용표시를 하지 않았다"고 주장했다. 현재 해당 학회에서는 이 교수의 연구부정행위를 확인, 논의를 진행하고 있으나, 불이익을 줄 수 있는 마땅한 제재 규정이 없어 "앞으로는 이런 일을 삼가해 달라"는 식의 통보서를 보낼 예정이다.

이와 관련해 ㅎ 학회 소속의 한 교수는 "자기표절이 속속 등장하는 것은 정량화된 업적평가 때문"이라고 주장해 주변교수들의 고개를 끄덕이게 하지만, 이는 교수들의 '도덕적 해이'를 '제도 탓'으로만 돌리는 부정확한 인식에서 기인한 것이라는 지적도 나오고 있다.

'사례 1'과 '사례 2'에서 보듯, 학위논문 재생산과 자기표절은 도덕적 지탄의 대상이 될 수 있어도 실질적으로 저작권법 등에 저촉되지 않아 그간 학계의 '침묵의 카르텔' 속에서 은폐돼 왔다. 그러나 학위논문 재생산 및 자기표절 등의 문제는 담론형성에 기여하지 못한 채 업적 부풀리기에만 일조하고 있어 문제시되고 있다.

이와 관련해 박종수 한국종교학회 총무이사는 "우리 학회는 무분별한 업적 부풀리기를 방지하기 위해, 심사규정 제 1조에 '투고논문은 새로운 것이어야 한다'는 내용을 추가했다"고 밝혔다.

하지만 이와는 대조적으로, 최근 표절이 적발된 논문에 대해 ㅇ 학회의 ㄱ 학회장은 "이는 새로운 형태여서 전례가 없는 데다가 대학이나 학회에 관련 규정이 없기에 문제시할 수 없다"고 언급했다. 규정이 없으므로 학계의 관례를 따라야 하는데, 그러자니 손을 쓸 수 없다는 것이다. 하루 속히 표절 등 연구부정행위 가이드라인을 제작해야 한다는 필요성이 제기되는 대목이다. 가이드라인의 필요성과 함께, 연구자들은 '관행'에 의존한 부정행위의 자기합리화가 더 이상 통하지 않는다는 인식을 가져야 한다.

가장 중요한 것은 대부분의 교수들이 말하는 것처럼 "제재수단이 없더라도 학자적 양심을 걸고 글을 써야 하는 것이 1차적인 문제"이겠지만, 연구윤리에 관한 제대로 된 지침이 마련돼 있지 않은 상황에서 개별 연구자들의 윤리의식만을 강조해서는 학계의 관행이 사라지지 않는다.

지식인 집단 내부의 혼란을 줄이고 비윤리적인 관행을 없애기 위해서라도, 일반적인 가이드라인에서 각론적 지침에 이르는, 연구윤리에 관한 명문화된 합의가 필요하다.

논문 교차검색 확대 … 표절 무더기 적발될 수도

게다가 장기적으로 보면 논문의 전산화가 진행되고 있어, 국회도서관 검색 시스템이나 국내학술지인용색인(KCI) 시스템 등을 통한 논문교차검색의 가능성이 높아져, 중복여부 및 논문의 표절 여부를 더욱 광범위하게 검토할 수 있게 된다.

만일 이러한 상황에서 학계가 나름의 연구윤리나 표절과 관련한 지침을 마련하지 않고, 또 현재의 연구환경을 변화시키지 않는다면, 논문 교차검색을 통해 향후 연구자들의 논문 중복투고 및 표절이 부지기수로 적발될 가능성이 있어 커다란 혼란이 초래될 수 있다.

이러한 혼란을 막기 위해서라도 학계는 표절 방지 매뉴얼 마련 및 학습을 통해 이를 사전에 방지하고, 각 분야의 연구윤리를 보다 강화할 필요가 있다.

이와 관련해 많은 연구자들은 학계의 암묵적 관행에 대해 비판하면서 과거를 파헤치기보다는, 잘못된 관행을 고쳐나갈 수 있는 미래 지향적인 의제를 설정해야 한다.

폭넓게 통용될 수 있는 가이드북 시급

현재 학계가 대학·학회 차원의 연구윤리 확립을 위한 지침을 마련하는 등 분주한 것은, 이러한 인식을 공유하고 있기 때문이다. 대학별, 학회별 연구윤리 가이드가 마련돼 있는 선진국의 경우와 비교해보면 갈 길이 먼 것은 사실이지만, 연구부정행위 방지를 위한 일반론과 각론적 지침서에 대해 고민하기 시작했다는 것은 다행스런 일이다.

하지만, 연구부정행위 방지 가이드라인 마련에 앞서, 부정행위의 종류 및 유형을 분석하는 작업이 선행되어야 보다 구체적이고 현실적인 세부 지침들이 마련될 것이다.

해외의 경우, 연구윤리에 위배되는 주요한 행위로 위조(fabrication)·변조(falsification)·표절(plagiarism)을 들고 있으며, 이외에 자기표절, 명예저자, 중복게재 등을 '지양해야할 관행'으로 규정짓고 있다. 각각의 유형에 대한 총체적인 접근을 통해, 그 유형과 수법을 면밀히 검토하여 대책을 마련한다면 발생가능한 연구부정행위를 사전에 차단할 수 있을 것이라는 의견들이 속속 나오고 있다.

이에 교수신문은 다양한 연구부정행위 중에서, 표절의 종류와 유형을 분류하고 그 수법을 면밀히 분석해 공론화하고자 한다. 또한 해외 사례를 수집해 한국적 적용 가능성을 살피고, 연구자들의 인식 조사를 바탕으로 윤리적 차원에서 기술적 차원에 이르는 광범위한 표절 방지 규정을 모색할 것이다.

[출처] 최장순, 「잘못된 관행, 표절의 생태학」, 〈교수신문〉, 2006년 09월 01일자.

2) '인용의 원칙' 마련 시급 … 미간행 지적재산 도용도 표절

개별적인 표절 사례가 속속 적발되고 있다. 하지만, 이런 개별 사안들을 넘어 지금은 '숲'을 볼 때다. 표절에 대한 학계 내부의 공감대나 사회적 합의가 부재한 상황에서 의도하지 않은 선의의 피해자가 발생하고 있으며, 무엇이 표절인지에 대한 명확한 개념도 정립돼 있지 않아, 과연 어디까지가 표절인가에 관한 논의가 필요한 시점이다.

노명우 아주대 교수(사회학)는 "그간 표절과 관련한 사회적 합의가 없었고, 공론화되지 않아 표절 문제를 어떻게 해야 하는지 서로 감을 못잡고 있는 것 같다"며 "사회적 합의를 만들어가는 방향으로 이 문제에 접근해야 한다"고 주장했다.

국내 안팎에 도입되고 있는 '표절방지 프로그램'에서는 글쓰기의 기술, 인용의 기술을 강조한다. 하지만, 이처럼 표절의 문제는 논문 형식의 문제로만 귀결되지 않는 모호한 측면이 있다. 한 연구물이 아무리 적절한 순간에 올바른 형식으로 출처를 인용하고 있다 하더라도, 논문의 대부분이 인용으로 구성돼 있어 사유의 독창성이 없다면 표절로 간주되기 때문이다.

이렇게 보면, 표절은 단순히 세련된 '인용의 기술'로서 방지할 수 있는 문제가 아니다. 이에 표절은 점점 더 애매한 개념이 되어 간다. 과연 표절은 무엇이고, 그 경계는 어디인가.

표절, 그 애매한 경계들

학계에는 이미 많은 표절의 유형이 보고돼 있다. △ 원출처를 각주에 표기한 채, 문장의 어미나 뉘앙스를 달리하고 본인의 생각을 살짝 덧붙이고 있는 경우 △ 특정부분을 적절한 방식으로 인용했지만, 다른 부분은 출처를 명기하지 않은 채 자기 주장화하는 경우 △ 논문의 본문을 다른 논문들로부터 발췌·짜깁기해서 구성한 후, 머리말과 꼬리말에 자신의 감상 또는 제언으로 보충하는 경우 등이 그것이다.

이 가운데 가장 전형적인 유형의 표절은 타인의 글 일부분을 출처인용 없이 그대로 복제하는 것이다. 이보다 좀더 신중을 기하는 사람이라면, 문장의 어미를 뒤바꾸고, 분리돼 있는 문장과 문장을 연결하는 등 문장의 외양을 바꾸어 표절이 아닌 것처럼 위장하기도 한다. 그 의도성을 확인할 길은 없으나, 연구자들이 점점 세련된 글쓰기 스타일을 구사하면서 표절 여부를 확인하기가 더욱 어려워지는 게 사실이다.

□ **개념 표절** = 학문에는 각 분야별로 핵심을 이루는 개념들은 특정 저자에게 귀속돼 있다. 물론, 개념이 특정 저자에게 고유한 것이라 하더라도 이미 알려진 개념들의 출처를 모두 밝힐 필요는 없다. 문제는 같은 개념을 이름만 바꾸어 사용하는 경우인데, 이 경우 자신만의 '독창성'을 요구하려 한다면 문제가 된다는 게 학자들의 시각이다.

학문에는 각 분야별로 핵심을 이루는 개념들은 특정 저자에게 귀속돼 있다. 물론, 개념이 특정 저자에게 고유한 것이라 하더라도 이미 알려진 개념들의 출처를 모두 밝힐 필요는 없다. 문제는 같은 개념을 이름만 바꾸어 사용하는 경우인데, 이 경우 자신만의 '독창성'을 요구하려 한다면 문제가 된다는 게 학자들의 시각이다.

신중섭 강원대 교수(윤리교육)는 개념의 표절을 두고 "적발의 대상이 되는지 애매하다"고 말한다. "잘 알려져 있는 개념을 쓰는 경우, 독창성을 요구한다고 보기 힘들어 표절로 보기 어렵"기 때문이다. 다만 "학술논문에서 독창성을 요구하고 있는 경우라면 문제삼을 수 있다"는 것이 그의 생각이다. 하지만 이 경우에도, 개념이 사용되는 맥락과 해당 분야의 학문적 성격에 대한 명확한 이해가 있어야 하기에 "전문가적 판단이 요구"되는 만큼 애매모호한 측면이 있다고 신 교수는 전한다.

□ **논리구조 및 분석체계 표절** = 한 논문에서 그 근간을 이루는 논리 구조 및 분석 체계의 형식이 다른 논문과 쏙 빼닮아 있다면, 표절 시비가 일어날 수 있다. 타인의 연구물에서 핵심이 되는 논리 구조를 그대로 가져와 표현만 바꾼다거나, 기존의 분석 체계를 새로운 대상에 적용시켜 새로운 논문인 양 주장하는 경우가 이에 해당한다.

오동석 아주대 교수(법학)는 "가령 설문조사에서 약간의 변형을 가해 다른 대상에 적용시킨다든지 하는 건 문제가 될 수 있다"고 전했다. 실제로 최근 적발된 사례를 보면 중학생들의 환경의식을 조사하기 위한 기존의 설문조사문항을 그대로 가져와 초등학생에게 적용하기도 했다. 분석대상을 고려하지도 않았고, 설문문항을 대상에 맞게 만들려는 노력을 기울이지도 않은 것이다. 물론, 이 경우에도 표절의 의혹을 제기할 수는 있지만 표절이라고 단정지을 수 있는 기준은 없다.

하지만, 자연과학의 경우는 이와 다르다. 강창원 카이스트 교수(생명과학)는 "예를 들어, 식물을 대상으로 이뤄졌던 실험을 그대로 동물에 적용시키는 연구를 가정해 볼 수 있다. 이 경우 실험방법이 동일하다 하더라도 적용대상이 다르면 새로운 연구로 간주된다"고 전했다. 단, 기존의 실험방법을 그대로 적용시킨 연구는 그 가치가 높게 인정되지 않는다는 것.

□ **부적절한 혹은 아주 이상한 인용** = 또 겉으로 봤을 때 인용의 원칙이 준수되고 있는 것으로 보이지만 표절로 간주될 수 있는 유형이 있다. 2차문헌에 의존했으면서 1차문헌을 참고한 것처럼 속이는 경우가 그것. 이 경우 "나 역시 1차문헌을 참조했다"고 밝히면 표절로 판정하기 힘든 측면이 있어 표절여부를 밝히기 어렵다. 박헌호 성균관대 교수(국문학)는 "이러한 사

례는 왕왕 있으나 증거를 갖춘 적발이 어렵다"고 전한다. 물론, 양심있는 자들은 '겹인용'을 통해 2차문헌과 1차문헌을 동시에 기재하지만 문제는 1차문헌의 출처만 밝힌 경우다.

이와 관련해 박 교수는 "인용문의 출처가 공중에 떠버린 경우"를 예로 든다. 이 같은 경우, A 논문에서 1차문헌의 출처를 명기한 부분에 오류가 있어 도저히 그 출처를 통해서는 1차문헌을 찾을 수 없는 경우가 발생했다면, 그리고 B 논문이 그 오류마저 복제해왔다면, 이는 B 논문이 1차문헌을 직접 참조하지 않았다고 보여진다는 것.

배철현 서울대 교수(종교학)는 "한국에서 古典번역은 대부분 그럴 가능성이 농후하다"고 전했다. 국내에 고대어 독해능력을 갖춘 지식인들이 많지도 않으며, 구할 수 없는 텍스트도 많기 때문이다. 이어 그는 "산스크리트, 아랍 텍스트에 관한 연구는 거의 90%"가 1차문헌을 직접 보지 못하고 2차문헌만 참고했을 것이라고 전했다.

"학문적 충고도 가로채는 경우 있어"

□ **타인의 아이디어 도용** = 세미나, 학회 등 공식적인 자리나 사적인 자리에서 나온 타인의 학문적 아이디어를 자신의 생각인 양 인용하는 것 역시 표절 혐의를 받는다. 고려대의 한 교수는 "어느 교수가 내 분야에 대해 물어 자세히 설명해줬다. 그런데 며칠 뒤 내가 말한 내용이 그 교수 이름으로 저널에 실렸다"고 전한다. 이런 경우 증명하기는 어렵지만 표절의 한 유형으로, 지양해야 마땅하다.

또 다른 유형은 공동연구가 중간에 틀어질 경우이다. 공동연구자 중의 어느 한 사람이 대개는 핵심 아이디어를 내놓고 공동작업이 이뤄지는데, 중간에 빠져나간 구성원이 먼저 이를 주제로 단독논문을 발표하는 경우라 할 수 있다.

公刊되지 않은 아이디어라도, 그 아이디어에 신세를 졌다면 윤리적으로는 밝히는 것이 맞지만, 그렇게 하지 않는다고 연구자를 표절로 몰아붙이기도 어려운 실정이다.

이러한 상황과 관련해 박희제 경희대 교수(사회학)는 "예전 같으면 학회에서 참신한 아이디어를 서로 제공하며 활발히 토론했지만, 지금은 남들이 베낄까봐 구체적 사실들을 완전히 공개하지 않는 경향이 있다"며 "학회가 재미없어졌다"고 전했다.

이어 그는 "수업시간에 교수가 학생들로부터 아이디어를 얻어 논문을 썼다고 할 때, 그걸 표절이라고 봐야 하는가"라는 문제를 제기한다. 어디까지가 베낀 것인지 그 경계가 애매하다는 것. 이에 박 교수는 "그 경계에 대해서는 문화적 맥락을 고려한 내부적 합의가 필요하다"고 주장했다. 획일적으로 규정을 만들기 곤란하다는 것이다.

한국행정학회가 마련한 표절 기초연구와 규정

행정학회 표절규정 제정을 위한 기초연구

(1) 원저자의 아이디어, 논리, 고유한 용어, 데이터, 분석체계를 출처를 밝히지 않고 활용하는 경우
(2) 출처는 제시하지만 인용부호 없이 다른 저술의 문구를 원문 그대로 옮기는 경우
(3) 인용의 출처에 대한 부정확한 정보를 제시하는 경우(본문에는 출처를 표시했으나 참고문헌에 기재하지 않는 행위를 포함)
(4) 인용하고 출처를 밝히기는 하나 출처의 정확한 위치를 알리지 않는 경우
(5) 공동으로 집필한 원문에 공저자를 모두 기재하지 않는 경우
(6) 원 출처를 인용한 제2차 출처로부터 원 출처에 제시된 글의 내용을 재인용하면서 제2차 출처를 밝히지 않고 원출처만 제시하는 경우
(7) 이미 출간된 본인의 저술을 책으로 엮거나 타 출판물에 출판하면서 저널의 편집자나 독자들에게 중복 출판임을 고지하지 않는 경우, 이는 자기표절(self-plagiarism)에 해당
(8) 논문 심사자가 제시한 비평이나 아이디어에 입각하여 원고(manuscript)를 수정하면서 이러한 사실을 명시하지 않는 경우
(9) 출처를 인용한 경우라도 본인의 저술로 인정할 수 없을 정도로 너무 많은 문구과 아이디어를 빌려온 경우

행정학회 표절규정

제2조 (유형) 본 학회는 다음의 두 가지 형태를 표절의 대표적 행위로 규정한다.
① 원저자의 아이디어, 논리, 고유한 용어, 데이터, 분석체계를 출처를 밝히지 않고 임의로 활용하는 경우
② 출처를 밝히지만 인용부호 없이 타인의 저술이나 논문의 상당히 많은 문구와 아이디어 등을 원문 그대로 옮기는 경우

※출처: 한국행정학회(http://kapa21.or.kr)

미국학계에서 분류하고 있는 표절의 유형

출처 인용하지 않은 경우	출처 인용한 경우
유령작가형(The Ghost Writer): 다른 사람의 연구물을 자신의 것으로 제출하는 것	**각주 망각형**(The Forgotten Footnote): 원출처의 저자명을 언급했지만, 인용된 부분의 위치에 대한 구체적 정보를 포함시키지 않았을 경우
사진복제형(The photocopy): 단일한 출처로부터 변형없이 텍스트의 중요한 부분을 곧바로 복제한 경우	**오보형**(The Msinformer): 출처와 관련한 정보를 부정확하게 제공한 경우, 그래서 그 출처를 찾기 불가능한 경우
포트럭 논문형(The Potluck* Paper): 원래 표현의 대부분을 유지하면서 여러 출처들로부터 복제해서 문장들을 비튼 채 조합하는 경우	**말바꿔쓰기형**(The Too-Perfect Parachrase): 출처를 적절히 인용했지만, 복제된 텍스트를 인용부호 안에 넣지 않은 경우
어설픈 변장형(The Floor Disguise): 글쓴이가 출처의 본질적인 내용을 유지하고 있으면서, 키워드나 표현을 바꾸어 논문의 외양을 살짝 바꾼 경우	**잔머리형**(The Resourceful, Citer): 모든 출처를 인용했고 적절히 말을 바꿔 썼으며, 적절히 인용부호를 사용했다. 하지만 대부분이 독창적 연구를 포함하고 있지 않으면 표절
게으른 노동자형(The Labor of Laziness): 글쓴이가 독창적인 작업에 시간을 들이기보다, 다른 출처로부터 페이퍼의 대부분을 변형하고 서로 짜맞추는데 시간을 소비하는 경우	**완전범죄형**(The Perfect Crime): 출처를 적절히 인용하고 인용부호를 달고 있지만, 그 출처에서 다른 주장들을 인용없이 말 바꿔쓴 경우
자기도둑형(The Self-stealer): 글쓴이가 자신의 이전 연구물을 차용해, '독창성의 기대'와 관련한 정책을 위반하는 경우	* Potluck: 각자 음식을 조금씩 마련해 가지고 오는 파티

※출처: '턴잇잇(Turnitin)' & '리서치 리소시즈(Research Resources)' (http://www.turnitin.com, http://www.plagiarism.org)

□ **출판되지 않은 지적재산권 도용** = 출판되지 않은 타인의 지적재산을 옮겨와 사용하는 경우도 있다. 이 경우 발각될 위험도 없고, 적발되더라도 물증 확보가 어려워 특별한 조치를 취할 수 없는 경우가 많다.

출판되지 않은 타인의 지적재산을 옮겨와 사용하는 경우도 있다. 이 경우 발각될 위험도 없고, 적발되더라도 물증 확보가 어려워 특별한 조치를 취할 수 없는 경우가 많다.

제자의 수업발표문, 학술대회 논평문, 인터넷 자료 등을 출처 언급 없이 사용할 경우 원칙적으로는 표절에 해당한다. 이와 관련해 오동석 교수는 "가령, 이러이러한 부분이 보완돼야 한다는 식의 학술대회 논평문을 참고할 때에도 윤리적으로 그 출처를 밝힐 필요가 있다"고 말했다.

그러나 "출판되지 않은 특정 출처를 베낀 경우에도 전문적인 지식을 통해 보다 정교하게 분석해냈다면 표절로 보기 어려울 수도 있다"는 게 박희제 경희대 교수의 의견이다.

표절을 구분하는 세부 기준들이 마련돼 있지 않고, 기준을 획일적으로 마련하기 어려운 상황들이 존재한다. 이에 유재원 한양대 교수(행정학)는 "표절 규정은 권면적이고 선언적인 차원에서 경구정도로 그쳐야 한다"고 언급해 우선 규정이 구체적이어야 하는가 대한 논의가 필요함을 시사했다.

[출처] 최장순, 「잘못된 관행, 표절의 생태학」, 〈교수신문〉, 2006년 09월 15일자.

하버드대생 매학기 '학문정직성' 서명

동아일보 특별취재팀

≪중학교 3학년 때 미국 버지니아 주로 가족과 함께 이민 간 김모(22) 씨는 2004년 버지니아주립대에 입학했다. 그는 졸업 후 의학전문대학원에 진학할 계획을 세우고 지난해 봄 화학 강의를 들었다. 친구의 실험보고서에서 서너 문장을 베껴 과제물을 냈지만 큰 문제가 되지 않을 것으로 생각했다. 담당 교수는 표절 대목을 정확히 찾아내 "절대 하지 말아야 할 금기를 깼다"면서 징계위원회에 김 씨를 회부했다. 무기정학을 당한 김 씨는 다른 대학에 편입할 수도 없었다. 미국 대학은 표절 사실을 성적표에 남기기 때문. 그는 한국인 상점에 취직해 한 달에 100만 원가량을 벌며 학교 측에 편지로 선처를 호소하고 있지만 학교 측은 꿈쩍도 않고 있다. 김 씨의 한 친구는 "그는 좌절감에 빠져 한국 친구들과도 연락을 끊었다"고 말했다.≫

김 씨뿐만이 아니다. 외국에서 남의 것을 베끼다 낭패를 보는 한국인이 적지 않다. 미국 등 선진국 대학에선 "한국을 비롯한 동아시아 학생의 보고서는 여러 번 꼼꼼히 살펴야 한다"는 이야기가 나돌 정도로 한국에 대한 인상이 나빠지고 있다.

글로벌 시대에 세계 곳곳에서 활동하는 한국인들이 표절에 대한 글로벌

스탠더드와는 거리가 멀어 국제적으로 망신을 당하는 경우가 많다. 이는 개인의 문제가 아니다. 이들은 어릴 적부터 표절 방지 교육을 하지 않은 '표절 공화국' 한국 사회가 만든 피해자이기도 하다.

지난해 7월 미국 하버드대 행정대학원(케네디스쿨) 신입생 환영회장에서 사회자는 "해마다 3, 4명은 동급생과 함께 졸업하지 못했다. 표절 때문이다. 실수도 허용되지 않는다"고 경고했다. 이 대학 행정대학원생 제이슨 임 씨는 "환영 행사의 절반 이상이 표절 경고로 채워졌다"고 말했다.

하버드대 신입생들은 4시간 동안 의무적으로 구체적인 표절 예방 교육을 받아야 한다. 재학생도 매 학기 '표절하면 어떤 처벌도 감수하겠다'는 '학문 정직성 메모'에 서명해야 한다. 이 학교 조지프 매카시 부학장은 기말고사, 논문 제출 시기를 앞두고 모든 학생에게 "표절을 조심하라"는 경고 e메일을 보낸다.

한국에선 찾아보기 힘든 풍경이다. 개인의 도덕성에 기대기보다는 철저한 예방 교육과 엄격한 제재로 표절을 추방하는 것이다.

프랑스 파리1대학 대학원생 다니엘 오페르(27·무역학) 씨는 논문을 쓸 준비를 하기 전 교수에게서 "표절에 주의하라"는 말을 들었다. 그는 "교수들이 컴퓨터 프로그램으로 논문뿐만 아니라 리포트도 표절했는지를 일일이 조사한다"고 말했다. 국가가 학위를 주는 프랑스에선 학위 논문을 표절하거나 졸업시험에서 부정행위를 하면 5년간 운전면허시험을 포함한 모든 국가시험에 응시조차 할 수 없다.

일본에선 대학과 연구기관에 표절 등 논문 부정 의혹을 신고하는 별도의 창구를 만들어 놓은 곳이 적지 않다. 2000년 10월 교토(京都)대의 한 농학부 교수는 다른 학자의 논문을 표절해 저서를 냈다가 결국 사임하고, 책에 붙일 사죄문을 전국 300여 개 도서관과 출판사에 보내야 했다.

'표절과의 전쟁'은 한국 유학생들을 공포로 몰아넣고 있다. 이 때문에 유학생끼리 자체적으로 '표절 과외'를 하기도 한다.

미 미네소타대 홍보학 박사 과정에 재학 중인 이형민(28) 씨는 "한국 유학생들은 매 학기 유학 온 후배를 불러 표절의 위험성을 설명한다"며 "표절하면 무조건 제적당하고 '몰랐다' '실수다'라는 변명도 통하지 않는다는 걸 알려 준다"고 말했다.

이젠 한국도 '표절 공화국'이란 오명을 벗어야 한다. 표절을 하고선 떳떳하게 세계를 활보할 수 없는 시대다. 표절 관련 규정을 정비하고 실질적인 교육을 통해 표절을 추방해야 하는 이유는 명백하다.

[출처] 동아일보 특별취재팀, 「하버드대생 매학기 학문 정직성 서명」, 〈동아일보〉, 2007년 02월 20일.

도움주신 곳들

고려대학교 출판부, 그린비출판사, 난장, 노마드북스, 녹색평론사, 돋을새김, 돌베개, 동서문화사, 마로니에북스, 문예출판사, 사계절출판사, 새움, 생각의나무, 서울대학교 출판부, 씨네21, 열린책들, 웅진주니어, 을유문화사, 이화여자대학교 출판부, 인문당, 인물과사상사, 지식의날개, 집문당, 창작과비평사, 태학사, 푸른생각, 한겨레출판, 한길사, 해나무, 현대미학사, 현대지성사, 효형출판사, 후마니타스, 휴머니스트, 경향신문, 교수신문, 동아일보, 조선일보, 한겨레

도움주신 분들

강숙아, 강영신, 김미선, 김병덕, 김슬기, 김은하, 김정관, 김주현, 김효연, 류찬열, 모영철, 박정우, 손인국, 심기용, 심우일, 오창은, 이병석, 이빛나, 이유미, 임영봉, 전가은, 전덕원, 지정현, 진중권, 최유희

1. 이 책에 수록된 글들은 해당 저작권자의 허락을 받았습니다. 저작물 수록을 흔쾌히 허락해 주신 저작권자 선생님들과 출판사, 신문사, 잡지사 등에 감사드립니다.
2. 일부 저작물의 경우 저작권을 확보하기 위해 노력했으나, 접촉이 이뤄지지 않았습니다. 하지만, 교육목적이라는 특수성을 감안하여 부득이 일단 수록하는 방법을 선택했습니다.
3. 향후 저작권 요청이 있을 경우, 성심과 성의를 다해 협의하겠습니다.